Die Regeneration von Nerven und Rückenmark

Lars P. Klimaschewski

Die Regeneration von Nerven und Rückenmark

Was wir über Mechanismen und therapeutische Ansätze wissen

Lars P. Klimaschewski
Institut f. Neuroanatomie
Medizinische Universität Innsbruck
Innsbruck, Österreich

ISBN 978-3-662-66329-5   ISBN 978-3-662-66330-1   (eBook)
https://doi.org/10.1007/978-3-662-66330-1

Die Deutsche Nationalbibliothek verzeichnet diese Publikation in der Deutschen Nationalbibliografie; detaillierte bibliografische Daten sind im Internet über http://dnb.d-nb.de abrufbar.

Fotonachweis Umschlag: © SciePro / stock.adobe.com

Planung/Lektorat: Christine Lerche
Springer ist ein Imprint der eingetragenen Gesellschaft Springer-Verlag GmbH, DE und ist ein Teil von Springer Nature.
Die Anschrift der Gesellschaft ist: Heidelberger Platz 3, 14197 Berlin, Germany

Einleitung

Jedes Jahr erleiden viele Menschen eine Nervenverletzung (in Europa ca. 14 pro 100.000 im Jahr). Dabei handelt es sich oft um jüngere und allgemein gesunde Personen. Läsionen peripherer Nerven treten rund 10-mal häufiger auf als Querschnittsverletzungen, die das Rückenmark mit einer Inzidenz von 1–3 pro 100.000 und Jahr betreffen. In beiden Fällen sind die Belastungen für die Betroffenen, aber auch die Kosten für Gesundheits- und Sozialsysteme durch Arbeits- und Erwerbsunfähigkeit zumeist sehr hoch.

Es ist daher nicht nachzuvollziehen, dass die Mittel, die zur Entwicklung neuer Therapien bei peripheren Nervenschäden aufgebracht werden, nicht einmal ein Viertel der Summe ausmachen, die für die Erforschung von Verletzungen des Rückenmarks ausgegeben werden. Möglicherweise liegt dem Unterschied in der Aufmerksamkeit die verbreitete Vorstellung zugrunde, dass es nach einer Nervenverletzung – nicht aber nach einer Querschnittsläsion – zu einer Regeneration und damit zu einer Wiederherstellung der ursprünglichen Funktion kommt. Wie ich im Folgenden erläutern werde, ist diese Annahme aber nur eingeschränkt richtig, da bei rund 75 % der Patienten mit peripherer Nervenläsion nicht von einer vollständigen Erholung ausgegangen werden kann. Bei schweren Verletzungen tritt oft sogar gar keine Besserung ein.

Die Gründe hierfür liegen zum einen an den relativ weiten Wegen, die geschädigte Nervenfasern am Arm oder Bein zurücklegen müssen, um im Rahmen der Regeneration ihre Ziele an der Hand oder am Fuß wieder erreichen zu können. Mehr als die Hälfte der Patienten mit Nervenverletzungen am Arm gehen zwei Jahre nach ihrem Unfall noch nicht wieder ihrer Arbeit nach, während dazu fast alle in der Lage sind, die eine Nervenverletzung direkt an der Hand erlitten haben. Bei Querschnittsverletzungen besteht demgegenüber kaum eine Aussicht auf Heilung. Nach einer Verletzung kommt es zwar zu einem rudimentären Auswachsen der neuronalen Fortsätze, der Axone, dies reicht aber in der Regel jedoch nicht aus, um ausgefallene Funktionen wiederherzustellen.

In diesem Buch werde ich diskutieren, wie durchtrennte Nervenfasern rasch, spezifisch und über große Distanzen hinweg zu ihren Zielneuronen im zentralen Nervensystem bzw. zu den von ihnen versorgten Geweben in der Peripherie zurückgebracht werden könnten. Dabei habe ich versucht, den neuesten Stand der Forschung zu berücksichtigen. Weltweit arbeiten zahlreiche Arbeitsgruppen unter der Leitung führender Mediziner und Neurowissenschaftler an diesen Fragen. Ihre aktuellsten Publikationen werden hier vorgestellt und am Ende der jeweiligen Kapitel als weiterführende Literatur genannt (ohne Anspruch auf Vollständigkeit).

Neben den anatomischen, zellulären und molekularen Grundlagen werde ich neben den bestehenden Therapien auch jene Verfahren vorstellen, die sich noch im experimentellen Stadium befinden, aber bald den Sprung in die Klinik schaffen könnten. Es handelt sich hierbei zum einen um Entwicklungen, die die biologische Nervenregeneration quantitativ und qualitativ verbessern, zum anderen aber auch um solche, welche auf technische Verfahren abzielen, die eine motorische und sensible Funktionalität wiederherstellen. Dafür werden neben innovativen pharmakologischen Ansätzen auch die Stammzelltransplantation, neuartige Biomaterialien und das sich rasch entwickelnde Feld der Bioprothetik erläutert. Die Bewegungsfreiheit und Autonomie von Patienten kann nämlich heute schon durch computergesteuerte Prothesen und Roboter, die sich teilweise mithilfe von Gehirnwellen kontrollieren lassen, entscheidend verbessert werden.

Im ersten Kapitel werde ich den Aufbau und die Regeneration peripherer Nerven schildern. Im zweiten Kapitel steht das zentrale Nervensystem im Vordergrund, insbesondere das Rückenmark und die Querschnittsläsion. Im dritten Kapitel wird genauer auf die Methodik der neurologischen Regenerationsforschung eingegangen und ein kritischer Blick auf das gesamte Forschungsfeld geworfen. Viele der an Versuchstieren erhobenen Befunde sind nämlich nicht reproduzierbar, d. h. die mit großem Aufwand entwickelten und als hoffnungsvoll angekündigten Therapien haben in klinischen Studien keinen positiven Effekt gezeigt. Ich werde versuchen, die Gründe hierfür zu erläutern und einen Ausblick zu geben, wie es – unter verbesserten Rahmenbedingungen – in der Zukunft mit der Regenerationsforschung weitergehen könnte.

Aus Praktikabilitätsgründen wird im Folgenden das generische Maskulinum verwendet, d. h., mit „Patient", „Forscher" oder „Arzt" sind beide Ge-

schlechter gemeint. Das Buch richtet sich an medizinisch und neurowissen-
schaftlich interessierte Leser, die kein Expertenwissen zum Verständnis des
Buches benötigen. Über das Schulwissen hinausgehende Fachbegriffe werden
im Glossar erläutert. Die Schemata sind einfach gehalten und mithilfe kommerziell erhältlicher Vorlagen erstellt worden (www.motifolio.com). Besonders beachtenswerte klinische Studien werden in diesem Buch unter ihrer
mit „NCT" beginnenden Identifikationsnummer genannt und lassen sich auf
www.clinicaltrials.gov einsehen.

Ein besonderer Dank geht an meine Kollegen Doychin Angelov, Barbara
Hausott, Markus Höltje, Philipp Kindl, Rüdiger Schweigreiter, Filipp Soko-
lovski und Annegret Wehmeyer, die das Manuskript korrigiert haben. Weiterhin danke ich den studentischen Mitarbeitern Philipp Buchner, Ronja Loh-
mann, Jonathan Mayr und Amelie Zimmermann für ihre Anmerkungen. Besonders möchte ich Lena Salcher für die Überlassung ihrer Diplomarbeit über
die Therapien von Nerven- und Rückenmarksverletzungen danken, die in
Teilen in dieses Buch eingegangen ist. Für die Hilfe bei der Umsetzung sei Dr.
Christine Lerche und Claudia Bauer vom Springer-Verlag wieder herzlichst
gedankt. Schließlich möchte ich mich bei den zahlreichen Doktoranden und
Diplomanden sowie wissenschaftlichen Fördergesellschaften in Österreich
und Deutschland (FWF und DFG) bedanken, die mein Labor über die vergangenen drei Jahrzehnte unterstützt haben.

Inhaltsverzeichnis

1

Axonale Regeneration im peripheren Nervensystem

1.1 Anatomische Grundlagen

Das periphere Nervensystem (PNS) wird in ein somatisches (willkürliches) und ein autonomes (unwillkürliches) eingeteilt. Es handelt sich in erster Linie um die Nerven, die zu den Muskeln, in die Haut und zu den inneren Organen ziehen. Die dazugehörigen somatischen Nervenzellen (Neurone), die bewusste, willentlich beeinflussbare Vorgänge steuern, befinden sich noch innerhalb des zentralen Nervensystems (ZNS), welches aus dem Rückenmark und dem Gehirn besteht. Das Gehirn (Cerebrum) liegt im knöchernen Schädel und stellt die Steuerzentrale unseres Organismus dar. Das Rückenmark beginnt unterhalb des Schädels und wird durch die Wirbelsäule geschützt (Abb. 1.1).

Das Rückenmark ist über die beidseits austretenden Nerven mit dem PNS verbunden. Die langen Fortsätze der somatischen Nervenzellen, die Axone, sind für die somatomotorische Innervation zuständig, also für die Ansteuerung der bewusst kontrollierbaren Skelettmuskulatur über die peripheren Nerven. Die somatosensible Innervation erfolgt demgegenüber durch Nervenzellen, die sich in kleinen Gruppen, den Ganglien, außerhalb des ZNS befinden. Sie leiten Reize aus der Muskulatur, von der Körperoberfläche und den Schleimhäuten der Organe weiter an das ZNS. Es handelt sich insbesondere um die Spinalganglien im Bereich der Wirbellöcher und um das Trigeminus-Ganglion an der Schädelbasis, das der Weiterleitung von Empfindungen aus dem Gesichtsbereich über den 5. Hirnnerven, dem Nervus trigeminus, dient. In ihnen liegen pseudounipolare sensible Nervenzellen, welche zwar nur über

© Der/die Autor(en), exklusiv lizenziert an Springer-Verlag GmbH, DE, ein Teil von Springer Nature 2023
L. P. Klimaschewski, *Die Regeneration von Nerven und Rückenmark*,
https://doi.org/10.1007/978-3-662-66330-1_1

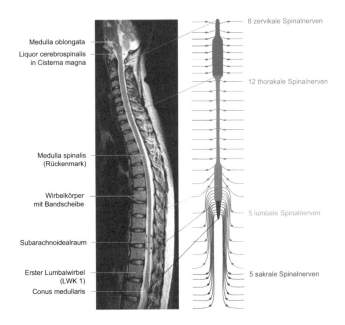

Medulla oblongata

Liquor cerebrospinalis
in Cisterna magna

Medulla spinalis
(Rückenmark)

Wirbelkörper
mit Bandscheibe

Subarachnoidealraum

Erster Lumbalwirbel
(LWK 1)

Conus medullaris

8 zervikale Spinalnerven

12 thorakale Spinalnerven

5 lumbale Spinalnerven

5 sakrale Spinalnerven

Abb. 1.1 Seitliche Darstellung des Rückenmarks in der Wirbelsäule (MRT-T2-gewichtete Aufnahme, Abb. 4.87 aus Tillmann, Atlas der Anatomie des Menschen, Springer 2016). Das Farbschema rechts zeigt die vier Abschnitte (zervikales, thorakales, lumbales und sakrales Rückenmark) mit den dazugehörigen Nervenwurzeln bzw. Spinalnerven und ihren jeweiligen Beginn im MRT-Bild. Der Conus medullaris bezeichnet das kaudale Ende des Rückenmarks. Darunter finden sich die schon zum peripheren Nervensystem gehörenden langen Wurzeln der lumbosakralen Rückenmarkssegmente (grün und braun)

ein Axon (und keine Dendriten) verfügen, aber aus bipolaren Zellen (mit je einem Axon und einem Dendriten) in der Entwicklung hervorgegangen sind (Abb. 1.2). Deren elektrische Aktivität wird auf ein zweites Neuron im Rückenmark bzw. im Hirnstamm synaptisch „umgeschaltet", also über Ausschüttung von Neurotransmittern auf die nächste Nervenzelle weitergegeben.

Die im Rückenmark und in Nerven verlaufenden Axone werden auch als Nervenfasern bezeichnet. Dieser Begriff ist etwas problematisch, da Nervenfasern mit Muskelfasern oder Bindegewebsfasern verwechselt werden können. Synonym wird daher auch der Begriff Neurit gebraucht. Genau genommen handelt es sich bei Nervenfasern bzw. Neuriten um Axone mitsamt ihrer Markscheide, welche auch als Myelinscheide bezeichnet wird (Abb. 1.2). Dabei handelt es sich um eine Lipidschicht (Myelin), die der elektrischen Isolation und Verringerung der Membrankapazität dient. Sie besteht aus mehreren Lagen von Zellmembranen, die nicht vom Axon selbst, sondern von Gliazellen gebildet werden, die im peripheren Nervensystem nach dem Anatomen

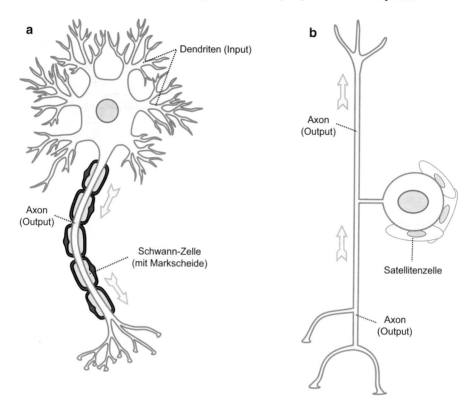

Abb. 1.2 Grundsätzlicher zellulärer Aufbau eines multipolaren, motorischen Neurons mit einem bemarkten Axon (**a**) sowie eines unipolaren, sensiblen Neurons mit einem unbemarkten Axon (**b**). Eine multipolare Nervenzelle weist mehrere Dendriten auf, wohingegen eine unipolare Zelle nur über ein Axon, aber keine Dendriten verfügt. Die sensiblen Neurone werden auch als „pseudounipolar" bezeichnet, da sie aus einer bipolaren Zelle (mit je einem Axon und einem Dendriten) hervorgegangen sind. Ihre Zellkörper, die Perikaryen, liegen in Ganglien und sind von Satellitenzellen umgeben. Die Pfeile geben die Richtung der Informationsweiterleitung an (motorisch-efferent zur Muskulatur bzw. sensibel-afferent zum Rückenmark hin)

und Physiologen Theodor Schwann (1810–1882) benannt sind. Die Markscheide ist von großer Bedeutung für die Leitfähigkeit von Axonen, da sie die schnelle, sog. saltatorische Erregungsleitung ermöglicht (Abb. 1.3). Im ZNS heißen die Markscheiden-bildenden Zellen Oligodendrozyten. Sie stellen zusammen mit den Astrozyten (Sternzellen) die Makroglia dar. Als Mikroglia bezeichnet man die immunkompetenten Zellen in Gehirn und Rückenmark.

Unser Gehirn wird in drei Teile gegliedert: Großhirn (Cerebrum), Kleinhirn (Cerebellum) und Hirnstamm (Truncus cerebri). Der Hirnstamm ist wie das Rückenmark mit dem PNS verbunden. Die ein- und austretenden Axone verlaufen in Nerven, welche als Hirnnerven bezeichnet werden. Der zuvor

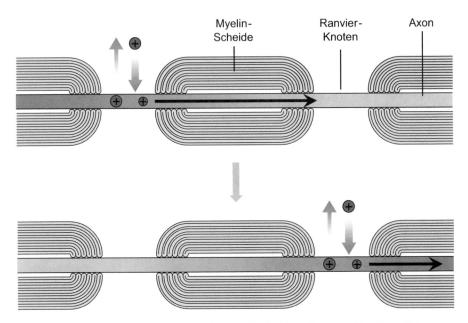

Abb. 1.3 Schematische Darstellung der Markscheide, die von Gliazellen (Schwann-Zellen im PNS und Oligodendrozyten im ZNS) gebildet wird. Es handelt sich um mehrere Lagen von Plasmamembranen, die sich dem Axon eng anlegen. Dadurch „springt" die elektrische Erregungsleitung von einem Ranvier-Schnürring zum nächsten. Es kommt hier also zu einer lokalen Depolarisation der Membran (angedeutet durch die positiven Ladungen) und nicht zu einer kontinuierlichen Weiterleitung des Signals (in Richtung der schwarzen Pfeile), die mit einer entsprechend reduzierten Leitungsgeschwindigkeit einhergehen würde

genannte Nervus trigeminus ist der fünfte von insgesamt zwölf Hirnnerven (Abb. 1.4). Der erste und zweite Hirnnerv leiten sensorische Afferenzen vom Geruchs- und Sehorgan, also Signale aus den Riechzellen der Nase und aus der Netzhaut des Auges. Sie werden zum ZNS gerechnet. Die Hirnnerven mit den Nummern III bis XII stellen demgegenüber periphere Nerven dar. Drei Hirnnerven üben die motorische Kontrolle über unsere Augenbewegungen aus (III, IV und VI), einer steuert die Kaumuskulatur (V) und der VII. unsere Mimik. Der Nervus trigeminus (Hirnnerv V) schickt daneben sensible Reize aus der Haut und den Schleimhäuten des Kopfbereichs in den Hirnstamm. Sie verlaufen – wie viele andere Afferenzen im Hirnstamm auch – weiter zum Zwischenhirn (Thalamus) und dann zur Gehirnrinde, dem Cortex cerebri, und werden uns dort als Empfindungen bewusst. Der VIII. Hirnnerv leitet die sensorischen Informationen aus dem Hör- und Gleichgewichtsorgan an das Gehirn weiter. Der IX. und X. Hirnnerv werden großteils dem viszeralen Nervensystem zugeordnet und innervieren unsere inneren Organe. Der XI. Hirnnerv bewegt Schulter und Hals und der XII. innerviert die Zunge.

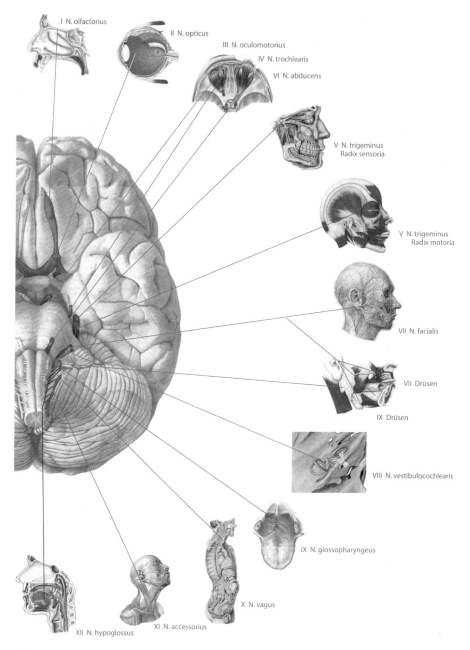

I N. olfactorius

II N. opticus

III N. oculomotorius

IV N. trochlearis

VI N. abducens

V N. trigeminus
Radix sensoria

V N. trigeminus
Radix motoria

VII N. facialis

VII Drüsen

IX Drüsen

VIII N. vestibulocochlearis

IX N. glossopharyngeus

X N. vagus

XII N. hypoglossus

XI N. accessorius

Abb. 1.4 Die Austrittsstellen der 12 Hirnnerven (I–XII) an der Basis des Gehirns (Blick von unten) und Darstellung ihrer jeweiligen Versorgungsgebiete (modifizierte Abb. 1.12 aus Atlas der Anatomie des Menschen, Tillmann, Springer 2016)

Wenn sensible Nerven bewusst werdende Empfindungen leiten bzw. motorische Fasern bewusst angesteuert werden, werden sie als somatisch bezeichnet. Demgegenüber ist das viszerale Nervensystem, welches auch autonomes oder vegetatives Nervensystem genannt wird, für die unbewusste Innervation von inneren Organen, Drüsen und Blutgefäßen verantwortlich (in beide Richtungen, also afferent zum ZNS hin oder efferent vom ZNS weg). Die von den äußeren und inneren Oberflächen des Körpers ausgehenden Schmerz- und Berührungsreize gelangen demnach über somatosensible Nerven in das Rückenmark und in den Hirnstamm, von wo aus sie zum Cortex weitergeleitet werden. Sie verlaufen zusammen mit den somatomotorischen und autonomen (viszerosensiblen und viszeromotorischen) Fasern in den Spinalnerven, die jeweils einem Rückenmarkssegment zugeordnet sind und die Verbindung zwischen Rückenmark und peripheren Nerven herstellen (Abb. 1.5).

Neben den Schmerz-, Temperatur- und Berührungsempfindungen wird die Information über unsere Muskel- und Gelenkstellung, auch als Propriozeption (Eigenwahrnehmung) oder Tiefensensibilität bezeichnet, zum somatischen Nervensystem gerechnet (Abb. 1.6). Bei geschlossenen Augen können wir sagen, ob beispielsweise unser Knie gebeugt oder gestreckt ist, wir „spüren" es. Ein großer Teil dieses Systems läuft allerdings unbewusst ab und erlaubt es uns damit beispielsweise, an einer Kletterwand vorwärtszukommen, ohne jede Bewegung im Einzelnen planen und kontrollieren zu müssen. Die hierfür erforderlichen neuronalen Aktivitäten werden großteils im Kleinhirn in der hinteren Schädelgrube verarbeitet. Andererseits gibt es aber auch die bewusst werdende Viszerosensibilität, z. B. in Form diffuser, nicht genau lokalisierbarer Bauch- oder Brustschmerzen. Wenn diese eine rasche Verhaltensänderung notwendig machen, müssen sie den Cortex cerebri erreichen. Derartige Empfindungen aus unseren Organen werden daher über einige sensible Neurone in den Spinalganglien (ca. 5 %) zum Rückenmark und dann weiter zum Gehirn geleitet.

Die Spinalnervenäste innervieren den Hals, unsere Extremitäten und den Rumpf. Anatomisch werden die Verbindungen aus Spinalnerven und den zum Zielgebiet ziehenden peripheren Nerven als Plexusnerven bezeichnet. Es gibt einen Plexus für die obere Extremität (Plexus brachialis, Abb. 1.7), einen für die untere Extremität (Plexus lumbosacralis) und im Halsbereich den Plexus cervicalis. Die aus den vorderen Ästen der Spinalnerven hervorgehenden Interkostalnerven bilden keinen Plexus (mit Ausnahme von Th1 und Th12), sondern verlaufen unabhängig voneinander in den jeweiligen Zwischenrippenräumen nach ventral, d. h. zur Bauchwand hin (zum Rücken hin heißt dorsal).

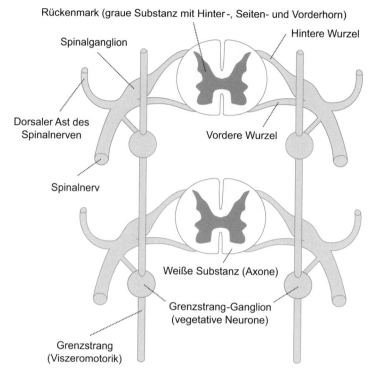

Rückenmark (graue Substanz mit Hinter-, Seiten- und Vorderhorn)

Hintere Wurzel

Spinalganglion

Dorsaler Ast des
Spinalnerven

Vordere Wurzel

Spinalnerv

Weiße Substanz (Axone)

Grenzstrang-Ganglion
(vegetative Neurone)

Grenzstrang
(Viszeromotorik)

Abb. 1.5 Verbindungen des PNS mit dem Rückenmark, welches zusammen mit dem Gehirn das ZNS bildet. Die Spinalnerven bilden sich aus den vorderen und hinteren Rückenmarkswurzeln und haben Verbindungen zum vegetativen Nervensystem über den Grenzstrang, der zum Sympathikus gerechnet wird. Er enthält postganglionäre Neurone (präganglionäre Nervenzellen liegen im Seitenhorn des Rückenmarks). In der hinteren Wurzel (Radix dorsalis) liegt das Spinalganglion mit seinen sensiblen Neuronen. Die hinteren Äste der Spinalnerven (Rami dorsales) versorgen die Wirbelsäule, die Rückenmuskulatur und die Haut am Rücken

- Aus C1-C4 kommen die Nerven des Plexus cervicalis für Hals und Zwerchfell.
- Aus C5-Th1 kommen die Nerven des Plexus brachialis für Arm, Schulter und Brust.
- Aus Th12-S5 kommen die Nerven des Plexus lumbosacralis für Bein, Bauchwand und Becken.

In Bezug auf die sensible Versorgung der Haut ist es wichtig zu wissen, dass ein Spinalnerv mit seinen Ästen und den von ihm versorgten Haut- und Muskelarealen einen gemeinsamen embryologischen Ursprung in der Entwicklung hat. Obwohl sie sich überlappen, lassen sich diese sensiblen Areale

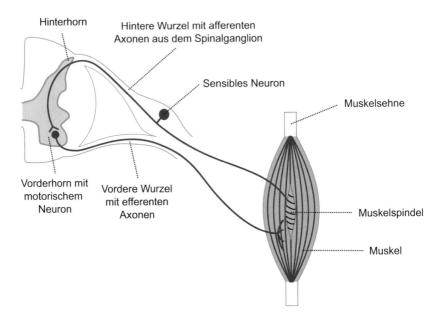

Abb. 1.6 Der monosynaptische Eigenreflex besteht aus zwei Neuronen: Das im Spinalganglion lokalisierte, tiefensensible (propriozeptive) Neuron registriert die Zunahme der Muskellänge über einen Rezeptor, die Muskelspindel, und leitet den Impuls direkt weiter an ein motorisches Neuron im Vorderhorn des Rückenmarks, das denselben Muskel innerviert und damit zu einer Kontraktion führt. Es arbeitet also der Dehnung des Muskels entgegen und hält somit die Muskellänge konstant

auf der Haut voneinander abgrenzen und werden als Dermatome bezeichnet (Abb. 1.8). Unsere Körperoberfläche, der Kopf eingeschlossen, wird daher über einen definierten Spinal- oder Hirnnervenstamm versorgt, aus dem einzelne periphere Nerven hervorgehen und der ein definiertes Hautareal sensibel innerviert.

Im Unterschied zum somatischen Nervensystem, welches auf die Interaktion des Körpers mit der äußeren Umgebung ausgerichtet ist, steuert unser viszerales Nervensystem die Aktivität der inneren Organe. Es steht nicht unter willkürlicher, bewusster Kontrolle durch die Hirnrinde, sondern lässt viele elementare und überlebenswichtige Funktionen selbstständig (autonom) ablaufen. Genauso wie im somatischen Nervensystem gibt es daher im viszeralen Nervensystem periphere und zentrale Anteile, die efferente, vom ZNS zu den Zielorganen verlaufende (viszeromotorische) oder afferente, von den Zielorganen zurück zum ZNS verlaufende Verbindungen (viszerosensible) Axone aufweisen.

Im Rahmen der Viszeromotorik unterscheiden wir einen sympathischen und einen parasympathischen Anteil (Abb. 1.9). Außerdem werden die

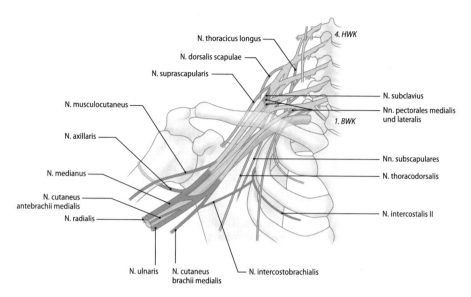

Abb. 1.7 Der anatomische Aufbau des Plexus brachialis zur nervalen Versorgung der oberen Extremität. Die Nervenstämme (Trunci) und Nervenstränge (Fasciculi) sind gelb dargestellt, die Nerven des oberhalb des Schlüsselbeins abgehenden Anteils (pars supraclavicularis) hellblau und der unterhalb verlaufende Anteil (pars infraclaviculis) dunkelblau. Die Plexusnerven bilden sich aus den vorderen Ästen der Spinalnerven, in diesem Fall aus den Rückenmarkssegmenten C5 bis Th1 (modifizierte Abb. 4.152 aus Zilles, Tillmann, Springer 2010)

Nervenzellen und -fasern innerhalb unseres Magen-Darm-Traktes als enterisches Nervensystem bezeichnet, das mit Hirnstamm und Rückenmark in seiner Gesamtlänge verbunden ist. Es bildet ein eigenständiges Nervensystem und enthält ungefähr so viele Neurone wie das Rückenmark. Ein Teil dieser enterischen Neurone sendet auch afferente Signale zurück zu den vegetativen Ganglien, welche ebenso wie die Spinalganglien als Ansammlungen von Nervenzellen im PNS definiert werden. Sie kontrollieren zusammen mit dem X. Hirnnerven (Nervus vagus) die Aktivität des enterischen Nervensystems.

Der Sympathikus ist mit dem thorakolumbalen Rückenmark verbunden, wohingegen der Parasympathikus vom Hirnstamm und vom sakralen Rückenmark angesteuert wird. Der Sympathikus stellt die Organfunktionen von Ruhe auf Leistung um (*fight or flight*), der Parasympathikus spielt demgegenüber bei Verdauungs- und Erholungsvorgängen eine wichtige Rolle (*rest and digest*). Es ist wichtig zu wissen, dass Leitungsbögen des viszeralen Nervensystems im Unterschied zum somatischen Nervensystem nicht nur aus einem Neuron, das vom ZNS zur Zielstruktur zieht, bestehen, sondern aus einer Verbindung von zwei Neuronen. Dabei liegt der Zellkörper des ersten (prä-

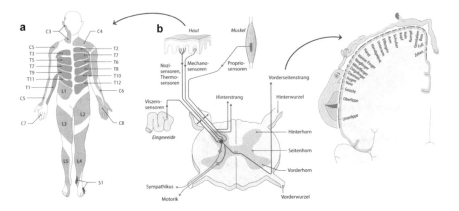

Abb. 1.8 Verschaltung der somatosensorischen Bahnen im Rückenmark und Weiterleitung über den Hirnstamm in die Gehirnrinde (Cortex cerebri). Afferente (sensible) Nervenfasern aus der Haut, dem Bewegungsapparat und aus Eingeweiden treten durch die Hinterwurzel ins Rückenmark ein und bilden erregende Synapsen mit einem Neuron (rot) im Hinterhorn. Dabei kommt es zur Konvergenz unterschiedlicher Typen von Afferenzen (viszerale und somatische) auf ein und dasselbe Neuron. Die im Vorderseitenstrang aufsteigenden Bahnen (rot) leiten Schmerz- und Temperaturempfindungen, die in den Hintersträngen laufenden Axone die Mechanosensibilität (Berührung, Druck, Vibration, bewusst werdende Propriozeption). Die auf viszero- und somatomotorische Neurone im Seiten- bzw. Vorderhorn umgeschalteten spinalen Reflexe (blau) verlassen das Rückenmark über die vordere (ventrale) Wurzel. Die Haut wird in sich überlappende Dermatome gegliedert, die dem Versorgungsgebiet einzelner Hinterwurzeln entsprechen (wegen der starken Überlappung ist für jede Körperseite nur eine Hälfte der Dermatome eingezeichnet). Der „sensorische Homunkulus" zeigt die somatotopische Ordnung der Empfindungen im Cortex cerebri (im Gyrus postcentralis) an. Die Zahl von Neuronen in der Hirnrinde ist proportional zum räumlichen Auflösungsvermögen des Tastsinns in der jeweiligen Körperregion (modifizierte Abb. 50.4 und 50.5 aus Schmidt, Lang, Heckmann, Physiologie des Menschen mit Pathophysiologie, Springer Verlag 2010)

ganglionären) Neurons im Rückenmark oder im Hirnstamm, der Zellkörper des zweiten (postganglionären) Neurons in einem Ganglion (Abb. 1.9).

Sowohl das prä- als auch das postganglionäre Axon kann bei inneren Verletzungen in Mitleidenschaft gezogen werden, sodass die Organsteuerung ausfällt. Aber auch die viszerosensiblen Axone sind von Bedeutung, da das ZNS auf Signale aus unseren inneren Organen angewiesen ist, um sie steuern zu können. Das vegetative Nervensystem reguliert beispielsweise die Weite von Blutgefäßen und ist damit entscheidend für die Aufrechterhaltung des Blutdrucks. Die hierfür verantwortlichen Ganglien mit ihren viszeromotorischen Neuronen befinden sich neben der Wirbelsäule in einer Kette aus jeweils 22 Ganglien, die als linker und rechter Grenzstrang (Truncus sympathicus) bezeichnet werden. Von dort projizieren die Axone direkt zu den Zielorganen (neben den Blutgefäßen

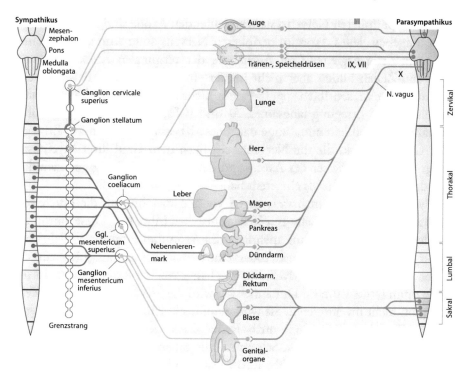

Abb. 1.9 Aufbau des peripheren vegetativen Nervensystems. Dunkelblaue (links) und dunkelgraue Linien (rechts) zeigen die in Hirnstamm und Rückenmark gelegenen präganglionären Neurone des Sympathikus (links) und Parasympathikus (rechts) an (Abb. 1.50 aus Poeck, Hacke, Neurologie, Springer 2006)

auch zu Drüsen und zu der glatten Muskulatur der inneren Organe). Parasympathische Ganglien liegen demgegenüber relativ nah am Organ (z. B. am Herzen, an der Lunge oder an der Harnblasenwand). Sie versorgen die Organe daher über ein im Vergleich zum Sympathikus kurzes, zweites Axon.

1.1.1 Histologie peripherer Nerven

Wie vorher erläutert, sind die in einem peripheren Nerven verlaufenden Axone funktionell also entweder als somatosensibel, somatomotorisch, viszerosensibel oder viszeromotorisch einzuordnen. Bei den für die Kopfsinne (Riechen, Schmecken, Sehen, Hören und Gleichgewicht) zuständigen Hirnnerven sprechen wir auch von sensorischen Nerven, da diese (bis auf den viszerosensiblen Geschmackssinn) keiner dieser vier klassischen Funktionen zuzuordnen sind.

Die im peripheren Nervensystem verlaufenden Axone sind fast immer von Glia umgeben. Jedes Axon im peripheren Nervensystem wird also von einer Schwann-Zelle begleitet (mit Ausnahme der terminalen Aufzweigungen). Schwann-Zellen bilden aber nicht immer eine Markscheide. Beispielsweise sind die dünnen, sensiblen sog. C-Fasern nicht myelinisiert und leiten daher die elektrische Erregung langsamer. A- und B-Fasern stellen demgegenüber bemarkte, schnell leitende Axone dar. Diese Klassifikation geht auf Erlanger und Gasser zurück, die die Nervenfasern nach dem Grad ihrer Myelinisierung, dem Durchmesser des Axons und der axonalen Leitungsgeschwindigkeit des Aktionspotenzials eingeteilt haben.

Myelin besteht aus mehreren Lagen von Zellmembranen, die durch vorwachsende Fortsätze der Schwann-Zellen entstehen (Abb. 1.3). Diese umrunden bei der Markscheidenbildung mehrfach das Axon und hinterlassen dabei nur ihre eigenen Plasmamembranen, sodass eine fettreiche Isolationsschicht zurückbleibt. Das Ausmaß dieser Myelinisierung hängt von der Axondicke ab. Ist das Axon dünn (etwa 1 μm im Durchmesser), wird die umgebende Schwann-Zelle das Axon nicht myelinisieren. Sie wird dann nach dem deutschen Neurologen Robert Remak (1815–1865) auch Remak-Zelle genannt. Mehrere dünne Axone, die von einer einzigen Schwann-Zelle umgeben sind, werden auch als Remak-Bündel bezeichnet (Abb. 1.10). Dagegen produzieren myelinisierende Schwann-Zellen eine Markscheide immer nur um jeweils ein Axon.

Wenn eine Schwann-Zelle eine Markscheide bildet, ist diese in ihrer Dicke immer dem Axondurchmesser proportional und 500 bis 2000 μm lang. Damit wird ein langes, myelinisiertes Axon, das vom Rückenmark bis zum Fuß zieht, von bis zu 1000 hintereinander angeordneten Schwann-Zellen ummantelt. Zwischen den einzelnen Schwann-Zellen bleibt das Axon für einige Mikrometer frei von Myelin. Diese Stelle wird als Ranvier-Schnürring oder auch als Knoten (Nodus) bezeichnet (Abb. 1.3). Von diesem kurzen, etwas verdickten und mit vielen Natrium-Ionenkanälen in der Membran ausgestatteten Axonabschnitt „springt" die Erregung, das Aktionspotenzial, zum nächsten Knoten, bis es am Axonende angekommen ist. Dazwischen befindet sich der erwähnte, bis zu 2 mm lange internodale Abschnitt. Die Markscheide dient also der beschleunigten Weiterleitung der Aktionspotenziale entlang eines Axons zum Zielgebiet.

Außerdem finden sich in Nerven Blutgefäße und Bindegewebszellen, die Fibroblasten (Abb. 1.10). Sie stellen das Endoneurium her, einen mechanischen Schutz für Nervenfasern, der auch bei der Regeneration eine wichtige Rolle spielt (siehe unten). Eine größere Gruppe von Nervenfasern innerhalb eines Nerven wird als Faszikel bezeichnet. Dieser ist von Perineurium umgeben, welches sich aus einer äußeren fibrösen Schicht (pars fibrosa) und einer

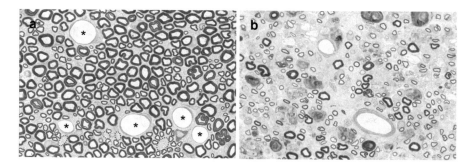

Abb. 1.10 Histologische Semidünnschnitte von 0,5 μm Dicke (gefärbt mit Osmium-tetroxid). Neben der Vielzahl bemarkter Axone im normalen Ischiasnerven der Ratte (a) finden sich Gruppen unbemarkter Axone (Remak-Bündel, rot umkreist) sowie Kapillaren (Sterne). Zwei Wochen nach einer Nervenläsion sind etliche regenerierte Nervenfasern mit eher dünnen Myelinscheiden nachweisbar (b, mit freundlicher Genehmigung von M. Barham und W. Neiss, Zentrum Anatomie, Universität zu Köln)

inneren epithelialen Schicht (pars epitheloidea) zusammensetzt. Letztere wird von einer speziellen Form von Glia, der perineuralen Glia, gebildet, die aus dem sich entwickelnden ZNS in die embryonalen Nervenanlagen hineinmigriert und dort eine Diffusionsbarriere herstellt, die Perineuralscheide.

Letztere besteht aus mehreren Schichten flacher Zellen, die durch spezielle, sehr enge Zellverbindungen (*tight junctions*) verbunden sind. Sie erzeugen einen kompletten Abschluss der Zellmembranen untereinander, sodass keine größeren Moleküle durch sie hindurch diffundieren können. Die Perineuralscheide bildet also zusammen mit dem Endothel der Blutkapillaren im Nerv die Blut-Nerven-Schranke. Den perineuralen Gliazellen, die man ursprünglich für modifizierte Fibroblasten hielt, kommt daneben eine besondere Bedeutung bei der Nervenregeneration zu. Sie übernehmen nämlich die Funktion einer Leitschiene für auswachsende Axone und beteiligen sich an der Bildung einer glialen Brücke zwischen proximalem und distalem Axonstumpf nach einer Nervenläsion.

Die Axone in einem peripheren Nerv, der auch ganz außen von dichtem Bindegewebe (Epineurium) umgeben ist, gehen zum einen von neuronalen Zellkörpern (Perikaryen) aus, die für die Versorgung unserer Skelettmuskulatur im Rückenmark und im Hirnstamm liegen, d. h., alle willkürlich kontrollierbaren Muskeln werden von Zellen innerviert, die im ZNS lokalisiert sind. Weiterhin verlaufen in einem gemischten Nerv sensible und autonome (viszerale) Axone, deren Nervenzellkörper sich in peripheren Ganglien befinden. Neben den oben erwähnten autonomen (viszeromotorischen) Ganglien sind dies die sensiblen (somato- und viszerosensiblen) Ganglien. In histologischen Schnitten fällt auf, dass die dort lokalisierten Nervenzellkörper von direkt anliegenden Mantelzellen, die auch als Satellitenzellen bezeichnet werden, umgeben sind. Sie stellen eine spezielle Form von Schwann-Zellen dar.

Auf den Punkt gebracht

- Periphere Nerven enthalten bemarkte und unbemarkte Axone, deren Funktion entweder als somatomotorisch, somatosensibel, viszeromotorisch oder viszerosensibel bezeichnet wird.
- Nervenzellkörper des peripheren Nervensystems (PNS) befinden sich in Ganglien (Ansammlungen von Neuronen). Sie sind sensibel (somatisch oder viszeral) oder viszeromotorisch (autonom), aber nicht somatomotorisch.
- Bis auf den Riech- und Sehnerven werden alle Hirnnerven zum PNS gerechnet. Olfaktorische, visuelle, akustische und vestibuläre Impulse gelangen über sensorische Nerven zum Gehirn.
- Neben den Nervenzellen gibt es im PNS die Gliazellen (Schwann- und Satelliten-Zellen).
- Dünne Axone, die von einer nicht myelinisierenden Schwann-Zelle umgeben sind, werden als Remak-Bündel bezeichnet.
- Myelinisierende Schwann-Zellen bilden eine Markscheide um jeweils nur ein Axon.
- Die bindegewebigen Hüllen um Axone (Endoneurium), Gruppen von Axonen in Faszikeln (Perineurium) und um ganze Nerven herum (Epineurium) werden von Fibroblasten und speziellen Gliazellen gebildet.
- Die perineurale Glia bildet zusammen mit dem Endothel der Blutkapillaren die Blut-Nerven-Schranke.

1.2   Klinische Grundlagen

Periphere Nervenverletzungen kommen im Vergleich zu Rückenmarksverletzungen etwa zehnmal häufiger vor. Die Prävalenz (im Unterschied zur Inzidenz neu aufgetretener Erkrankungen ist damit der gesamte Anteil der Betroffenen in der Bevölkerung gemeint) von traumatischen Nervenläsionen nach Verletzung der oberen Extremität beläuft sich auf 3 %, bei Verletzungen der unteren Extremität auf ca. 2 %. Das mittlere Alter der Patienten liegt bei 25–32 Jahren, wobei Männer mehr als doppelt so häufig betroffen sind wie Frauen.

Nerven werden bei Quetschungen und Schnittverletzungen verletzt, oft zusammen mit Muskeln und Gefäßen. Daneben treten Kompressionssyndrome auf, beispielsweise das Karpaltunnelsyndrom des Nervus medianus am Handgelenk, das Sulcus-ulnaris-Syndrom mit Einschränkung des Nervus ulnaris an der Innenseite des Ellenbogens oder das Supinator-Syndrom des Nervus radialis am Unterarm. Weiterhin führen Infektionen, z. B. mit Herpes-

Viren, aber auch internistische Probleme wie der Diabetes mellitus oder Alkoholismus zu Störungen der Nervenleitung und damit zu Schmerzen oder Missempfindungen, was als **Neuropathie** bezeichnet wird. Es müssen also von den traumatischen Nervenläsionen die insgesamt häufigeren metabolischen, aber auch die genetischen und ischämischen Neuropathien unterschieden werden.

Besonders bei schweren Motorradunfällen werden traumatische Nervenausrisse (**Avulsionen**) beobachtet, da der Fahrer bei einem Unfall oft vom Motorrad stürzt und versucht, seinen Sturz mit ausgestrecktem Arm abzufangen. Dabei wird der verwendete Arm derart überstreckt, dass die Nervenwurzeln, die das Rückenmark mit den Plexusnerven im Schulterbereich verbinden, ausreißen können (Abb. 1.7). Weiterhin gibt es die sog. iatrogenen Nervenläsionen durch Fehler von Ärzten oder medizinischem Personal, beispielsweise durch falsch gesetzte Spritzennadeln, unbeabsichtigte Nervenkompressionen durch Arbeitsinstrumente während einer Operation oder versehentliche Durchtrennungen von Nerven sowie thermische Koagulationen (Verbrennungen), die bei dem Versuch einer Blutstillung mit Strom auftreten können. Nervenverletzungen können aber auch sekundär entstehen, z. B. bei Knochenbrüchen (Frakturen), Vernarbungen oder an anatomischen Engstellen. Letzteres führt zu den oben genannten Kompressionssyndromen.

Eine gezielte Diagnostik und Therapie von sensiblen oder motorischen Ausfällen sollten zügig durch einen Facharzt erfolgen, da sich die Behandlungen der verschiedenen Nervenläsionen teilweise erheblich unterscheiden. Zuerst muss der genaue Ort einer Störung nach ausführlicher klinischer Untersuchung festgelegt werden. Hierfür sind gute neuroanatomische Kenntnisse nötig. Bei operierten Patienten mit eingegipstem Arm oder Bein ist eine solche Untersuchung oft erschwert. Jedoch sieht der Neurologe meistens schon an einer bestimmten Bewegung des Patienten, z. B. bei der Rotation des gestreckten Daumens, ob die drei großen, den Arm versorgenden Nerven (N. radialis, N. medianus, N. ulnaris) intakt sind.

Klinisch werden drei Kategorien von Ausfällen bei Nervenverletzungen beschrieben:

1. Akuter Schmerz, Empfindungsverlust und Dysästhesien, also Missempfindungen auf einen normalen Reiz hin (Sensibilitätsstörungen)
2. Schlaffe Paresen (Lähmungen), Atrophien oder Ausfälle von Muskelreflexen (motorische Störungen) und
3. Hypo- oder Anhidrose, also eine gestörte Schweißsekretion (vegetative Störungen)

Bei inkompletten Nervenläsionen sind einzelne Funktionen noch erhalten. Die Prognose ist hier meistens deutlich besser. Im Folgenden werde ich die in der Praxis übliche Einteilung von Nervenverletzungen besprechen. Danach werden die zellulären und molekularen Mechanismen vorgestellt, die verletzte Neurone am Leben halten und ihre Axone wieder auswachsen lassen. Im letzten Teil dieses Kapitels werde ich die klassischen Verfahren und pharmakologischen Ansätze zur Förderung der peripheren Nervenregeneration vorstellen. Darüber hinaus wird der Einsatz von Stammzellen und Bioprothesen diskutiert. Diese innovativen Ansätze verbessern die Therapie und damit die Lebensqualität nach traumatischen Nervenläsionen erheblich.

1.2.1 Einteilung und Diagnostik von Nervenverletzungen

Die Regeneration peripherer Nerven ist abhängig von der Art der Läsion und von ihrem Schweregrad. Sir Herbert Seddon definierte 1943 drei Typen von Nervenverletzungen: die **Neurapraxie**, die **Axonotmesis** und die **Neurotmesis**. Bei der Neurapraxie ist das Axon noch intakt, nur das Myelin ist betroffen. Hierbei handelt es sich um eine segmentale Demyelinisierung, die nicht mit einem unterbrochenen Axon einhergeht. In der Regel ist die Nervenleitgeschwindigkeit nur etwas verlangsamt, die wesentlichen Funktionen sind noch erhalten. Diese Art der Nervenläsion heilt zumeist gut durch die Fähigkeit von Schwann-Zellen, Myelin zu erneuern (Remyelinisierung genannt). Bei narbigen Veränderungen und solchen, die mit Durchblutungsstörungen einhergehen, kann es bei der Neurapraxie aber auch zu einem dauerhaften und irreversiblen Funktionsausfall kommen.

Der nächste Schweregrad, die Axonotmesis, stellt einen kompletten Kontinuitätsverlust der Axone bei erhaltenen bindegewebigen Strukturen dar. Eine solche Läsion geht mit einer Degeneration der distal des Traumas gelegenen Neuriten (Axon plus Markscheide) einher. Die noch intakten, vom Zellkörper ausgehenden proximalen Axone müssen also von der Läsionsstelle bis zum Zielgebiet wieder komplett neu auswachsen (Abb. 1.11). Die nach dem englischen Neurophysiologen Augustus Waller (1816–1870) bezeichnete anterograde, d. h. von der Verletzungsstelle nach peripher (distal) verlaufende Degeneration führt zur Auflösung des abgetrennten Axons und seiner Markscheide. Sie beginnt schon am ersten Tag nach einer Verletzung und führt nicht nur zu einer Reduktion der Nervenleitgeschwindigkeit, sondern im Fall von inkompletten Läsionen auch zu einer verminderten Amplitude des vom Axon geleiteten elektrischen Aktionspotenzials.

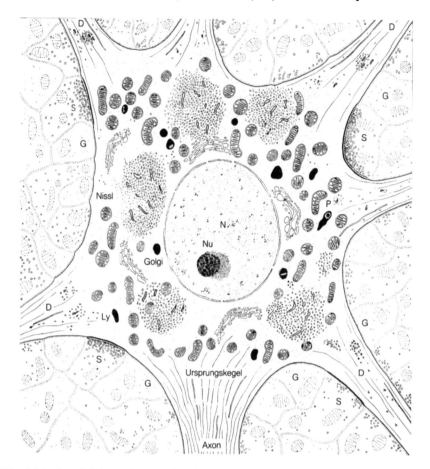

Abb. 1.11 Der Feinbau einer multipolaren Nervenzelle im Vorderhorn des Rückenmarks lässt eine Oberfläche erkennen, die mit Synapsen (S) bzw. Fortsätzen von Gliazellen (G) bedeckt ist. Der nach unten projizierende Nervenzellfortsatz stellt das Axon mit Neurofilamenten und Neurotubuli dar (D Dendriten, N Zellkern, Nu Nukleolus, P Pigment, Ly Lysosomen). Auf der nächsten Seite sind die wichtigsten Veränderungen zu verschiedenen Zeitpunkten nach Durchtrennung einer Nervenfaser im PNS gezeigt: **(a)** Normale Nervenfaser mit ihrem Perikaryon und der Effektorzelle (Skelettmuskel). Im Perikaryon liegt der Zellkern zentral. Es ist reichlich sog. Nissl-Substanz vorhanden, die dem rauen endoplasmatischen Retikulum (ER) entspricht. **(b)** Nach Schädigung der Nervenfaser wandert der Zellkern in die Peripherie des Perikaryons, und die Menge der Nissl-Substanz nimmt stark ab (Chromatolyse). Das distale Ende der geschädigten Nervenfasern einschließlich der Markscheide degeneriert. Die Reste werden von Makrophagen abgebaut. **(c)** Die Muskelfaser zeigt eine auffällige Inaktivitätsatrophie. Schwann-Zellen proliferieren und bilden einen kompakten Zellstrang (Büngner-Band), in den das auswachsende Axon eindringt. **(d)** Im Fall einer erfolgreichen Reinnervation regeneriert auch die Muskelfaser, die nun wieder Nervenimpulse erhält. **(e)** Gelingt es auswachsenden Axonen nicht, über Büngner-Bänder in distale Zielstrukturen zu regenerieren, ist ihr Wachstum unorganisiert. Es entstehen sog. Neurome, also Nervengewebswucherungen (modifizierte Abb. 12.5 und 12.26 A-E aus Junqueira, Zytologie, Histologie und mikroskopische Anatomie des Menschen, Springer 1996)

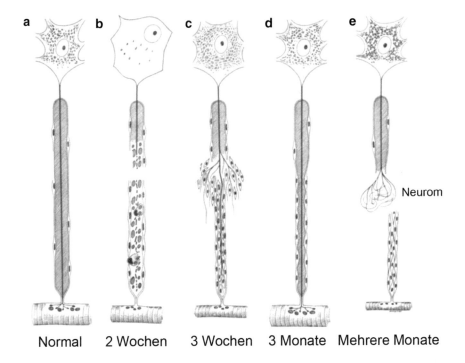

Normal   2 Wochen   3 Wochen   3 Monate   Mehrere Monate

Abb. 1.11 (Fortsetzung)

Da die bindegewebigen Hüllen um die Axone und die Faszikel herum aber noch erhalten sind, kommt es bei der Axonotmesis normalerweise zu einer axonalen Regeneration und meist auch zu einer Wiederherstellung der Funktion. Insbesondere die Muskulatur darf aber nicht zu lange ohne Nervenversorgung sein, da sie ansonsten atrophiert, d. h., die Muskelfasern werden dünner, abgebaut und durch Bindegewebe ersetzt. Eine Faustregel besagt, dass Muskeln nach 12–18 Monaten wieder von Nerven angesteuert werden müssen, um nicht zu degenerieren. Da die durchschnittliche Regenerationszeit für einen Millimeter Strecke Axonwachstum etwa einen Tag beträgt, heilen distale Läsionen, beispielsweise an der Hand, deutlich schneller als proximale Verletzungen im Bereich der Plexusnerven.

Der höchste Schweregrad nach Seddon, die Neurotmesis, geht mit einer kompletten Durchtrennung aller Strukturen eines peripheren Nerven einher, d. h., die Axone, das Myelin und alle bindegewebigen Hüllen werden durchtrennt. Nervenleitgeschwindigkeit, Aktionspotenziale und Amplituden sind nicht mehr nachweisbar. Auswachsende axonale Fortsätze „wissen" dann nicht mehr, wohin sie regenerieren sollen, sie knäulen sich auf und verbleiben als **Neurom** in der Nähe der Läsion. Eine gerichtete Regeneration in den distalen Nervenstumpf hinein kann in diesem Fall nur durch eine Wiederherstellung der Nervenkontinuität mittels Nervennaht oder Nerventransplantation erzielt werden.

Neben dieser Einteilung peripherer Nervenverletzungen in drei Schweregrade nach Seddon wird auch die Klassifikation in fünf Schweregrade nach Sunderland (1990) verwendet. Nach dieser wäre die Neurapraxie als Stufe 1 zu bezeichnen (temporärer Verlust der Nervenleitung mit nahezu vollständiger Wiederherstellung der Funktion). Verletzungen der Stufe 2 (Axonotmesis) sind schwerwiegender, können aber auch ohne chirurgische Intervention abheilen. Eine Neurotmesis mit intakten bindegewebigen Hüllen entspräche der Stufe 3. Bei der Stufe 4 wäre das Epineurium noch weitgehend erhalten, bei Stufe 5 nicht mehr.

Zur Abgrenzung der verschiedenenen Schweregrade werden eine Reihe von Bildgebungsverfahren, insbesondere die **Nervensonografie** und die **Kernspintomografie** sowie verschiedene elektrophysiologische Methoden eingesetzt. Zu letzteren zählen die **Elektromyografie** (EMG) und die **Elektroneurografie** (ENG), welche eine Verlangsamung der motorischen und/oder sensiblen Nervenleitgeschwindigkeit anzeigen. Mit diesen Verfahren lassen sich axonale Schäden von Problemen in den umgebenden Gliazellen unterscheiden. Defekte in der Ummantelung der Axone, der Markscheide, werden durch reduzierte Leitungsgeschwindigkeiten bei nur wenig verändertem EMG angezeigt, wohingegen Störungen der axonalen Leitung die typischen Denervierungszeichen im Elektromyogramm zeigen, beispielsweise eine pathologische Spontanaktivität von Muskelfasern.

Die Nervensonografie mittels Ultraschall gewinnt aufgrund der in den letzten Jahren deutlich verbesserten Bildgebung immer mehr an Bedeutung. Hochauflösende Schallköpfe in einem breiten Frequenzbereich (5–20 MHz) lassen zusammen mit moderner Bildverarbeitung den genauen Ort einer Nervenschädigung in der Regel gut erkennen. Das perineurale Bindegewebe stellt sich als Grenzfläche dabei echoreich (hell) dar, während der Faszikel selbst echoarm (dunkel) ist (Abb. 1.12). Periphere Nerven sind sowohl in Längsrichtung als auch im Querschnitt gut darstellbar. Sogar die feinen Äste des motorischen Gesichtsnerven, des Nervus facialis, lassen sich mit dieser Methode identifizieren. Eine vollständige Unterbrechung eines Nerven, was immer eine operative Behandlung nach sich ziehen würde, ist daher mittels Ultraschall meist gut zu identifizieren. Obwohl die Kernspintomografie (MRT) in der Medizin oft die besten Bilder erzeugt, ist sie der Sonografie bei der Visualisierung von Nerven unterlegen.

Auf den Punkt gebracht

- Nach peripherer Nervenläsion treten neben Lähmungen und einem Verlust an Empfindungen auch Schmerzen, Missempfindungen oder Störungen der Schweißsekretion auf.
- Es werden die Neurapraxie (Störungen der Nervenleitung), die Axonotmesis (Durchtrennung von Axonen) und die Neurotmesis (komplette Nervendurchtrennung) unterschieden.
- Zur Diagnostik kommen neben der klinischen Untersuchung die Nervensonografie und Kernspintomografie sowie elektrophysiologische Methoden zum Einsatz.
- Wenn es sich um einen reinen Verlust der Markscheide handelt und die Kontinuität der axonalen Fasern gegeben ist, heilen Nervenverletzungen in der Regel von allein, ansonsten muss eine operative Revision in Betracht gezogen werden, z. B. eine Nervennaht.

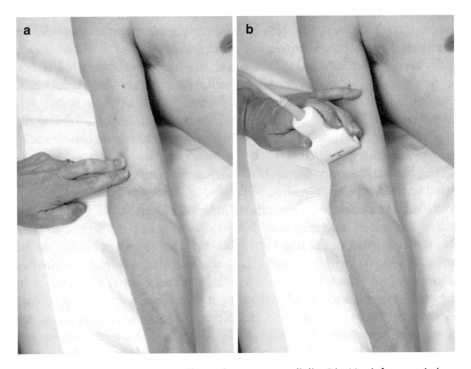

Abb. 1.12 Sonografische Darstellung des Nervus radialis: Die Vertiefung zwischen Musculus biceps brachii und Musculus brachioradialis wird ertastet und die Schallkopfposition radialseitig am distalen Oberarm transversal eingestellt. Der Nervus radialis (Pfeil im unteren Bild) hat seinen „Punkt der optimalen Visibilität" zwischen den Musculi brachioradialis (*) und brachialis (**; modifizierte Abb. 3.49, 3.50 und 3.52 aus Gruber, Loizides, Moriggl, Nervensonographie kompakt, Springer 2018)

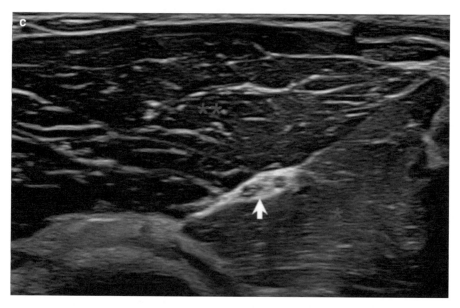

Abb. 1.12 (Fortsetzung)

1.3 Zellbiologische und molekulare Grundlagen

Schon im 2. Jahrhundert nach Christus machte sich der Arzt und Anatom Galenos (Galen) von Pergamon Gedanken zur Nervenregeneration. Ende des 16. Jahrhunderts nähte Gabriele Ferrara, ein Mailänder Chirurg, erstmals einen durchtrennten Nerv mit einer desinfizierten Nadel wieder zusammen. Seit ca. 150 Jahren ist es auch wissenschaftlich belegt, dass periphere Nerven regenerieren können. Insbesondere für Patienten mit Plexus- und Nervenwurzelverletzungen stellt sich die Prognose aber nach wie vor ungünstig dar. Obwohl die mikrochirurgischen Techniken stetig verbessert wurden, bleibt die axonale Regeneration über weite Strecken in der Regel aus. Oft ist die zu innervierende Muskulatur schon atrophiert, bevor die regenerierenden Axone ihr Ziel erreichen, denn ihre Wachstumsgeschwindigkeit entspricht dem langsamen Transport von axonalen Zytoskelettbestandteilen und ist mit durchschnittlich 1–2 mm pro Tag beim Menschen eher gering.

In Tiermodellen der peripheren Axonregeneration, z. B. bei Nagern oder Katzen, liegt die axonale Wachstumsrate demgegenüber bei 2–4 mm pro Tag. Da die hier zu überwindenden Distanzen im Unterschied zum Menschen deutlich kürzer sind, ist auch ohne Behandlung von einer erfolgreichen Regeneration und Wiederherstellung der Funktion auszugehen. Das einzige Erfordernis wäre, dass die Nervenkontinuität erhalten bleibt. Beim Menschen hingegen benötigen regenerierende Axone oft viele Monate, um die distale Extremitätenmuskulatur wieder zu erreichen. Neben der in dieser Zeit zu erwartenden Atrophie der Muskulatur liegt eine weitere Ursache für das Ausbleiben der Regeneration in der Glia (Schwann-Zellen), die ihre wachstumsfördernden Eigenschaften verliert, je weiter sie von der Läsionsstelle entfernt und je länger die Zielgebiete der von ihnen ummantelten Axone denerviert sind.

Die Glia spielt also eine entscheidende Rolle im Rahmen der peripheren Nervenregeneration (Abb. 1.13). Außerdem ist es selbst bei erfolgreicher Nervennaht und Reinnervation von Zielgebieten leider noch nicht möglich, regenerierende motorische Axone in den ursprünglich von ihnen innervierten „richtigen" Muskel zurückwachsen zu lassen. Aber auch die kleinen Sinnesorgane für Berührungs- und Druckempfindungen, die Meissner-Körperchen oder Merkel-Zellen, werden von auswachsenden sensiblen Axonen zumeist nicht wieder korrekt angesteuert. Die axonale Regeneration in denervierte Gewebe hinein wird also durch eine Nervennaht erst ermöglicht, innerhalb der Zielgebiete fehlt aber im Allgemeinen die Spezifität der Ansteuerung, d. h. die Reinnervation einer funktionell genau passenden Zielzelle.

Im Rahmen der peripheren Nervenregeneration kommt es also zu einer fehlerhaften Reparatur, d. h., motorische Nervenfasern finden sich in der Haut wieder oder sie gelangen in den „falschen" Muskel. Diese Fehlsteuerung führt beispielsweise dazu, dass Bewegungen einzelner Finger nach einer Nervenläsion am Unterarm zwar wieder möglich sind, aber die korrekte Zuordnung erst mühsam neu erlernt werden muss. Daneben treten Missempfindungen auf, da die zur Haut regenerierenden Axone nicht mehr ihre zugehörigen, korrekten Rezeptoren wiederfinden.

Es bleibt daher noch viel zu tun, bevor Patienten mit einer schweren peripheren Nervenverletzung eine realistische Hoffnung auf Heilung gemacht werden kann. Nur mit einem besseren Verständnis aller an diesem Prozess beteiligten Zellen und Moleküle lassen sich neue therapeutische Strategien entwickeln, die die Quantität und Spezifität der peripheren Nervenregeneration entscheidend verbessern können. Es sind dabei nicht nur die betroffenen Nervenzellen, sondern auch Glia- und Immunzellen sowie die Blutgefäße zu berücksichtigen. Sie alle spielen eine wichtige Rolle für das erfolgreiche Auswachsen von Nervenfasern und für die korrekte Ansteuerung von Zielen in der Muskulatur, in der Haut und in unseren inneren Organen.

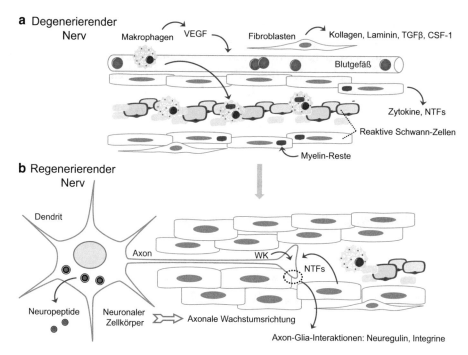

Abb. 1.13 Blutgefäße, Bindegewebszellen (Fibroblasten) und reaktive Schwann-Zellen sind am Abbau der Axone im verletzten Nervenstumpf beteiligt. Dieser auch als anterograde, Wallersche Axondegeneration bezeichnete Prozess (**a**) stellt eine Conditio sine qua non für axonale Regeneration im peripheren Nervensystem dar, denn nur dann können Axone entlang der in Form von Büngner-Bändern angeordneten Schwann-Zellen wieder in ihr Zielgebiet hinein auswachsen (**b**). Zuerst werden aufgrund der Hypoxie im Läsionsgebiet und durch Freisetzung einiger Zytokine Makrophagen aus dem Blut angelockt. Sie setzen insbesondere *Vascular Endothelial Growth Factor* (VEGF) frei, der daraufhin die Endothelzellen der Kapillaren zur Teilung anregt. So werden neue Gefäße gebildet, die Schwann-Zellen und regenerierenden Axonen als Leitschiene dienen. Ihr Wachstumskegel (WK) ist dabei von entscheidender Bedeutung. Er reagiert auf die von reaktiven Schwann-Zellen freigesetzten neurotrophen Faktoren (NTFs) und gibt die Wachstumsrichtung vor. Ebenso wird die Wachstumsgeschwindigkeit durch Interaktionen der in der Axonmembran sitzenden Neureguline und Integrine mit Gliazellen und extrazellulärer Matrix, insbesondere mit Kollagen und Laminin, bestimmt. Axotomierte Neurone selbst setzen u.a. Neuropeptide frei, die neurotroph wirksam werden und die Regeneration unterstützen

1.3.1 Die neuronale Antwort auf axonale Verletzung

Neurone stellen nach Durchtrennung des Axons (Axotomie) den Stoffwechsel von Transmission auf Regeneration um. Die von ihnen hergestellten Substanzen stehen nach einer Verletzung also primär im Zusammenhang mit dem Axonwachstum und nicht mit der Weitergabe von Information. Dafür muss eine Vielzahl von Genen im Zellkern der Nervenzellen inaktiviert werden, die normalerweise Überträgerstoffe (Neurotransmitter) und Moleküle zum Synapsenerhalt herstellen, wohingegen Gene angeschaltet werden, welche für die Bildung der strukturellen Bestandteile einer Nervenzelle verantwortlich sind, insbesondere für die Eiweiße des Zytoskeletts, d. h. für Aktin und Tubulin. In diesem Abschnitt sollen diese Aspekte einer Nervenläsion genauer besprochen und die zellulären und molekularen Grundlagen des Regenerationsgeschehens vorgestellt werden.

Eine äußerst wichtige Rolle spielt in diesem Zusammenhang der Zellkern. Hier werden die *messenger*-Ribonukleinsäuren (Boten-RNA bzw. mRNAs) als Matrizen von der Desoxyribonukleinsäure (DNA) durch ein Enzym, die RNA-Polymerase, gebildet (Abb. 1.14). Die mRNAs stellen also die Protein-

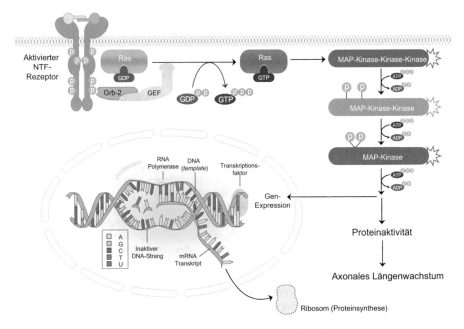

Abb. 1.14 Zahlreiche neurotrophe Faktoren (NTFs) binden an Rezeptor-Tyrosin-Kinasen (RTKs) und aktivieren diese durch mehrfache Phosphorylierung. Daraufhin werden Adapterproteine wie Grb-2 (*Growth factor receptor-bound protein 2*) gebunden, die GTP-Austauschfaktoren (*Guanosine triphosphate Exchange Factors*, GEFs) rekrutieren. Beispielsweise wird auf diese Art das Membranprotein Ras und damit der MAP-Kinase (*Mitogen-Activated Protein* bzw. *Extracellular signal-Regulated Kinases*, ERK)-Signaltransduktionsweg aktiviert. Nach Transfer der MAP-Kinase phospho-ERK1/2 in den Zellkern werden Transkriptionsfaktoren wie c-Fos, c-Jun, c-Myc und ATF-2 phosphoryliert (ERK hat über 100 bekannte Substrate). Dadurch wird das Ablesen von Genen im Zellkern, d. h. die Herstellung von mRNAs durch RNA-Polymerase, aber auch die Aktivität am Ribosom hergestellter Eiweiße verändert. So wird die Regeneration gestartet und axonales Längenwachstum bewirkt

kodierenden Kopien unserer Gene dar, die für die Proteinsynthese am Ribosom benötigt werden. Letztere finden sich als komplexe Aggregate aus Eiweißen und ribosomaler RNA (rRNA) nicht nur im Zellkörper (Perikaryon), sondern auch im Axon. Sie leisten nach einer Nervenläsion Schwerstarbeit, denn es müssen zahlreiche Proteine hergestellt werden, um ein neues Axon entstehen zu lassen.

Dabei sollte man sich einmal die Länge von peripheren Axonen beim Menschen veranschaulichen: Sie sind im Fall der Verbindungen des Rückenmarks mit den Fußmuskeln oft mehr als einen Meter lang. Sensible Neurone in den Spinalganglien, die Berührungen am Fuß wahrnehmen, werden sogar erst im Hirnstamm, also innerhalb des Schädels, auf das zweite Neuron synaptisch umgeschaltet und haben daher je nach Körpergröße bis zu zwei Meter lange Axone! In Zellen mit derartig langen Fortsätzen sind enorme Anforderungen an den Stoffwechsel zu erfüllen, insbesondere wenn Axone komplett neu gebildet werden müssen.

Dafür sind neben der Proteinsynthese auch ein großer Golgi-Apparat und viele endosomale Vesikel für die Speicherung und den Transport von größeren Eiweißen und kleineren Peptiden erforderlich (Abb. 1.15). Neuropeptide wie Galanin (s. Tab. 1.1) werden nach einer Nervenläsion hochreguliert, von axotomierten Neuronen freigesetzt und fördern die axonale Regeneration. Weiterhin ist eine hohe Zahl von Mitochondrien erforderlich, in denen die für Synthese- und Transportprozesse notwendige Energie in Form von ATP bereitgestellt wird. Ebenso müssen kontinuierlich Plasmamembranen aufgebaut werden, es sind also auch die entsprechenden Lipide zu synthetisieren.

Eine typische Veränderung in Nervenzellen, die nach einer Durchtrennung des Axons stattfindet, betrifft die Auflösung des endoplasmatischen Retikulums (ER), was als Chromatolyse bezeichnet wird (s. Abb. 1.11). Außerdem ist eine Verlagerung des Zellkerns an den Rand des Zellkörpers festzustellen. Das ER bildet ein Membran-umschlossenes zelluläres Kompartiment, welches mit Ribosomen besetzt ist („raues ER"). Sind keine Ribosomen vorhanden, wird es „glattes ER" genannt. Raues ER ist für die Synthese von Membranproteinen und zu sezernierenden Eiweißen zuständig, glattes ER wird insbesondere für die Herstellung von Fetten, also für die Lipid-Synthese benötigt.

ER findet sich nicht nur im Zellkörper, sondern auch in neuronalen Fortsätzen, die alle von einer Plasmamembran umgeben sind. Glattes ER dient darüber hinaus als intrazellulärer Kalzium-Speicher, aus dem im Axon nach einer Nervenläsion Kalzium-Ionen (Ca^{2+}) freigesetzt werden. Eine Chromatolyse und Fragmentierung von ER ist sowohl in peripheren als auch in zentralen Neuronen nach Nervenläsion im Zellkörper und im Axon zu beobachten.

Die beschriebenen morphologischen Veränderungen in axotomierten Neuronen zeigen sich schon wenige Stunden nach einer Nervenläsion. Sie

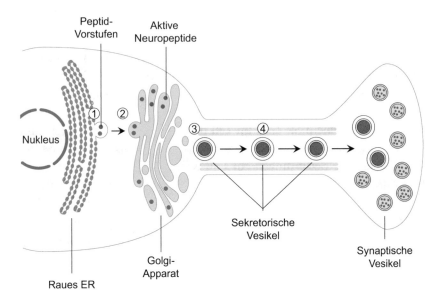

Abb. 1.15 Neuropeptide werden am rauen endoplasmatischen Retikulum (ER) als Vorstufe gebildet (1), im Golgi-Apparat modifiziert (2) und in sekretorische (elektronendichte) Vesikel verpackt (3). Diese werden den Mikrotubuli (blau) entlang transportiert (4) und nach Stimulation aus axonalen Erweiterungen (Varikositäten) bzw. in der Nähe einer Synapse per Exozytose freigesetzt. Diese Peptide beeinflussen unsere Muskulatur, die Haut und innere Organe. Neben den klassischen Botenstoffen im Nervensystem (rote Punkte), die in kleinen synaptischen Vesikeln gespeichert werden, beeinflussen sie auch die synaptische Neurotransmission. Einige Peptide (z. B. Galanin, VIP, PACAP) fördern darüber hinaus das Überleben verletzter Neurone und ihre Regeneration nach einer Axotomie

sind 2–3 Wochen später voll ausgeprägt, halten bis zu 3 Monate an und sind umso stärker und langwieriger, je näher das Axon am Zellkörper verletzt wurde. Auf biochemischer Ebene lässt sich früh (innerhalb von Stunden) eine Zunahme an Proteinen feststellen, die das Überleben des Neurons sichern und die axonale Regeneration vorbereiten. Allerdings überwinden letztlich nur 10–20 % aller durchtrennten Axone die Verletzungsstelle und wachsen wieder in Zielgewebebiete ein.

Woher „weiß" ein Neuron eigentlich, dass eine Verletzung seines Axons stattgefunden hat? Die zentrale Stelle im Perikaryon, der Zellkern, muss dafür ein Signal von der teils weit entfernten Läsion erhalten, das rückwärts (retrograd) das noch intakte Axon entlangläuft, um den neuronalen Metabolismus im Zellkörper umschalten zu können. Wie wir heute wissen, geschieht diese Umschaltung über eine Veränderung der Proteinsynthese, d. h., an der DNA werden im Zellkern nun primär die für das Auswachsen des Axons not-

Tab. 1.1 Liste der Läsions-assoziierten trophen Faktoren, Neuropeptide und neuroaktiven Zytokine bzw. Chemokine, die von Nervenzellen und nicht-neuronalen Zellen (insbesondere Schwann-Zellen, Makrophagen und Fibroblasten) im Rahmen der peripheren Nervenregeneration vermehrt gebildet und freigesetzt werden. Die meisten von ihnen erreichen einige Tage nach einer Nervenverletzung ihr Konzentrationsmaximum und werden erst nach Beendigung der Regeneration wieder auf den Ausgangslevel herunterreguliert (Artemin ART, Bone Morphogenic Protein BMP, Brain Derived Neurotrophic Factor BDNF, Calcitonin Gene Related Peptide CGRP, Cardiotrophin 1 CT-1, Chemokin Ligand 2 CCL-2, Ciliary Neurotrophic Factor CNTF, Colony Stimulating Factor 1 CSF-1, Fibroblast Growth Factor FGF, Glia Derived Neurotrophic Factor GDNF, Glial Growth Factor GGF, Hepatocyte Growth Factor HGF, Insulin like Growth Factor IGF-1, Interleukin IL, Leukemia Inhibitory Factor LIF, Nerve Growth Factor NGF, Neurotrophins NT, Neurturin NTN, Oncostatin M OSM, Persephin PSP, Pituitary Adenylate Cyclase Activating Peptide PACAP, Pleiotrophin PTN, Somatostatin SST, Substance P SP, Transforming Growth Factor TGF, Tumor Necrosis Factor alpha TNF-α, Vascular Endothelial Growth Factor VEGF, Vasoactive Intestinal Peptide VIP)

NTs	TGFs	FGFs	Neuropeptide	Zytokine	Andere
NGF	TGF-β	FGF-1	Galanin	CNTF	GGF
BDNF	GDNF	FGF-2	VIP	LIF	IGF-1
NT-3	NTN	FGF-7	PACAP	CT-1	IGF-2
NT-4, -5	PSP		SP	OSM	Insulin
	ART		CGRP	IL-1, -6, -11	PTN
	BMP		SST	CCL-2	VEGF
				CSF-1	HGF
				TNF-α	

wendigen mRNAs gebildet und diejenigen für synaptische Transmission herunterreguliert. Dafür sind der genannte Kalzium-Einstrom und die Aktivierung von Signaltransduktions-Kaskaden, insbesondere der MAP-Kinase (ERK)-abhängige Signalweg, zuständig (Abb. 1.14 und 1.16).

Auf den Punkt gebracht

- Axotomierte Neurone stellen ihren Stoffwechsel rasch von Transmission auf Regeneration um.
- Im neuronalen Zellkern werden die für eine axonale Regeneration notwendigen Proteine über eine vermehrte Expression entsprechender Gene gebildet.
- Eine besondere Bedeutung kommt dem endoplasmatischen Retikulum für die Synthese von Membranproteinen (raues ER) und für den Einbau von Membranlipiden (glattes ER) zu.
- Mitochondrien werden vermehrt für die Bereitstellung des Energieträgers ATP nach einer Nervenläsion benötigt.

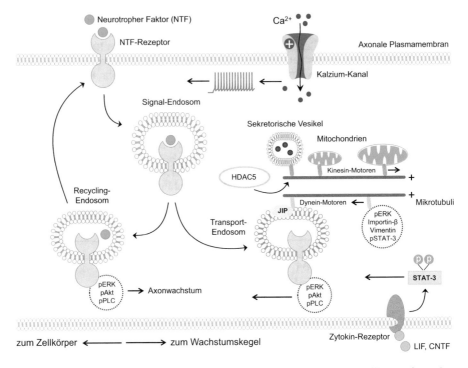

Abb. 1.16 Die Signale, die den neuronalen Zellkörper und den Zellkern über eine stattgefundene Verletzung innerhalb von Stunden informieren, sind in diesem Schema dargestellt. Zuerst kommt es zu einem massiven Einstrom von Kalzium-Ionen in das verletzte Axon (über spannungsgesteuerte Kanäle und durch Freisetzung von Kalzium aus dem endoplasmatischen Retikulum). Später aktivieren Zytokine und neurotrophe Faktoren (NTFs) über ihre an die Membran oder an Signal-Endosomen gebundenen Rezeptoren Transkriptionsfaktoren (z. B. STAT-3), die zusammen mit Importin/Vimentin/ERK-Komplexen und JIP-markierten Endosomen entlang der Mikrotubuli retrograd zum Perikaryon transportiert werden (gebunden an Dynein). Alternativ gelangen Rezeptoren über Recycling-Endosomen zurück an die Plasmamembran. Anterograd wandernde Mitochondrien und sekretorische Transport-Vesikel mit Neuropeptiden gelangen über Kinesin-Motorproteine in den Wachstumskegel und unterstützen die nach 1–2 Tagen startende axonale Regeneration. Der Aufbau der für Transport und Axonwachstum notwendigen Mikrotubuli wird im Rahmen axonaler Regeneration entscheidend durch eine aus dem Zellkern exportierte Histon-Deacetylase (HDAC5) gefördert

1.3.1.1   Epigenetische Regulation der Genexpression

Die DNA bildet bekanntermaßen zusammen mit diversen Proteinen das Chromatin, die im Mikroskop sichtbare Kernsubstanz mit insgesamt 46 Chromosomen. Auf diesen befinden sich die 20.000 bis 25.000 Gene, die den Bauplan für die meisten Eiweiße in unseren Zellen darstellen.

Wie vorher beschrieben, müssen Gene in eine mRNA umgeschrieben werden, die dann als Matrize für die Proteinherstellung am Ribosom dient. Diese Transkription wird über Transkriptionsfaktoren (TFs) und über weitere epigenetische Mechanismen gesteuert. Die DNA muss beispielsweise freigelegt werden, damit Gene überhaupt abgelesen werden können. Viele Gene sind normalerweise inaktiv, d. h. für die RNA-herstellende Polymerase nicht erreichbar. Das „Einschalten" von Genen erfolgt über spezielle DNA-Abschnitte (Promotoren), an die TFs binden und das Ablesen der Gene (die „Expression") dadurch aktivieren, aber auch hemmen können (Abb. 1.14).

Dabei spielen Eiweiße des Chromatins, die Histone, eine wichtige Rolle. Die DNA wickelt sich um diese basischen Proteine herum, sie wird dadurch „verpackt". DNA muss folglich erst „entpackt" werden, um die in diesem Bereich lokalisierten Gene transkribieren („abschreiben") zu können. Dies wird durch chemische Modifikationen (z. B. Acetylierung, Methylierung oder Phosphorylierung) erreicht. Beispielsweise befindet sich nach einer Histon-Acetylierung die DNA zumeist im „geöffneten" Zustand, sodass mRNA transkribiert und das entsprechende Protein am Ribosom gebildet werden kann. Umgekehrt hemmt eine Histon-Methylierung die Genexpression (in aller Regel). Eine direkte DNA-Methylierung durch Methyltransferasen (DNMTs) ist für die Genregulation ebenso wichtig. Diese Enzyme sind also für die epigenetischen Veränderungen verantwortlich, die in den letzten Jahren in den Mittelpunkt des Interesses vieler neurowissenschaftlicher Laboratorien gerückt sind.

Die Histon-Deacetylase 5 (HDAC5) hat darüber hinaus außerhalb des Zellkerns eine wichtige Funktion: Nach Export aus dem Nucleus in das Zytoplasma interagiert HDAC5 mit den Proteinen Filamin A und mit Protein Kinase D1 (PRKD1), um das Zytoskelett im Axon zu modifizieren. So verändert die Entfernung von Acetyl-Gruppen an den Mikrotubuli die Interaktion von Tubulin mit wichtigen Mikrotubulus-assoziierten Proteinen (MAPs) und fördert darüber die axonale Regeneration (Abb. 1.16). Gleichzeitig können durch die Entfernung von HDAC5 aus dem Zellkern regenerationsassoziierte Gene (RAGs) vermehrt exprimiert werden, die ansonsten durch Histon-Deacetylierung inaktiv bleiben würden. Eine weitere Histon-Deacetylase, HDAC3, hemmt die Markscheidenbildung. Ihre Blockade führt daher zu einer verbesserten Remyelinisierung regenerierender Axone nach einer Nervenläsion.

Zu den epigenetischen Regulationsmechanismen werden auch die nichtkodierenden RNAs (ncRNAs) gerechnet. Es lassen sich microRNAs (miRNAs), long non-coding RNAs (lncRNAs) und circular RNAs (circRNAs) unterscheiden. Sie alle werden im Gegensatz zur mRNA nicht in Protein übersetzt.

Einige miRNAs, 20–23 Basen (Nukleotide) kurze RNA-Moleküle, sind für die Regenerationsforschung von besonderem Interesse, da sie die für das Axonwachstum relevanten Proteine regulieren. Dafür legen sie sich der mRNA im nichtkodierenden Bereich an und hybridisieren diese (zumeist am hinteren 3'-Ende).

Die Basensequenz einer miRNA korrespondiert dabei genau mit der Basensequenz der jeweiligen mRNA, die in der Folge abgebaut wird (durch Assoziation mit einem Proteinkomplex, dem *RNA-induced silencing complex*, RISC). Die Hybridisierung von miRNA mit der mRNA kann aber auch verhindern, dass die mRNA im Ribosom überhaupt in ein Protein translatiert, also in eine definierte Aminosäurensequenz übersetzt wird. Wir gehen heute davon aus, dass miRNAs mehr als die Hälfte des humanen Transkriptoms (definiert als Summe aller zu einem gegebenen Zeitpunkt in der Zelle hergestellten RNAs) regulieren und damit die Konzentration zellulärer Proteine wesentlich mitbestimmen.

Viele nichtkodierende RNA-Moleküle werden durch Nerven- und Hirnverletzungen hoch- und herunterreguliert, beispielsweise findet sich miR-21 vermehrt in axotomierten Neuronen im PNS. Diese miRNA führt durch Herunterregulation der mRNA für das Signalprotein Sprouty2 zu einer verbesserten axonalen Regeneration. Sprouty2 ist ein zentraler Hemmer von intrazellulären Signalwegen, die für die Regeneration von Nerven- und Gliazellen benötigt und auch in meinem Labor schwerpunktmäßig untersucht werden (https://www.i-med.ac.at/neuroanatomy/research.html).

Eine weitere miRNA (miR-26a) stimuliert axonale Regeneration durch Reduktion von Glykogen-Synthase-Kinase 3β (GSK-3β). Die Proliferation und Migration von Schwann-Zellen und die Myelinisierung von Axonen werden durch miR-221 gefördert. Weitere wichtige miRNAs finden sich in immunkompetenten Zellen, z. B. in Makrophagen, beispielsweise reduziert eine Defizienz von miR-155 in diesen Zellen die lokale Entzündungsreaktion und fördert axonales Wachstum nach einer Rückenmarksverletzung.

Nur ein kleiner Teil der epigenetischen Regulationen nach Nervenverletzungen ist bisher validiert und in Bezug auf die jeweiligen pathophysiologischen Zusammenhänge genauer analysiert worden. Die Identifikation der wesentlichen Knotenpunkte im dichten Netzwerk der epigenetischen Veränderungen nach einer Axotomie schreitet aber zügig voran und wird hoffentlich zur Entwicklung neuer Pharmaka führen, welche die axonale Regeneration unterstützen. Beispielsweise lassen sich im Labor kurze Nukleinsäuren-Ketten herstellen, die sich an nichtkodierende RNAs anlagern und diese damit blockieren.

In diesem Zusammenhang ist auch die lokale Herstellung von Proteinen durch axonale mRNAs von Bedeutung. Interessanterweise befinden sich in peripheren, offenbar aber nicht in zentralen Neuronen viele mRNAs auch im Axon. Sie verbleiben dort in Wartestellung, gespeichert in sog. *stress granules*, und werden nach einer axonalen Läsion freigegeben. Die Phosphorylierung eines RasGAP-bindenden Proteins (G3BP1) führt zur Auflösung dieser Granula. Dann beginnt die lokale Proteinsynthese, die für eine erfolgreiche axonale Regeneration unerlässlich ist, da neue Proteine für das axonale Wachstum sofort zur Verfügung stehen. In zentralnervösen Axonen ist die axonale Herstellung von Proteinen nach einer Läsion reduziert oder fehlt völlig, was ein Grund für ihre eingeschränkte Regenerationsfähigkeit sein könnte.

1.3.1.2   Retrograde Alarmsignale und initiales Axonwachstum

Innerhalb von Minuten lassen sich molekulare Veränderungen in axotomierten Neuronen nachweisen, die von der Läsionsstelle durch Aktionspotenziale ausgelöst werden. Ein solcher elektrischer *high frequency burst* wird durch einen starken Kalzium- und Natrium-Einstrom in das verletzte Axon hinein verursacht: Unmittelbar nach einer Ruptur der axonalen Plasmamembran öffnen sich zuerst die Natrium-Kanäle. Da die Natrium-Ionen wieder herausgepumpt werden müssen, werden der transmembranöse Natrium/Kalium- und auch der Natrium/Kalzium-Transport über spezielle Ionen-Austauscher aktiviert. Aufgrund eines Mangels an ATP, dem Energieträger Adenosintriphosphat, funktioniert der ATP-abhängige Natrium/Kalium-Austausch aber bald nicht mehr, und in der Folge steigen auch die Kalzium-Spiegel im Axon bis in den millimolaren Bereich hinein an.

Der veränderte Ionenstrom an der axonalen Plasmamembran triggert auf diese Art eine Depolarisationswelle, die retrograd bis zum Zellkörper läuft und dort im Zellkern zu Veränderungen der Chromatin-Struktur und der Genexpression führt. Der Anstieg von intrazellulärem Kalzium aktiviert außerdem eine Reihe von zytoplasmatischen Kinasen (insbesondere CAMK2, DLK, PKA, PKC und ERK), die ihre Zielproteine durch Phosphorylierung regulieren. Weiterhin werden aus zahlreichen Bläschen, den endosomalen Vesikeln, Neuropeptide und Wachstumsfaktoren freigesetzt, die ihrerseits wiederum Kinasen stimulieren.

Diese Vesikel sind auch am raschen Verschluss des distal offenen Axonendes beteiligt. Ist die Plasmamembran wiederhergestellt, wird über lokale Proteinsynthese am Axonende die Bildung eines frühen Wachstumskegels induziert, was für die axonale Regeneration unerlässlich ist (Abb. 1.17). In seinem Zentrum finden sich neben einer heterogenen Population endosomaler Vesikel glattes endoplasmatisches Retikulum, viele Mitochondrien und Zyto-

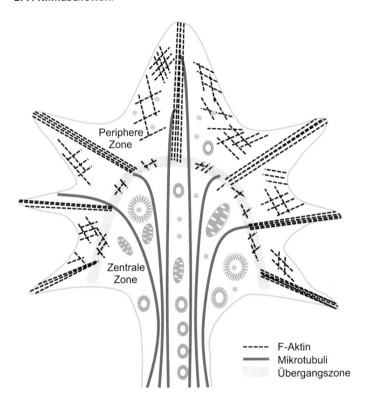

Abb. 1.17 Schematische Darstellung eines typischen axonalen Wachstumskegels. Aktin-Mikrofilamente befinden sich bevorzugt direkt unterhalb der Plasmamembran in den peripheren Abschnitten des Kegels und in den sich oft sehr dynamisch bewegenden fingerförmigen Fortsätzen, den Filopodien. Diese sind von großer Bedeutung zur Erkennung von Gradienten extrazellulärer Wachstumsfaktoren und Chemokinen. Sie entscheiden damit über den Weg, den das auswachsende Axon nimmt. Durch spezifische Rezeptoren in der Filopodienmembran werden lokal – beispielsweise nur an einer Seite des Kegels – intrazelluläre Signalketten ausgelöst, die dann zu einem bevorzugten Einbau von Lipiden in die Plasmamembran dieser Seite und damit zu einer Drehung des Wachstumskegels in die erwünschte Richtung führen. Filopodien gehen über in flächige Zellausläufer (Lamellipodien), die aus einem feinen Netzwerk von verzweigten Aktin-Filamenten bestehen. In der zentralen Zone befinden sich die Mikrotubuli, an denen entlang Endosomen und Mitochondrien bis zur Übergangszone einwandern können. Sie sind für ein schnelles Auswachsen des Axons essenziell, indem über Mitochondrien die benötigte Energie (ATP) und über Vesikel die für die Regeneration notwendigen Lipidmembranen durch Exozytose bereitgestellt werden

skelettbestandteile. Nicht regenerierende Axone formen keine Wachstumskegel, sondern ziehen sich zurück und bilden kolbenartige Endigungen, die als *retraction bulbs* bezeichnet werden.

Ein weiteres Signal erreicht den Zellkern 4–6 h später. Es wird durch die zweite Welle von molekularen Alarmsignalen gebildet, die an Endosomen gekoppelt sind und mittels retrograden Transportes das Perikaryon erreichen. Die Geschwindigkeit dieses axonalen Transportweges bewegt sich zwischen 25 und 40 cm am Tag, d. h., innerhalb von 1–2 Tagen können axotomierte Nervenzellkörper auf das Regenerationsprogramm umgestellt werden. Dafür sind Proteine der Importin-Familie (insbesondere Importin-β1) und Transkriptionsfaktoren (TFs) wie STAT3 notwendig, die lokal im Axon hergestellt und retrograd transportiert werden (Abb. 1.16).

Bei dem Transport des Alarmsignals spielen das intermediäre Filament-Protein Vimentin, das c-Jun-N-terminale Kinasen (JNK)-interagierende Protein JIP und Motor-Proteine (Kinesin, Dynein) eine wichtige Rolle. Letztere insbesondere über Bindung an axonale Mikrotubuli, die auch als Neurotubuli bezeichnet werden. Über eine Interaktion mit Vimentin wird die Proteinkinase ERK in den Zellkern transportiert und aktiviert dort weitere Kinasen (u. a. die *p90 ribosomal S6 kinase 1*, RSK1) sowie mehrere TFs, die wiederum regenerationsassoziierte Gene (RAGs) hochregulieren.

Auf den Punkt gebracht

- Nichtkodierende RNAs (ncRNAs) spielen neben den mRNAs eine entscheidende Rolle im Rahmen der Nervenregeneration, da sie u.a. zur vermehrten Expression Regenerations-assoziierter Gene (RAGs) führen.
- Es werden microRNAs (miRNAs), long non-coding RNAs (lncRNAs) und circular RNAs (circRNAs) unterschieden.
- Nach einer Axotomie werden im Rahmen der epigenetischen Veränderungen die neuronale DNA und die mit ihr assoziierten Histon-Proteine modifiziert (acetyliert und methyliert).
- Eine Proteinsynthese findet auch im Axon statt. Die Protein-kodierenden Matrizen (mRNAs) werden dort in Granula gespeichert und bei Bedarf an lokalen Ribosomen in Proteine übersetzt (translatiert).
- Eine retrograde Depolarisationswelle verläuft innerhalb von Minuten nach Läsion zum neuronalen Zellkörper der betroffenen motorischen und sensiblen Axone.
- Ein intraaxonaler Anstieg von Kalzium führt zur Aktivierung von Kinasen, die an Endosomen gebunden werden und ein zweites retrogrades Signal innerhalb von Stunden zum Zellkern senden.

1.3.1.3 Freisetzung von trophen Faktoren und Zytokinen aus nicht-neuronalen Zellen

Die direkt den Nervenzellen anliegenden Gliazellen, auch Mantel- bzw. Satellitenzellen genannt, werden ebenfalls durch die neuronalen Alarmsignale von einer Nervenläsion unterrichtet. Sie fangen daraufhin an sich zu teilen, d.h., zu proliferieren und schütten Zytokine aus, die der interzellulären Kommunikation dienen. Dazu gehören insbesondere LIF (*leukemia inhibitory factor*), IL-6 (*Interleukin-6*) und CNTF (*ciliary neurotrophic factor*), die an spezifische Rezeptoren (gp130) auf axotomierten Neuronen binden und dadurch den neuronalen Stoffwechsel auf Regeneration umstellen können.

CNTF ist für die lokale Aktivierung von STAT3 (*signal transducer and activator of transcription*) verantwortlich. Zytokine, die oft zuerst im Immunsystem entdeckt wurden, sind also maßgeblich an der Umstellung des neuronalen Stoffwechsels von Transmission auf Regeneration beteiligt. Bestimmte Zytokine und neurotrophe Faktoren (NTFs), die normalerweise aus der Glia bzw. aus dem peripheren Zielgewebe von Neuronen freigesetzt werden (Abb. 1.13), lassen sich nach einer Verletzung in Schwann-Zellen an der Läsionsstelle und in einwandernden Makrophagen, den Fresszellen, finden. Sie werden aber auch von Bindegewebszellen, den Fibroblasten, synthetisiert. Ich werde später ausführlicher auf diese Moleküle eingehen (siehe Tab. 1.1).

Nach einer Nervendurchtrennung ist auch der direkte Kontakt zwischen axonaler Plasmamembran und der Membran der Zielzellen nicht mehr gegeben. Dadurch werden zum einen Wachstumsfaktoren nicht mehr aus dem innervierten Gewebe aufgenommen, zum anderen geht auch die direkte, durch Adhäsionsmoleküle vermittelte Verbindung mit dem Ziel verloren. Die Verbindung einer peripheren Nervenfaser mit den von ihr innervierten Zellen ist aber essenziell, um kontinuierlich Signale entlang des Axons bis in den Nervenzellkörper hinein zu senden. Sie zeigen sozusagen den Normalzustand an und informieren den neuronalen Zellkörper über den Zustand der oft weit entfernten Kontaktstellen (Synapsen, motorischen Endplatten) und den Bedarf an benötigten Botenstoffen. Der Wegfall dieser Information aus dem Zielgewebe nach einer Nervendurchtrennung ist ebenso an der Umstellung vom Transmissions- in den Regenerationsmodus beteiligt.

Liegt die Verletzungsstelle sehr nah am Zellkörper, z. B. bei Avulsionen (traumatischen Abrissen) von Nervenwurzeln im Abstand von nur wenigen Zentimetern oder Millimetern vom Perikaryon, sterben die meisten der betroffenen Neurone per **Apoptose**, dem programmierten Zelltod, ab. Diesen habe ich in meinem Buch über Neurodegeneration ausführlich beschrieben (https://www.springer.com/de/book/9783662633915). Dann werden der Zellkörper und die neuronalen Fortsätze, die Dendriten und Axone, vollständig abgebaut. Insgesamt gehen aber bei den häufigeren, distalen Nervenläsionen nur wenige Nervenzellen verloren (10–30 % der sensiblen und bis zu 10 % der motorischen Neurone; kleinere Neurone sterben eher ab als große). Nach schweren

Verletzungen oder Amputationen von Gliedmaßen können bis zur Hälfte der motorischen Neurone im Rückenmark im Verlauf zugrunde gehen.

Interessanterweise ist aufgrund der fehlenden Abhängigkeit von neurotrophen Überlebensfaktoren beim Erwachsenen der Axotomie-induzierte neuronale Zelltod deutlich geringer ausgeprägt als während der embryonalen Entwicklung des Nervensystems und bei Kleinkindern. Auch führt eine rasche operative Wiederherstellung der Nervenkontinuität zu einem geringeren Nervenzellverlust und damit zu einer schnelleren Erholung. Wird die Rekonstruktion peripherer Nerven erst Wochen bis Monate nach ihrer Durchtrennung durchgeführt, regenerieren nur noch etwa zwei Drittel der motorischen Neurone, welche nach einer sofortigen Nervennaht wieder auswachsen würden. Dies liegt vermutlich an der ab dem 2. Monat nach Verletzung abnehmenden Fähigkeit von Schwann-Zellen, trophe Faktoren freizusetzen und dadurch die axonale Regeneration zu fördern.

1.3.2 Die zentrale Bedeutung der Glia für die axonale Regeneration

Die ersten Schritte der peripheren Nervenregeneration wurden in den 1920er-Jahren von dem spanischen Begründer der zellulären Neuroanatomie und Neurohistologie, dem Nobelpreisträger Santiago Ramón y Cajal, beschrieben. Er postulierte das Auswachsen des proximalen Axons in den distalen Nervenstumpf hinein entlang spezieller Zellen, die heute als perineurale Gliazellen bezeichnet werden. Diese Zellen vermehren sich direkt an der Läsionsstelle und migrieren in den Raum zwischen den durchtrennten Nervenstümpfen hinein. Erst danach folgen die Schwann-Zellen, die aufgrund von Signalen aus ihrer Umgebung ebenfalls beginnen, sich zu teilen. Sie werden daher als reaktive Schwann-Zellen bezeichnet. Daneben proliferieren auch die Fibroblasten im Bereich der Läsionsstelle.

Ein in diesem Zusammenhang relevantes Molekül ist das Neuregulin, ein Mitglied der *Epidermal Growth Factor* (EGF)-Protein-Familie. Von NRG1 (Neuregulin 1), einem Eiweiß, das in der Axonmembran sitzt, wird der äußere Teil, die Ektodomäne, abgespalten. Diese kann daraufhin Rezeptor-Tyrosin-Kinasen (RTKs), ErbB2 und ErbB3, in der Membran von Schwann-Zellen binden, welche wiederum MAP-Kinase (ERK)-abhängige Signalwege aktivieren, die für die Zellteilung wichtig sind.

Das NRG1-Gen kodiert über zehn verschiedene Proteine, darunter auch den *glial growth factor* (GGF). Vermutlich spielen die Effekte von NRG1/GGF auf die Proliferation von Schwann-Zellen aber eher im Rahmen der

Entwicklung des Nervensystems eine Rolle. Bei der Nervenregeneration im ausgereiften Organismus sind andere Wachstumsfaktoren offenbar von größerer Bedeutung. GGF ist jedoch entscheidend an der Remyelinisierung von regenerierenden Axonen beteiligt. Dabei wird durch eine Ubiquitin-Ligase (Fbxw7) streng darauf geachtet, dass eine Schwann-Zelle jeweils wieder nur ein Axon ummantelt (durch eine Reduktion des *mechanistic target of rapamycin*, dem mTOR-Protein).

Die Proliferation von reaktiven Schwann-Zellen erreicht am 3. Tag nach der Verletzung ihren Höhepunkt und hält über 2–3 Wochen an. Es werden bis zu dreimal mehr Gliazellen gebildet als normalerweise vorhanden sind (nach Abschluss der Regeneration ist die Anzahl von Schwann-Zellen im Nerven wieder gleich hoch wie zuvor). Diese als De-Differenzierung bezeichnete Veränderung der Glia müsste eigentlich Trans-Differenzierung (Umwandlung) genannt werden, da die Zellen nicht vollständig in ihren embryologischen Zustand zurückwechseln. Es handelt sich eher um eine adaptative Reprogrammierung, die in erster Linie auf einer starken Aktivierung von RAS/RAF/ERK- und JUN-Kinase (JNK)-abhängigen Signalwegen beruht, die wiederum zu ausgeprägten Veränderungen der Genexpression in Schwann-Zellen führen.

Eine Schlüsselrolle spielt hierbei die Expression eines DNA-bindenden TFs aus der JUN-Proteinfamilie. JUN war der erste identifizierte TF unter den Genen, die im Rahmen der Axonregeneration hochreguliert werden. JNK wird nach einer Axotomie in Neuronen retrograd zum Nucleus transportiert und phosphoryliert dort c-JUN, welches einen Master-Regulator-TF der Genexpression darstellt. Etwa 14 Tage nach einer peripheren Axotomie ist JUN für fast die Hälfte aller RAG-Regulationen verantwortlich. In Neuronen werden durch JUN die Gene für die Transmittersynthese inaktiviert, die mRNA-Level von über 200 Genen aber teils deutlich erhöht. In Schwann-Zellen kann JUN ganze Gruppen von Myelin-assoziierten Genen abschalten, darunter KROX20, OCT6 und SOX10. Andere Gene, welche für die Autophagozytose (Abbau) von Myelin zuständig sind, und solche, die für Wachstumsfaktoren wie den *glia derived neurotrophic factor* (GDNF) kodieren, werden angeschaltet.

1.3.2.1 Schwann-Zellen interagieren mit Axonen, Fibroblasten und Endothelzellen

Reaktive Schwann-Zellen sind besonders lang, migrieren und bilden so zahlreiche geordnete Zellreihen aus, die nach ihrem Erstbeschreiber, dem deutschen Chirurgen Otto von Büngner (1858–1905), als Büngner-Bänder bezeichnet werden. Sie stellen die erforderlichen Leitschienen dar, an denen regenerierende Axone nach distal auswachsen können. Da Axone nach einer Nervenquetschung in ihren ursprünglichen Schwann-Zell-Bändern verbleiben, funktioniert die Regeneration in diesem Fall besser als nach einer kompletten Nervendurchtrennung, in deren Folge solche glialen Gerüste erst aufgebaut werden müssen.

Aber wie genau orientieren sich die proliferierenden, reaktiven Schwann-Zellen eigentlich? Woher wissen sie, in welcher Richtung die Längsachse zwischen den beiden verletzten Nervenenden verläuft? Wir gehen heute davon aus, dass zuerst die Endothelzellen der Blutgefäße durch den Wachstumsfaktor VEGF (*vascular endothelial growth factor*) entlang der Längsachse der Kapillaren aussprossen (sie befinden sich schon vorher in Verlaufsrichtung der Axone) und dadurch die Richtung vorgeben, in die sich die Glia anordnet (Abb. 1.13).

Schwann-Zellen folgen dem Gefäßverlauf also durch direkte Interaktion mit der Endothelzell-Membran. Dabei sind offenbar keine molekularen Interaktionen zwischen den jeweiligen Membranen, die normalerweise durch Rezeptoren der Integrin-Familie hergestellt werden, notwendig. Da es eine große Zahl von kleinen Fortsätzen und Protrusionen (Vorwölbungen) auf Endothelzellen gibt, verhaken sich die Glia- und Endothelzellen ineinander. Ohne dieses intermittierende Stoppen der glialen Zellmembran könnte keine Vorwärtsbewegung in Richtung des Gefäßverlaufs erfolgen (metastasierende Tumorzellen sollen sich im Körper auf eine ähnliche Art ausbreiten).

Direkte Interaktionen von Schwann-Zellen werden auch mit den im Endoneurium vorhandenen Fibroblasten beobachtet, die nach einer Läsion ebenso Wachstumsfaktoren freisetzen. Membran-gebundene Liganden (Ephrine) in Fibroblasten und ihre in der Schwann-Zell-Membran sitzenden Bindungspartner, die EphB2-Rezeptoren, spielen hierbei eine wichtige Rolle.

Axone benötigen zum Auswachsen eine extrazelluläre Matrix, die nicht nur von Fibroblasten, sondern auch von Schwann- und Endothelzellen zur Verfügung gestellt wird. Sie sezernieren eine Reihe von Substraten, z. B. Kollagen (Typ IV), Tenascin, Fibronektin und Laminin, das Hauptprotein der Basallamina, die bei Epithelien die untere Begrenzung zum Bindegewebe bildet. Über eine ausreichende Menge von Matrixproteinen finden die membranständigen Matrixrezeptoren, die Integrin-Rezeptoren (vom Typ β1), auf regenerierenden Axonen ihre Bindungspartner, um aus dem proximalen Nervenstumpf in den distalen Bereich hinein auswachsen zu können (Abb. 1.13). Im läsionierten ZNS finden sich diese für eine erfolgreiche Regeneration notwendigen „Andockstellen" nur in deutlich geringerer Konzentration.

Während Laminin primär von Schwann-Zellen freigesetzt wird, produzieren Fibroblasten und Endothelzellen hauptsächlich Kollagen, Tenascin C und Fibronektin. Im Läsionsbereich sezernieren Fibroblasten und Schwann-Zellen außerdem TGF-β, ein Zytokin aus der Familie der *Transforming Growth Factors*, das in der Lage ist, periphere Glia in einen mesenchymalen Zelltyp zu transformieren. Solche reaktiven Zellen vermehren sich stark und sind sehr beweglich, genau wie das embryonale Bindegewebe (Mesenchym). Dadurch kann die Brücke zwischen zwei Nervenstümpfen rasch mit Zellen und extrazellulärer Matrix wieder aufgefüllt werden.

Auf den Punkt gebracht

- Nach einer Nervenläsion werden trophe Faktoren und Zytokine aus Gliazellen freigesetzt, darunter LIF, IL-6 und CNTF. Sie aktivieren neuronale Rezeptoren und sind entscheidend an der Umstellung des neuronalen Stoffwechsels auf die axonale Regeneration beteiligt.
- Die Proliferation von Schwann-Zellen, die nach einer Nervenläsion insbesondere durch den Transkriptionsfaktor JUN reprogrammiert werden, hält mehrere Wochen an.
- Aktivierte Schwann-Zellen migrieren, phagozytieren und interagieren mit Axonen, Fibroblasten und Endothelzellen. Sie setzen dabei insbesondere Laminin frei, welches axonales Wachstum fördert.
- Fibroblasten sezernieren ebenso extrazelluläre Matrixproteine wie Kollagen, Tenascin C und Fibronektin.
- Endothelzellen reagieren auf VEGF, proliferieren und bilden im regenerierenden Nerv neue Kapillaren, die wiederum als Leitschienen für Schwann-Zellen und damit für regenerierende Axone dienen.

1.3.2.2 Makrophagen und reaktive Schwann-Zellen ermöglichen erst die axonale Regeneration

VEGF, welches die Teilung der Endothelzellen anstößt, wird von Endothel selbst, Fibroblasten und insbesondere von Makrophagen freigesetzt, die besonders empfindlich auf den Abfall des Sauerstoffpartialdrucks direkt an der Läsionsstelle reagieren. Eine solche Hypoxie ist der wesentliche Auslöser der zellulären Veränderungen im Brückenbereich zwischen den verletzten Nervenenden. Makrophagen machen schon im Normalzustand etwa 10 % der nicht-neuronalen Zellen im Nerv aus und vermehren sich 2–4 Tage nach einer Verletzung erheblich. Ihrer Vorläuferzellen, die Monozyten, gelangen in großer

Zahl nach 5–7 Tagen aus dem Blut in den Nerven und beeinflussen über mehrere Wochen entscheidend den Ablauf der axonalen Regeneration (Abb. 1.13).

Monozyten werden durch reaktive Schwann-Zellen und Fibroblasten angelockt, die verschiedene Zytokine freisetzen, die an Monozyten-Rezeptoren binden, darunter MCP-1, CSF-1, CCL-2 und die oben genannten TNF-α sowie Interleukine (IL)-1α und IL-1β (Tab. 1.1). Im läsionierten Nerv werden dann pro-inflammatorische Makrophagen (vom M1-Typ) von den nach einer Woche auftretenden M2-Makrophagen unterschieden. M1-Zellen setzen im Unterschied zu M2-Zellen diverse Entzündungsmediatoren frei, darunter TNF-α und IL-1β.

Beide Zytokine sind von großer Bedeutung bei der Phagozytose von Myelin. Sie aktivieren verschiedene Enzyme, darunter die Matrix Metallopeptidase 9 (MMP9), die extrazelluläres Bindegewebe auflöst. Außerdem produzieren sie Chemokine, beispielsweise *monocyte chemotactic protein-1* (MCP-1/CCL2) und *macrophage inflammatory protein-1* (MIP-1α/CCL3). TNF-α spielt eine wichtige Rolle bei der Entstehung von Schmerzen und Missempfindungen im Rahmen von peripheren Nervenläsionen, da es die Erregbarkeitsschwelle der schmerzleitenden Neurone in Spinalganglien herabsetzt.

Makrophagen vom Typ M2 synthetisieren dagegen hauptsächlich anti-inflammatorische Zytokine, etwa das Interleukin IL-10. Aktivierte Makrophagen werden durch IL-10 wieder in den Ruhezustand zurückversetzt. Während M1-Zellen primär für die Phagozytose von Axonresten und Myelin zuständig sind, beenden M2-Zellen die Entzündungsreaktion und stellen die äußeren Bedingungen für eine erfolgreiche Axonregeneration her.

Makrophagen sezernieren darüber hinaus Slit, ein Protein, das über Bindung an den Rezeptor *Roundabout* (ROBO) in Schwann-Zellen verhindert, dass diese aus dem Brückenbereich zwischen den beiden Nervenstümpfen heraus migrieren. An den Interaktionen zwischen Schwann-Zellen, Makrophagen, Fibroblasten und Axonen sind daneben noch weitere *Guidance*-Moleküle beteiligt, darunter die wachstumsfördernden Netrine sowie wachstumshemmende Semaphorine. Netrin-1 wird in reaktiven Schwann-Zellen hochreguliert und fördert über eine Bindung an einen axonalen Rezeptor, *Deleted in Colorectal Carcinoma* (DCC), das axonale Wachstum entlang der neu gebildeten Büngner-Bänder (DCC wurde ursprünglich als Tumormarker identifiziert, daher der für axonale Rezeptoren ungewöhnliche Name).

Damit Monozyten in den verletzten Nerven überhaupt einwandern können, muss die Blut-Nerven-Schranke aufgehoben werden, denn die Gefäße an der Verletzungsstelle verschließen sich aufgrund der Blutgerinnung schnell. Im distalen Nervenstumpf tritt dadurch eine Unterversorgung mit Sauerstoff und Glukose ein, während sich im proximalen Stumpf die Gefäße erweitern.

Makrophagen werden besonders durch M-CSF-1, den *macrophage Colony-Stimulating Factor 1*, aus Fibroblasten und CCL-2, einem Chemokin-Liganden aus Schwann-Zellen, aktiviert. Wichtig ist, dass nach einer Nervenläsion auch in die Spinalganglien selbst immunologisch relevante Zellen einwandern und neuronale Zellkörper damit direkt beeinflussen können. Dabei ist interessant, dass die Blut-Nerven-Schranke schon normalerweise in Ganglien schwächer ausgeprägt ist als im Nerven.

Neben dem lokalen Sauerstoffmangel bilden also die von Makrophagen, Gliazellen und Fibroblasten freigesetzten Zytokine die initialen Auslöser aller später folgenden zellulären Veränderungen, die zur Axonregeneration in peripheren Nerven führen. Dabei spielt es keine Rolle, ob die Axone vor der Läsion myelinisiert waren oder nicht. Im PNS ist die initiale Entzündungsreaktion in der frühen Phase nach einer Läsion daher von hoher Relevanz.

Eine neue Entwicklung in der Regenerationsforschung im PNS betrifft die Entdeckung der insbesondere von Makrophagen und Schwann-Zellen freigesetzten Exosomen. Dabei handelt es sich um kleine, membranumschlossene Vesikel von 30–100 nm Durchmesser, welche von Axonen, aber auch von benachbarten Zellen aufgenommen werden und über ihre Inhaltsstoffe regenerative Prozesse beeinflussen. Sie werden therapeutisch zur Förderung der peripheren Nervenregeneration schon mit gutem Erfolg im Tierversuch eingesetzt.

Exosomen enthalten neben diversen Eiweißen auch mRNAs und miRNAs, die eine ganze Reihe von Zielproteinen herstellen und kontrollieren können, die am Axonwachstum und an der Angiogenese, der Neubildung von Gefäßen, beteiligt sind. Beispielsweise wird die wachstumshemmende GTPase RhoA in Wachstumskegeln durch exosomale miRNAs reduziert und damit eine intraneuronale Wachstumsbremse ausgeschaltet. Darüber hinaus versorgen Schwann-Zellen benachbarte Axone offenbar auch mit Ribosomen, den zellulären Protein-Synthese-Maschinen, sodass die lokale Eiweißsynthese im auswachsenden Axon angekurbelt wird. Schwann-Zellen nehmen daher eine zentrale Rolle in der Pathophysiologie der Nervenregeneration ein.

1.3.3 Periphere Nervenregeneration im Alter

Makrophagen und Schwann-Zellen zeigen nach Nervenläsion an der Verletzungsstelle und im distalen Nervenstumpf eine hohe Phagozytose-Aktivität. Schwann-Zellen nehmen dadurch das von ihnen selbst hergestellte Myelin innerhalb von 5–7 Tagen nach der Verletzung etwa zur Hälfte wieder auf (im Sinne einer Autophagozytose). Makrophagen absorbieren das verbliebene Myelin und die Reste degenerierter Axone im distalen Nerven. Diese Aufräumvorgänge ermöglichen erst die axonale Regeneration, denn Myelin und verbliebene Zelltrümmer hemmen axonales Wachstum.

Vermutlich ist die deutlich schwächere Nervenregeneration bei älteren Menschen auf ein insuffizientes Abräumen (*clearing*) von Myelin und Axonresten nach einer Nervenläsion zurückzuführen. Alternde Neurone antworten darüber hinaus auf eine Axotomie mit einer vermehrten Freisetzung eines Zytokins, dem Chemokin-Liganden CXCL13, der wiederum T-Lymphozyten (CD8-positive T-Suppressor-Zellen) anlockt, die über eine Aktivierung von Caspase-3 axonale Regeneration hemmen. Mit Chemokin- oder Caspase-Inhibitoren lässt sich daher das Axonwachstum in älteren Tieren wieder ankurbeln.

Im Alter finden sich weiterhin epigenetische Veränderungen, besonders in der Glia, die aufgrund langfristiger Inaktivität nach einer Nervenverletzung deutlich sichtbar werden. Solche seneszenten Schwann-Zellen können nicht mehr in den Zellzyklus eintreten, sie beenden daher die Zellteilung und stellen ihre Proteinsynthese langfristig um. Auch fehlen nach einer Axotomie wichtige Zytokine und Wachstumsfaktoren, die von reaktiven Schwann-Zellen nach Läsion normalerweise freigesetzt werden (Tab. 1.1). Man spricht in diesem Fall vom Seneszenz-assoziierten sekretorischen Phänotyp (SASP). Die therapeutisch relevante Frage wäre, ob die im ZNS diskutierten Senolytika, die ich in meinem Buch über Neurodegeneration beschrieben habe, möglicherweise auch im PNS von therapeutischer Relevanz sind.

Auf den Punkt gebracht

- Makrophagen reagieren auf den Abfall des Sauerstoffpartialdrucks mit einer Freisetzung von VEGF.
- Die Hypoxie ist der wesentliche Auslöser zellulärer Veränderungen im Brückenbereich zwischen verletzten Nervenenden.
- In den Läsionsbereich einwandernde Makrophagen werden insbesondere durch Chemokin-Liganden (CSF-1 und CCL-2) aus Fibroblasten und Schwann-Zellen angelockt.
- Makrophagen vom M1-Typ und reaktive Gliazellen stellen Entzündungsmediatoren (TNF-α, IL-1β) her, die an der Phagozytose von Myelin und der Auflösung der extrazellulären Matrix beteiligt sind, und verursachen hierdurch Schmerzen und Missempfindungen.
- Makrophagen vom M2-Typ sezernieren IL-10 und beenden damit die inflammatorische Reaktion.
- Die nur noch schwach ausgeprägte Nervenregeneration im Alter geht auf eine reduzierte Phagozytose von Myelin und Axonresten sowie auf einwandernde Lymphozyten zurück, die neurotrophe Signalwege blockieren.

1.3.4   Erfolgreiche Regeneration setzt axonale Degeneration voraus

Wie ich vorher beschrieben habe, gehen nach einer Nervenverletzung zuerst die abgetrennten, distalen Axone im Rahmen eines Apoptose-ähnlichen Prozesses verloren. Dieser wird als Wallersche Degeneration bezeichnet und dauert 1–2 Wochen an (von proximal nach distal voranschreitend). Die Axone bauen sich also selbst ab, sie fragmentieren. Die Reste sowie die im distalen Nerv noch vorhandenen Markscheiden werden abgeräumt (phagozytiert). Die Auflösung des Axons erfolgt vor allem durch Proteasen und durch das Proteasom, welches intrazelluläre Proteine, die zuvor mit dem Peptid Ubiquitin markiert wurden, in kleinere Peptide spaltet. Das Proteasom stellt sozusagen den intrazellulären Papierkorb für die meisten Eiweiße dar. Es ist neben dem Lysosom für den Protein-Abbau in allen Zellen verantwortlich.

Das initiale Signal für die anterograde Axondegeneration ist der Anstieg von Kalzium (Ca^{2+}). Es strömt, wie oben besprochen (Abb. 1.13), gleich nach einer Läsion über spezifische Ionenkanäle ein und führt zur Aktivierung von Calpain, einer Cystein-Protease, die bei der Degeneration von Axonen bedeutsam ist, da sie Membran-assoziierte Spektrine (Aktinstabilisierende Proteine) spaltet. Das entscheidende Signal für den Abbau der Markscheide besteht demgegenüber in der Aktivierung von Phospholipase A_2 (PLA_2) in Schwann-Zellen, die wiederum durch die p38-MAP-Kinase (p38 MAPK) getriggert wird.

PLA_2 findet sich in einer zytoplasmatischen und in einer sezernierten Form. Beide Formen hydrolysieren Phospholipide und stellen dabei Lysophosphatidylcholin (LPC) und Arachidonsäure her. LPC wirkt wie ein Detergens, welches Membranlipide auflösen und die Freisetzung von Chemo- und Zytokinen induzieren kann. Da PLA_2 auch außerhalb der Schwann-Zelle vorkommt, kann Myelin daher sowohl von innen als auch von außen abgebaut werden. Arachidonsäure spielt auch als Entzündungsmediator eine wichtige Rolle, da sie Eicosanoide bildet, die aus mehrfach ungesättigten Fettsäuren hergestellt und hormonähnlich wirksam werden (wie beispielsweise die allgemein bekannte Omega-3-Fettsäure).

Durch den distalen Axon- und Markscheidenuntergang sind die Voraussetzungen dafür gegeben, dass Axone wieder in den distalen Nervenast einwachsen und neu myelinisiert werden können. Würden im distalen Nerven noch Markscheiden verbleiben, würden die darin enthaltenen Proteine das Axonwachstum hemmen. Insbesondere ist hier das Myelin-assoziierte Glykoprotein (MAG) zu nennen. MAG spielt normalerweise eine wichtige Rolle bei der Aufrechterhaltung des Axon-Schwann-Zell-Kontaktes. Weitere das Axonwachstum hemmende Moleküle sind die Chondroitin-Sulfat-Proteoglykane (CSPGs), die sowohl im PNS als auch im ZNS nach Läsion vermehrt auftreten und für die narbige Reaktion nach einer Verletzung verantwortlich sind. Es handelt sich hierbei um große Proteine, die lange Seitenketten von Zuckern tragen (sog. Glykosaminoglykane, GAGs).

GAGs sind stark sulfatiert, d. h., sie enthalten Schwefelsäure. Diese Gruppen interagieren bevorzugt mit Basalmembran-Bestandteilen, z. B. mit Glykoproteinen der Laminin-Familie. Damit werden die das Axonwachstum fördernden Eigenschaften der Laminine gehemmt. Die Entfernung der GAGs durch das Enzym Chondroitinase fördert somit die axonale Regeneration. CSPGs werden u.a. durch Matrix-Metalloproteinasen gespalten (MMPs), die als endogene Regulatoren der Narbenbildung auch im Nervengewebe eine wichtige Rolle spielen.

CSPGs und MAG sind für Axone also inhibitorisch. Sie verhindern, dass diese gleich nach der Läsion in den distalen Nervenstumpf eintreten. Da die Wallersche Degeneration noch nicht eingesetzt hat, treffen in den ersten Stunden nach einem Trauma die Axone daher auf zahlreiche wachstumshemmende Moleküle, die zu einem Kollaps neu gebildeter Wachstumskegel führen. Mit Einsetzen der Transdifferenzierung von Schwann-Zellen und dem Einwandern der Makrophagen schaffen es dann einige Axone, allmählich nach distal vorzuwachsen. Die nächsten kommen zeitversetzt hinterher. Da sich insbesondere nach einem schweren Trauma zahlreiche Einblutungen und Gewebereste im Nerv finden, kann es bei manchen Patienten aber bis zu vier Wochen dauern, bis eine solche gestaffelte (*staggered*) Axonregeneration einsetzt.

1.3.5 Wachstumsfaktoren und Zytokine fördern die Regeneration

Proliferierende Schwann-Zellen fördern eine axonale Regeneration nicht nur durch verstärkte Expression von Adhäsionsmolekülen (die Membranproteine N-Cadherin und das *Nerve Cell Adhesion Molecule* N-CAM wären hier zu nennen), sondern insbesondere durch Sekretion eines Cocktails von neurotrophen Faktoren, die in den Wochen nach einer Läsion in großen Mengen gebildet werden. Zu diesen gehören das oben erwähnte Neurotrophin BDNF, der *Glia Derived Neurotrophic Factor* (GDNF) und das ebenfalls aus der TGF-Familie stammende Artemin.

Weiterhin setzen axotomierte Neurone selbst Wachstumsfaktoren und einige Neuropeptide frei, die das axonale Wachstum fördern. Schwann-Zellen sowie Makrophagen sezernieren darüber hinaus Zytokine und die Migration fördernde Chemokine, welche ebenfalls die axonale Regeneration direkt oder indirekt beeinflussen. Demgegenüber werden einige trophe Proteine nach der Läsion in Gliazellen herunterreguliert, z. B. das Neurotrophin-3 (NT-3) und CNTF. Eine zusammenfassende Darstellung der im Rahmen einer Nervenverletzung relevanten Moleküle findet sich in der Tab. 1.1.

Einige der in der Tabelle genannten Moleküle stimulieren nicht nur das axonale Wachstum, sondern unterstützen auch das Überleben von verletzten Nervenzellen im noch nicht ausgereiften Zustand: FGF-2 durch Aktivierung von FGFR1 (FGF-Rezeptor Typ 1), BDNF durch Aktivierung von TrkB (*Tropomyosin receptor kinase B*), NGF durch Bindung an TrkA, GDNF via GFR-α und Ret-Rezeptoren sowie CNTF via gp130-Rezeptoren in der neuronalen Plasmamembran. Von besonderer Bedeutung ist ebenfalls, dass Neurotrophine neben Trk-Rezeptoren auch an den p75-Rezeptor binden, der auf Nervenzellen und besonders in reaktiven Schwann-Zellen hoch exprimiert wird. Die genannten Rezeptoren und entsprechenden Signalwege werden später noch genauer besprochen.

Der Prototyp eines neuronalen Wachstums- und Überlebensfaktors ist der Nervenwachstumsfaktor NGF, dessen Entdeckung Rita Levi-Montalcini und Stanley Cohen 1986 den Nobelpreis für Medizin und Physiologie einbrachte. Neurotrophe Faktoren wirken aber nicht nur auf Neurone, sondern auch auf die von Schwann-Zellen ausgehende Myelinisierung von Axonen: Während BDNF diese fördert, ist NT-3 ein negativer Regulator der Markscheiden-Bildung, was seine Herunterregulation in Schwann-Zellen nach Axotomie erklären könnte.

Teilweise werden neurotrophe Moleküle auch von den Nervenzellen selbst hergestellt und können dann auf autokrinem Weg wirksam werden, d. h., Neurone halten sich dadurch selbst am Leben. Dabei werden die Faktoren nicht nur im Bereich des Zellkörpers freigesetzt, sondern auch aus läsionierten Axonen. Interessanterweise können auch Neuropeptide lokal in Axonen hergestellt und von dort freigesetzt werden. Das 37 Aminosäuren lange *Calcitonin Gene Regulated Peptide* (CGRP) ist beispielsweise ein solches Peptid, dessen Expression im Zellkörper nach einer Axotomie vermindert ist, aber an der Läsionsstelle vermehrt gebildet wird. CGRP spielt eine wichtige Rolle bei der lokalen Gefäßregulation und als Mitogen für Schwann-Zellen.

Schließlich werden neurotrophe Faktoren vom Zielgewebe synthetisiert, z. B. vom Hautepithel, von Drüsen- und von Muskelzellen. Sie dienen als Signalmoleküle in der Entwicklung und locken Axone an, sind aber auch unter pathologischen Bedingungen im adulten Organismus wichtig. Wenn die Regeneration abgeschlossen ist, also erst mehrere Wochen nach der Verletzung, wird ihre Synthese in der Regel wieder herunterreguliert.

Auf den Punkt gebracht
- Axonale Regeneration setzt eine anterograde Degeneration voraus, d. h., distal der Läsionsstelle müssen die abgetrennten Axone durch Proteasen abgebaut werden, bevor neue Axone nachwachsen können.
- Darüber hinaus werden das Myelin und wachstumshemmende Proteine (MAG, CSPGs) im distalen Nerven entfernt.
- Eine durch den Kalzium-Einstrom im Axon aktivierte Cystein-Protease (Calpain) startet den Angriff auf das axonale Zytoskelett.
- Die Aktivierung von Phospholipase A_2 (PLA_2) in Schwann-Zellen ist notwendig, um Myelin phagozytieren zu können.
- Reaktive Schwann-Zellen exprimieren Adhäsionsmoleküle (N-Cadherin, N-CAM) und setzen neurotrophe Faktoren frei, die axonale Wachstumsprozesse stimulieren (NGF, BDNF, GDNF, FGF u. a.).

1.3.5.1 Effekte tropher Faktoren auf das axonale Wachstumsverhalten

Viele der genannten Moleküle, darunter insbesondere der Nervenwachstumsfaktor NGF, fördern nicht nur das Längenwachstum, sondern auch das Aussprossen (*sprouting*) von Axonen. Sie induzieren also auch die Bildung von Verzweigungen und verstärken damit die Regeneration nicht nur in die ursprünglichen Muskeln oder Hautareale hinein, sondern auch in andere, funktionell nicht sinnvolle Zielgewebe. Daneben neigen die vielen, auch als axonale *sprouts* bezeichneten Verzweigungen dazu, sich an der Läsionsstelle aufzuknäueln und damit ein lokales Neurom zu bilden, welches sehr schmerzhaft werden kann (Abb. 1.11). Die axonale Verzweigungsbildung ist daher bis zum Erreichen des Zielgewebes aus therapeutischer Sicht unerwünscht. Anders ist das Wachstumsverhalten regenerierender Axone innerhalb des Zielgewebes zu bewerten. Hier ist es oft sinnvoll, dass ein Axon ein größeres Areal inneviert, indem es sich aufzweigt.

Wie Studien mit neutralisierenden Antikörpern gegen neurotrophe Faktoren und Zytokine in Tiermodellen gezeigt haben, sind neben NGF insbesondere auch BDNF und IGF-1 starke Stimulatoren axonaler Verzweigungen. Zusätzlich wurde dieser Effekt bei den Neuropeptiden Galanin, VIP und PACAP38 sowie bei CNTF beobachtet (ein neurotroph wirksames Zytokin der IL-6-Familie). IL-6 fördert das erfolgreiche Auswachsen sensibler Axone und scheint der wichtigste exogene „Schalter" bei der Umstellung des neuronalen Stoffwechsels von Transmission auf Regeneration zu sein.

Im Unterschied zu den meisten neurotrophen Faktoren und Zytokinen ist der Fibroblastenwachstumsfaktor (FGF-2) in der Lage, das Längenwachstum peripherer Axone und damit die *Long-distance*-Regeneration zu stimulieren, insbesondere wenn Neurone sich schon im Regenerationsmodus befinden. Hierbei könnte es sich um einen indirekten Effekt via Schwann-Zellen handeln, da FGF-2 nach einer Nervenläsion primär in der Glia hochreguliert wird und diese selbst zur Proliferation anregt (in Form einer autokrinen Stimulation). Weiterhin sind positive Effekte von FGF-2 auf die Angiogenese bekannt. Schließlich fördert FGF-2 nach einer Nervenläsion die Phagozytose von Myelin durch die Glia. Werden Schwann-Zellen durch eine Gentherapie dazu gebracht, besonders hohe Mengen von FGF-2 herzustellen, wird bevorzugt die Regeneration motorischer Axone gefördert, was besonders für eine klinische Anwendung Relevanz hätte.

FGF-2 und GDNF sind jedenfalls die stärksten Förderer des für die Patienten so bedeutsamen Längenwachstums von motorischen Axonen nach einer Nervenverletzung. GDNF hat daneben noch eine schmerzhemmende Wirkung auf Neurone nach chronischer Denervation (also nach Verlust des neuralen Kontaktes zum Zielgebiet). Weiterhin zeigt die Kombination von BDNF und CNTF deutliche Effekte auf das Wachstum motorischer Axone: Die Behandlung mit beiden Faktoren führt zu dickeren und damit auch stärker re-myelinisierten Axonen. Allerdings erreicht bisher keine Therapie eine Wiederherstellung des Axondurchmessers und der Nervenleitgeschwindigkeit auf die Ausgangswerte vor der Verletzung.

In Tiermodellen führt die gemeinsame Behandlung mit BDNF mit GDNF nach verspäteter Reparatur, beispielsweise einen Monat nach Durchtrennung des Nervs, zu einer verbesserten Regeneration, aber leider auch zu vielen axonalen Verzweigungen, deren funktionelle Konsequenzen im nächsten Absatz ausführlich thematisiert werden. Die zusätzliche Gabe von NT-3 hilft darüber hinaus, Nervenfasern über eine größere Distanz zwischen den läsionierten Nervenstümpfen wachsen zu lassen (was bei erheblichen Gewebeschäden von Interesse wäre). In solchen Fällen müssten die Wachstumsfaktoren in sog. **Konduits** gegeben werden, also in kleine Röhrchen, durch die die verletzten Axone hindurch auswachsen können (Abb. 1.18).

Wichtig ist, dass sensible und motorische Axone nicht sämtliche Rezeptoren für alle Faktoren aufweisen. Nachdem die meisten peripheren Nerven sensible und motorische Axone enthalten, sind daher bestimmte Kombinationen von Faktoren effektiver als die Behandlung mit einzelnen Substanzen, um das Wachstum unterschiedlicher Axone in einem gemischten Nerven zu fördern. Ein großes Problem bleibt aber auch dann noch bestehen: die Unspezifität der Regeneration, d. h. das Auswachsen eines Axons in ein

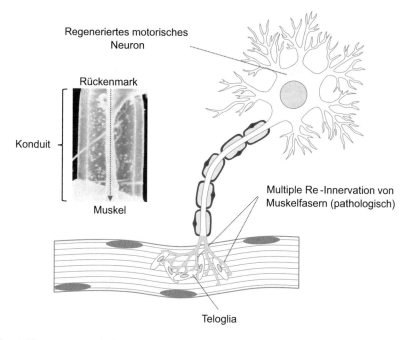

Abb. 1.18 Neuromuskuläre Poly-Innervation nach peripherer Nervenregeneration. Die Axone überbrücken – wie in diesem Beispiel gezeigt – eine Nervenläsion mittels eines Silikon-Konduits, das mit Kollagen befüllt wurde. Eine spezielle Glia, die Teloglia im Muskel, besteht aus modifizierten Schwann-Zellen, die nach Verletzung eine intramuskuläre Sprossung von motorischen Axonen verursachen. Normalerweise wird jede Muskelfaser nur von einem Axon kontaktiert (Mono-Innervation). Durch die axonalen Aufzweigungen im Muskel werden verstärkte und fehlerhafte Muskelkontraktionen ausgelöst

Zielgebiet hinein, welches ursprünglich nicht von diesem Axon innerviert wurde.

1.3.6 Drei Probleme: Wachstumshemmung, Verzweigung und Unspezifität

Eine ausbleibende oder fehlerhafte Regeneration peripherer Nerven lässt sich im Wesentlichen auf drei Probleme zurückführen. Eine Wachstumshemmung zeigt sich daran, dass nur rund jede zehnte axotomierte Nervenfaser den Weg vom proximalen in den distalen Nervenstumpf hinein findet, obwohl prinzipiell günstige Voraussetzungen für axonales Wachstum im Brückenbereich zwischen den Nervenenden gegeben sind. Viele Axone stoppen aber bei ihrem Versuch, auszuwachsen, oder bilden erst gar nicht einen Wachstumskegel aus, also jene breite, pfeilförmige Spitze am läsionierten Axonende, die darüber entscheidet, wohin und wie schnell das Axon wächst (Abb. 1.17).

Wie entsteht eigentlich ein Wachstumskegel? Nach einer Nervenläsion verschließen sich zuerst die Plasmamembranen der proximalen Axonstümpfe, sie werden „versiegelt". Es kommt dann innerhalb weniger Stunden zur Bildung von Endkolben, welche erstmals 1928 von Ramón y Cajal beschrieben wurden. Diese stellen zwiebelförmige Erweiterungen dar, in denen sich die im Axon transportierten Vesikel anreichern und per Exozytose an die Umgebung abgegeben werden. Da sie neurotrophe Mediatoren und Wachstumsfaktoren enthalten, formieren sich durch diese lokalen Stimuli bis zu 20 neue Fortsätze aus einem einzelnen durchtrennten Axon.

Einige dieser axonalen *sprouts* entstammen Ranvierschen Schnürringen, d. h. den markscheidenfreien, kurzen axonalen Abschnitten zwischen zwei myelinisierenden Schwann-Zellen, die bis zu 6 mm von der Läsionsstelle entfernt sein können. Axonales Verzweigen kann also sowohl im Verlauf des proximalen Axons als auch direkt an seiner Endigung stattfinden und stellt neben der Wachstumshemmung das zweite große Problem der Axonregeneration im PNS dar.

Intuitiv würde man vielleicht annehmen, dass eine axonale Sprossungsreaktion an der Läsionsstelle dafür sorgt, dass auf dem langen und schwierigen Weg der Axone in die Peripherie zumindest einer dieser neu gebildeten Fortsätze auch ein funktionell „passendes" Ziel erreicht, z. B. einen Muskel (im Fall motorischer Axone) oder die Haut (im Fall von schmerzleitenden Axonen). Leider überwiegen aber die negativen Folgen einer axonalen Aufzweigung. Es kommt nämlich in den meisten Fällen zu einer Fehlinnervation oder sogar zu einer Doppelinnervation von verschiedenen Muskeln oder auch von Muskeln und Hautarealen durch ein und dieselbe Nervenzelle (Abb. 1.19). Die auswachsenden Axone finden also nach einer Durchtrennung und trotz nachfolgender Nervennaht nicht in ihre ursprünglichen Faszikel zurück. In der Peripherie gelangen sie dann an ein falsches Ziel.

Eine eindeutige Spezifität der axonalen Regeneration ist bei Säugern also nicht gegeben, obwohl eine präferenzielle Regeneration motorischer Axone in die Muskulatur hinein beobachtet wurde. Allerdings lässt sich eine zielgerichtete Axonregeneration im PNS anderer Wirbeltiere beobachten, z. B. im Zebrafisch. Hier wurde im viszeromotorischen System des Nervus vagus nachgewiesen, dass rund die Hälfte axotomierter Neurone ein intrinsisches Positions-Gedächtnis haben, d. h., sie „wissen", welches Ziel sie nach Abschluss der Entwicklung innerviert haben, und steuern genau dieses nach Axotomie und Regeneration wieder an. Diese Fähigkeit scheint bei uns aber verloren gegangen zu sein.

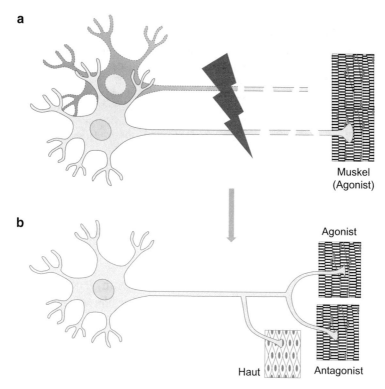

a

Muskel
(Agonist)

b

Agonist

Haut   Antagonist

Abb. 1.19 Die entscheidenden Probleme der peripheren Nervenregeneration bestehen in der ausbleibenden Axonregeneration von läsionierten Neuronen (**a**, obere Zelle) und in einer Fehlinnervation von Zielstrukturen (**b**, untere Zelle). Diese wird häufig bei sich verzweigenden (sprossenden) Axonen beobachtet, die nach einer Axotomie ihre Fortsätze in „falsche" Ziele schicken. Das kann im Fall des hier abgebildeten motorischen Neurons die normalerweise durch sensible Nerven innervierte Haut oder funktionell unpassende Muskulatur sein. Handelt es sich dabei um einen Antagonisten des ursprünglich innervierten Muskels, wird dieser der eigentlich beabsichtigten Bewegung entgegensteuern

Obwohl fehlgeleitete Axone innerhalb eines Jahres wieder zurückgebildet werden können, stellt die unspezifische Reinnervation das dritte große Problem in der klinischen Praxis dar. Beispielsweise können zwei Muskeln, welche als Agonisten und Antagonisten an einem Gelenk funktionieren, von einer Nervenzelle gleichzeitig innerviert werden, sodass es zu keiner sinnvollen Bewegung kommt. Darüber hinaus können axonale Kollateralen von nicht betroffenen, noch intakten Axonen gebildet werden, die dann ebenfalls Probleme bereiten, wenn sie in die „falschen", funktionell nicht passenden Zielgewebe einwachsen und diese innervieren (das ist z. B. nach einer Nervenquetschung häufig der Fall). Schließlich kann das Sprossen sensibler Axone zu neuropathischen Schmerz-Syndromen führen, die nur schwer behandelbar sind.

Auf den Punkt gebracht

- Die meisten läsionierten Axone wachsen nach einer Nervenverletzung nicht wieder aus. Wenn sie regenerieren, bilden sie an der Läsionsstelle bis zu 20 axonale Verzweigungen.
- Wachstumsfaktoren (NGF, BDNF, IGF-1), Neuropeptide (Galanin, VIP, PACAP) und Zytokine (CNTF, IL-6) fördern das axonale *sprouting*, was zu schmerzhaften Neuromen und zu Doppel- bzw. Fehlinnervationen führen kann.
- NT-3 hilft regenerierenden Axonen, Defekte zu überbrücken.
- FGF-2 und GDNF stimulieren bevorzugt das Wachstum von Motoneuronen. FGF-2 fördert darüber hinaus die Proliferation von Schwann-Zellen und die Angiogenese nach Axotomie.

1.3.6.1 Spezielle Probleme der Axonregeneration innerhalb der Muskulatur

Gelingt es einem regenerierenden motorischen Axon, einen Muskel zu erreichen, dann wird im Idealfall nach Abschluss der Nervenregeneration wieder genau eine Muskelfaser von einem Neuron kontaktiert. Sollten es mehrere sein, entsteht das Problem einer Poly-Innervation, das zu verstärkten und fehlerhaften Muskelkontraktionen führt. Solche Fehlfunktionen werden durch einige der in Tab. 1.1 genannten trophen Faktoren und Zytokine gefördert, die ihre mögliche Verwendung in der Therapie der peripheren Nervenläsion daher einschränken.

Insbesondere im Gesichtsbereich können bei der Reinnervation der mimischen Muskulatur solche Probleme dramatisch werden, da bei jeder Bewegung (z. B. Lachen oder Weinen) andere, funktionell nicht passende Muskeln mit angespannt werden und die richtige Emotion somit nicht widergegeben wird. Man macht beispielsweise ein trauriges Gesicht, wenn einem eigentlich zum Lachen zumute ist. Bei Störungen der Regeneration im Bereich des VII. Hirnnerven, des Nervus facialis, der die mimische Muskulatur allein versorgt, sieht man die große Bedeutung der nonverbalen Kommunikation für unsere Ausdrucksfähigkeit und damit auch für unser Wohlbefinden.

Die vermehrte Bildung von Axonkollateralen im Muskel wird durch eine spezielle Art von Gliazellen vermittelt, den terminalen Schwann-Zellen im Bereich des neuromuskulären Kontaktes an der motorischen Endplatte. Die terminale Schwann-Zelle, auch als Teloglia oder perisynaptische Schwann-Zelle bezeichnet, ist nicht-myelinisierend und beginnt nach der Denervation der Muskulatur Brücken zwischen benachbarten Endplatten zu bilden. Damit werden regenerierende Axone zu verschiedenen Muskelfasern geleitet, was eine Mehrfachinnervation erzeugt (Abb. 1.18). Den positiven Effekten von mechanischer oder elektrischer Stimulation der Muskulatur auf die Spezifität der Regeneration liegt möglicherweise eine reduzierte Migration der terminalen Schwann-Zellen im Muskelgewebe zugrunde.

1.3.6.2   Regeneration dünner Axone und Wiederherstellung sensibler Funktionen

Ist die Regeneration abgeschlossen, verlassen die Schwann-Zellen den Zellzyklus wieder und differenzieren zu Myelin-bildenden Zellen unter dem Einfluss axonaler Signale. Interessanterweise spielt auch hier das genannte Neuregulin eine wichtige Rolle, da es die Remyelinisierung startet. Bei ganz dünnen Axonen (0,2–1,5 µm im Durchmesser), welche prinzipiell besser regenerieren als dicke Axone, findet sich keine Markscheide, da zu wenig axonales Neuregulin präsentiert wird. Da der mittlere Durchmesser regenerierter Axone geringer ist als vor der Läsion, ist das neu gebildete Myelin im Mittel ebenfalls dünner. Es ist aber zu beachten, dass auch marklose Axone immer von Schwann-Zellen umgeben sind (im Remak-Bündel, s. Abb. 1.10).

Insgesamt sind also nach Abschluss der Regeneration peripherer Nerven die an dünne, unbemarkte Nervenfasern gekoppelte Wärme- und Kälteregulation, die Thermosensibilität, und die Schmerzempfindung eher wieder hergestellt als die motorische Versorgung der Muskulatur. Es finden sich nach der Regeneration deutlich mehr nicht-myelinisierte Axone in einem Nerv als vor der Axotomie. Da die dickeren, somatomotorischen Nervenfasern für die Muskelinnervation und die somatosensiblen Axone für unsere Berührungsempfindungen und die Tiefensensibilität (Propriozeption) eher langsamer und weniger gut regenerieren, ist eine vollständige Wiederherstellung aller Funktionen eines Nerven nur selten zu beobachten. Die Leitung myelinisierter sensibler und motorischer Axone ist nach Abschluss der Regeneration aber ähnlich gut. Im Allgemeinen leiten sensible Fasern etwas schneller als motorische.

Zusammenfassend lässt sich sagen, dass die an der Läsionsstelle und im distalen Nerv lokalisierten Schwann-Zellen eine zentrale Rolle für die erfolgreiche Regeneration im peripheren Nervensystem spielen und ihr Fehlen im zentralen Nervensystem den entscheidenden Unterschied ausmacht, sodass im Rückenmark eine *Long-distance*-Regeneration nach Axotomie nicht erfolgt. Sie bleibt immer rudimentär auf den Läsionsbereich beschränkt, wie wir im 2. Kapitel sehen werden.

Auf den Punkt gebracht

- Eine durch die Teloglia (terminale Schwann-Zellen) in der Muskulatur vermittelte Bildung von Kollateralen der motorischen Axone, eine Poly-Innervation von Muskelfasern, führt zu starken und fehlerhaften Muskelkontraktionen.
- Dünne Axone regenerieren besser als dicke. Daher werden die Thermosensibilität und Schmerzempfindung nach Nervenläsion eher wieder hergestellt als die Muskel-Innervation.
- Allerdings ist die sensible Reinnervation selten vollständig.
- Zwischen der Leitungsgeschwindigkeit myelinisierter sensibler und motorischer Axone bestehen in einem regenerierten Nerv praktisch keine Unterschiede.

1.3.7 Intrinsisch-neuronale Mechanismen axonaler Regeneration

Die meisten der für die Regeneration relevanten Moleküle und damit auch der neuronale „Wachstumsmotor" finden sich im Wachstumskegel, der sich während der Entwicklung und nach Axotomie an der Spitze auswachsender Axone befindet (Abb. 1.17). Wachstumskegel erinnern an eine Hand mit Schwimmhäuten zwischen den Fingern: Im zentralen Bereich findet sich der Handteller als flächige Struktur, der von dünnen, etwas steiferen Fortsätzen umgeben ist, in denen sich nur wenig Axoplasma befindet. Die flachen Strukturen werden als Lamellipodien bezeichnet, die fingerförmigen Ausstülpungen als Filopodien. Beide sind beweglich, und insbesondere Filopodien „scannen" kontinuierlich die Umgebung auf der Suche nach Andockstellen ab. Sie reagieren aber auch auf lösliche Substanzen, die dem Wachstumskegel die Richtung vorgeben, in die er auswachsen soll. Dazu gehören insbesondere die in Tab. 1.1 genannten chemotrophen Faktoren.

Die mechanischen Kräfte, die das Axon nach vorn bewegen, werden sämtlich im Wachstumskegel generiert. Hier finden sich die Motor-Proteine (Kinesin, Dynein, Myosin), die an die Zytoskelettproteine Aktin und Tubulin binden und für den Transport von Organellen und Proteinkomplexen entlang der Neurotubuli unerlässlich sind. Das axonale Wachstum wird primär durch Aktin- und Tubulin-Polymerisation angetrieben, d. h., einzelne Eiweiß-Monomere lagern sich zu Eiweißfäden (Filamenten) und Röhrchen (Mikrotubuli) zusammen. An ihrem distalen, nach außen gerichteten „Plus-Ende" werden Aktin- bzw. Tubulinmoleküle angebaut und an ihrem proximalen, zum Zellkörper hin gerichteten „Minus-Ende" werden sie wieder abgebaut.

Dadurch bleibt ein Filament immer gleich lang, schiebt sich aber tretmühlenartig im Axon vor. Das Zytoskelett drückt die Plasmamembran dabei nach vorn, was zu einem gerichteten Axonwachstum führt, wenn das Axon über die genannten Membranrezeptoren (Integrine) an der extrazellulären Matrix angedockt ist (ansonsten würden Aktin-Filamente von der Membran zurückgestoßen, was einen sog. *retrograde actin flow* verursacht). Durch einseitige Applikation von neuronalen Wachstumsfaktoren werden diese Mechanismen nur halbseitig im Wachstumskegel aktiviert, sodass das Axon nicht nach vorn wächst, sondern zur entsprechenden Seite.

Im zentralen Bereich des Kegels sammeln sich diverse Organellen an, insbesondere Mitochondrien zur Bereitstellung des Energie-Trägers ATP. Endosomen, die Membran-umschlossenen Bläschen, verschmelzen mit der Plasmamembran und vergrößern damit die Oberfläche des Kegels (etwa zwei Exozytosen pro Sekunde erzeugen eine Wachstumsrate von 1 μm pro Minute in 1 μm dicken Axonen). Membranlipide (u. a. Phosphatidylcholin, Cholesterin und Ganglioside), die lokal von Enzymen des ER hergestellt werden, diffundieren zwar deutlich schneller als Eiweiße; dennoch würde es etwa eine Woche dauern, bis die Lipide einen Weg von 1 mm innerhalb der Plasmamembran zurückgelegt hätten.

Durch stimulierte Exozytose von endosomalen Vesikeln und Lysosomen werden deren Membranen rascher in die äußere Plasmamembran von Axonen eingebaut und führen so zu einem Anbau von einem Millimeter Membran in weniger als einem Tag (Abb. 1.11). Neben der Vesikel-abhängigen Vergrößerung der axonalen Plasmamembran wurde in den letzten Jahren auch der Vesikel-unabhängige Einbau von Lipiden durch direkten Kontakt des Lipid-liefernden ER mit der Plasmamembran nachgewiesen. Dieser Mechanismus der Membranvergrößerung scheint sogar der quantitativ bedeutsamere zu sein.

Aus einem Filopodium kann ein neues Axon entstehen. Dafür müssen Mikrotubuli-Bruchstücke in den fingerförmigen Fortsatz hineingeschoben werden, die für eine gewisse Stabilität sorgen. Die normalerweise sehr langen Mikrotubuli werden dafür in kürzere Teile geschnitten. Diese Aufgabe übernehmen Proteasen, die als Katanin und Spastin bezeichnet werden. Sie sind besonders reichlich an Stellen im Axoplasma zu finden, an denen sich Abzweigungen (Axonkollaterale) bilden.

Bei Hemmung dieser Enzyme kann das Längenwachstum, also die axonale Elongation, unverändert ablaufen, während die Verzweigungsbildung blockiert ist. Diese Erkenntnisse sind sehr interessant und sollten zur Entwicklung neuer Pharmaka führen, die selektiv mit Spastin oder Katanin interferieren, sodass von der Läsionsstelle weg nur das gewünschte elongative Axonwachstum möglich ist, nicht aber das oben besprochene axonale *sprouting*. Erreicht das regenerierende Axon später sein Zielgebiet, beispielsweise die Haut oder einen Muskel, könnte diese Behandlung gestoppt und das axonale Verzweigungsprogramm wieder reaktiviert werden.

Im Folgenden sollen diejenigen intraneuronalen Signaltransduktionswege vorgestellt werden, die für elongatives bzw. verzweigendes axonales Wachstum verantwortlich sind. Sie sind an die Rezeptoren der Wachstumsfaktoren und Zytokine gekoppelt, die axonale Regeneration auf unterschiedliche Art und Weise beeinflussen (Tab. 1.1).

Auf den Punkt gebracht

- Der Wachstumskegel am läsionierten Axonende gibt Richtung und Geschwindigkeit der axonalen Regeneration vor. Er besteht aus einer zentralen und einer peripheren Zone.
- In den Lamellipodien werden die Zytoskelettproteine Aktin und Tubulin in Form von Filamenten und Mikrotubuli zusammengesetzt und vorgeschoben.
- Die notwendige Vergrößerung der axonalen Oberfläche erfolgt durch Exozytose der im Wachstumskegel zahlreich vorhandenen Endosomen.
- Durch die Aktivität spaltender Enzyme werden Bruchstücke von Mikrotubuli in die Filopodien des Wachstumskegels vorgeschoben, die dann weiter zu axonalen Fortsätzen ausgebaut werden.

1.3.7.1   Intrazelluläre Signaltransduktionswege von neurotrophen Substanzen

Einige neurotrophe Zytokine und die kleineren, 20–40 Aminosäuren langen Neuropeptide aktivieren an G-Proteine gekoppelte Rezeptoren in der neuronalen Plasmamembran. Die Neurotrophine und viele andere Wachstumsfaktoren binden demgegenüber an die genannten Rezeptor-Tyrosin-Kinasen (RTKs). Beide Klassen von Rezeptoren sind in der Lage, das Überleben verletzter Nervenzellen und das Wachstum von Axonen positiv zu beeinflussen. Sie werden von Nerven- und Gliazellen in unterschiedlichen Mengen und Kombinationen hergestellt. Nach Aktivierung der Rezeptoren werden lang anhaltende Effekte in erster Linie über die Regulation der Genexpression im Zellkern vermittelt, d. h. über eine veränderte Herstellung von mRNAs.

RTKs werden zumeist durch Dimerisierung aktiviert, d. h., je ein Rezeptor-Molekül bindet einen Wachstumsfaktor, also einen spezifischen Liganden für diesen Rezeptor. Nach Interaktion mit einem zweiten Liganden-Rezeptor-Komplex phosphorylieren sich die in das Zytoplasma hineinragenden Kinase-Domänen gegenseitig. Die von neurotrophen Faktoren aktivierten RTKs stimulieren in Neuronen insbesondere den PI3K/AKT/GSK3β- und den RAS/ RAF/ERK-Signalweg (Abb. 1.14 und 1.20). Beide Signaltransduktions-Kaskaden sind entscheidend am Aufbau des Aktin- und Tubulin-Zytoskeletts beteiligt, stimulieren nach Aktivierung in Gliazellen aber auch die Mark-scheidenbildung und die Proliferation von Schwann-Zellen.

Für das Verständnis der unterschiedlichen Effekte von Wachstumsfaktoren und Zytokinen auf die Morphologie regenerierender Axone ist es besonders wichtig, welche Signalwege von diesen bevorzugt „angetrieben" werden. Bei-spielsweise sind PI3K-abhängige Prozesse generell wichtig für die axonale Re-generation im ausgereiften Nervensystem sowie für die Bildung axonaler Ver-zweigungen, wohingegen der ERK-Signalweg von primärer Bedeutung während der fetalen Entwicklung des Nervensystems ist. Im Rahmen der axonalen Regeneration peripherer Nerven sind beide Kinasen, ERK und PI3K, an der Formation eines Wachstumskegels beteiligt.

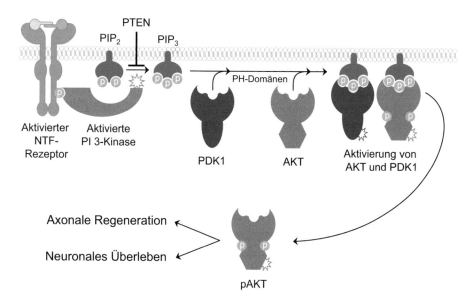

Abb. 1.20 Der wichtigste intrazelluläre Signalweg zur Unterstützung neuronalen Überlebens und axonaler Regeneration nach Abschluss der Entwicklung besteht in der Aktivierung PI3-Kinase-abhängiger Enzyme. PI3-Kinase fördert die Bildung von Phosphatidylinositol-triphosphat (PIP3), das durch PTEN hydrolysiert, d. h. wieder in PIP2 umgewandelt wird. PIP3 ist erforderlich, um über eine PH-Domäne (*Pleckstrin Homology Domain*) Schlüsselenzyme diverser Signaltransduktionsketten zu aktivieren (darunter sind die Protein-3-Phosphoinositid-abhängige Proteinkinase-1, PDK1, und die Proteinkinase B, auch AKT genannt). AKT phosphoryliert eine Vielzahl von Substra-ten, darunter die Glykogensynthase-Kinase (GSK-3β), die dadurch gehemmt wird. Als Serin/Threonin-Protein-Kinase verändert sie Mikrotubulus-assoziierte Proteine und in-hibiert damit axonales Wachstum

Interessanterweise führen Wachstumsfaktoren, wie z. B. FGF-2, die ERK stärker als PI3K aktivieren, zu weniger axonalen Verzweigungen und längeren Axone als solche, die primär auf PI3K/AKT-abhängige Signalwege einwirken (wie z. B. NGF). Eine stärkere ERK-Aktivierung in Nervenzellen fördert offenbar die *Long-distance*-Regeneration, d. h., sie ist für das Erreichen von Zielgeweben, die weit von der Verletzungsstelle entfernt liegen, entscheidend. In Schwann-Zellen führt ein verstärktes ERK-Signal hingegen zur Dedifferenzierung und Demyelinisierung.

Inhibitoren ERK-abhängiger Prozesse, wie z. B. die von uns untersuchten Sprouty-Proteine, stellen mögliche therapeutische Angriffspunkte dar, um durch deren Hemmung oder Ausschaltung das elongative Axonwachstum und eine stärkere Proliferation von Schwann-Zellen im läsionierten Nerven zu fördern. Andere durch den ERK-Signalweg regulierten Enzyme sind die im Rahmen der Axonregeneration wichtigen ribosomalen Kinasen, z. B. *p90 ribosomal S6 kinase 1* (RSK1), die eine Vielzahl der oben schon angesprochenen regenerationsassoziierten Gene (RAGs) und TFs in regenerierenden Spinalganglien-Neuronen induzieren.

Über andere Enzyme, wie z. B. PLC/PKC, werden die sekundären Botenstoffe Inositol-1,4,5-trisphosphat (IP$_3$) und Diacylglycerol (DAG) gebildet und damit Ca^{2+}-abhängige Signalwege angeschaltet. Viele Zytokine stimulieren die gp130-Transmembran-Rezeptoren und damit den JAK/TYK-(Januskinase/Tyrosinkinase)-Signalweg. Letzterer wird durch mTOR reguliert und aktiviert die STAT-TFs, die auch bei der Regeneration zentralnervöser Neurone eine wichtige Rolle spielen (s. Kap. 2). Durch STAT3, JUN und andere TFs werden diverse RAGs angeschaltet. Die bekanntesten dieser Gene kodieren außer für Zytoskelettbestandteile (Aktin und Tubulin) auch für das *cortical cytoskeleton-associated protein of 23kDa* (CAP-23), das *small prolinerich protein 1A* (SPRR1A), das *growth-associated protein 43* (GAP-43) und den *activated transcription factor 3* (ATF3).

Eine wichtige Aufgabe von GAP-43 ist es, die Vesikel-Ausschleusung im Wachstumskegel zu stimulieren. Es fördert über Interaktion mit Rabaptin-5, einem Effektor der Vesikel-assoziierten GTPase Rab-5, den Aufbau der Plasmamembranen, die für axonale Regeneration benötigt werden. GAP-43 ist ERK-abhängig und insbesondere für das Längenwachstum der Axone, die Elongation, erforderlich, wohingegen β-Aktin besonders an der Bildung axonaler Verzweigungen beteiligt ist. Neben ATF3, welches wesentlich die Umschaltung vom Transmissions- in den Regenerationsmodus steuert, und STAT3, das an Mitochondrien binden und dort die ATP-Synthese steigern kann, sind SMAD-Proteine im Zellkern von großer Bedeutung. SMAD1 wird nach Axotomie durch PI3K/GSK3β aktiviert, reichert sich im Nucleus an und aktiviert dort eine Reihe von RAGs.

Neuropeptide und Mitglieder der Interleukin-Familie binden an G-Protein-gekoppelte Rezeptoren. Sie stimulieren damit einige der genannten Signalwege und zusätzlich das Enzym Adenylatzyklase, das den sekundären Botenstoff cAMP herstellt und damit Proteinkinase A (PKA) aktiviert (Abb. 1.21). Niedrige Spiegel von cAMP können die Effekte tropher Faktoren umkehren, d. h., Neurotrophine hemmen dann das Axonwachstum. In der Entwicklung sind die neuronalen cAMP-Spiegel relativ hoch, was das schnellere Axonwachstum im Vergleich zum erwachsenen Stadium erklärt. Das *cAMP response element-binding protein* (CREB) ist einer der wichtigsten neuronalen TFs, da er verschiedene Gene in Nervenzellen aktiviert, die axonales Wachstum stimulieren. Ich werde im nächsten Kapitel noch einmal darauf zurückkommen.

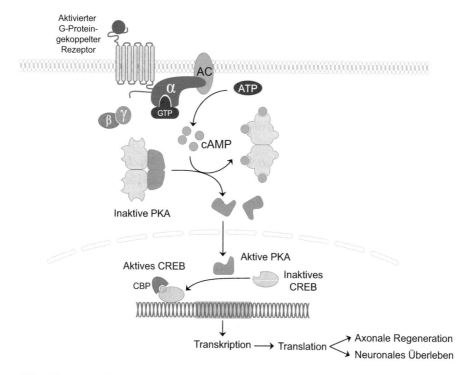

Abb. 1.21 Die Aktivierung von Adenylatzyklase durch Neuropeptide und Mitglieder der Interleukin-Familie über G-Protein-gekoppelte Rezeptoren steigert den intrazellulären Spiegel des second messenger cAMP. Dadurch wird die Proteinkinase A (PKA) aktiviert, die Transkriptionsfaktoren phosphoryliert, z. B. CREB. Das *cAMP response element-binding protein* ist für die Expression einer Reihe von regenerationsassoziierten Genen (RAGs) verantwortlich

Unter den von CREB regulierten mRNAs sind jene für BDNF, aber auch für Neuropeptide, andere TFs und für das Enzym Arginase I, das eine wesentliche Rolle bei der Überwindung der Myelin-abhängigen Wachstumshemmung spielt. Durch die gesteigerte Aktivität von Arginase werden Polyamine hergestellt, unter anderem auch Spermidin, welches die axonale Regeneration stimuliert. Das zyklische Adenosinmonophosphat (cAMP) ist aber auch an der Aktivierung von axoplasmatischen Kinasen beteiligt, z. B. von *dual leucine zipper-bearing kinase* (DLK), die neben ERK und STAT3 ein weiteres wichtiges Alarmsignal darstellt, das in den Stunden nach einer axonalen Verletzung retrograd zum Zellkörper transportiert wird. Interessanterweise wird DLK nicht nur durch eine Axotomie, sondern auch durch instabile Neurotubuli aktiviert.

Die genannten intrazellulären Signaltransduktions-Ketten überlappen sich teilweise und können nicht nur von der Plasmamembran aus, sondern auch von aktivierten Rezeptoren in Axonen nach ihrer Endozytose in das Axoplasma hinein stimuliert werden. Damit ist die Weitergabe des Signals von der Läsionsstelle bis zum Perikaryon durch Transport der Rezeptoren in Membranen intrazellulärer Endosomen möglich. Dieser erfolgt entlang der Mikrotubuli durch Dynein, ein für den retrograden Axontransport zuständiges Motorprotein. Dadurch wird der neuronale Nucleus von einer möglicherweise weit weg stattfindenden axonalen Verletzung informiert, und es können rasch Veränderungen auf Genexpressionsebene erfolgen (s. Abb. 1.16).

Neben den neurotrophen Faktoren, die axonales Wachstum fördern, gibt es im peripheren Nervensystem aber auch hemmende Einflüsse, die axonale Regeneration verlangsamen oder ganz unterbinden können. Dabei werden intrinsische, in den Nervenzellen selbst vorkommende „Bremsen" von extrazellulären, exogenen Wachstumshemmern unterschieden. Im Rahmen der anterograden Wallerschen Degeneration haben wir solche hemmenden Moleküle schon angesprochen. Im Folgenden sollen nun die inhibitorischen Signalwege in Neuronen diskutiert werden, die einer solchen Wachstumshemmung im adulten Nervensystem zugrunde liegen. Prinzipiell sind die intraneuronalen Mechanismen für periphere und zentrale Neurone in Bezug auf Axonwachstum und Wachstumshemmung ähnlich. An dieser Stelle sollen die in erster Linie an peripheren Neuron-Modellen erhobenen Befunde vorgestellt werden, im zweiten Kapitel werden die an ZNS-Modellen gewonnenen Erkenntnisse im Mittelpunkt stehen.

Auf den Punkt gebracht

- NGF aktiviert über PI3-Kinase-abhängige Signalwege das Mikrotubulus-spaltende Katanin und andere Zielproteine, die für axonale Regeneration und die Bildung von Verzweigungen essenziell sind.
- Der ERK-Signalweg fördert insbesondere die axonale Elongation, also das für die periphere Nervenregeneration so wichtige Längenwachstum.
- Über Aktivierung von PLC werden sekundäre Botenstoffe (IP$_3$, DAG) gebildet und damit Ca^{2+}-abhängige Signalwege angeschaltet.
- Der cAMP-abhängige Transkriptionsfaktor (CREB) spielt eine zentrale Rolle bei der Aktivierung regenerationsassoziierter Gene (RAGs), besonders für BDNF und Arginase.
- Arginase führt zur vermehrten Synthese von Polyaminen (u. a. Spermidin), die axonale Regeneration entscheidend fördern können.

1.3.7.2 Endogene Inhibitoren axonaler Wachstumsprozesse

Neben dem Aufbau und der Stabilisierung von Mikrotubuli spielt der Auf- und Umbau des Aktin-Zytoskeletts eine wichtige Rolle im Rahmen der Axonregeneration. Die wichtigsten Regulatoren von Aktin werden der Rho-Familie zugerechnet. Bei Rho-Proteinen handelt es sich um kleine GTPasen (G-Proteine), die Guanin-Nukleotide binden. Der Austausch von GDP durch GTP mittels eines GEF aktiviert das jeweilige G-Protein, sodass Signaltransduktions-Kaskaden beeinflusst werden, die Mikrotubuli und Aktin-Filamente auf- oder abbauen. Die GTPasen Rac1 und Cdc42 werden durch den PI3K/AKT-Signalweg aktiviert. Sie fördern den Aufbau der Aktinfilamente und sind damit für axonale Regeneration von großer Bedeutung. Der GEF (*guanine-nucleotide exchange factor*) Vav1 spielt als Aktivator von Rac1 außerdem eine zentrale Rolle bei der Umstellung des neuronalen Stoffwechsels von der Transmission auf die Regeneration.

Die GTPase RhoA ist demgegenüber ein Schlüsselenzym bei der Hemmung axonalen Wachstums durch inhibitorische Proteine wie die oben genannten MAGs oder CSPGs (Abb. 1.22). Zusammen mit der durch RhoA aktivierten Rho-Kinase ROCK wird im Wachstumskegel der Aufbau von Aktin-Filamenten durch sie gestoppt, was zum Kollaps des Kegels führt. RhoA/ROCK-abhängige Prozesse spielen im ZNS in Nerven- und Gliazellen nach traumatischer Läsion eine bedeutende Rolle und tragen maßgeblich dazu bei, dass im Gehirn und im Rückenmark keine *Long-distance-*Regeneration stattfindet (s. Kap. 2). Grundsätzlich wird RhoA/ROCK auch in peripheren Neuronen nach Nervenverletzung aktiviert, allerdings in geringerem Ausmaß als im ZNS.

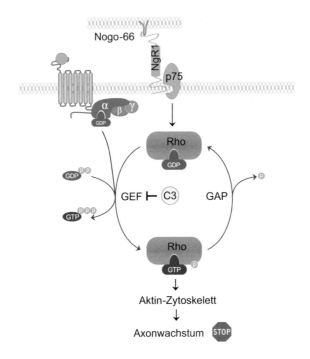

Abb. 1.22 Ein Gegenspieler der Proteinkinase A ist die GTPase RhoA, die durch Inhibitoren axonalen Wachstums aktiviert wird, z. B. durch NOGO-66. Dieses Peptid bildet eine Domäne des Retikulon-Proteins NOGO-A, ein Myelin-Protein, das mit dem NOGO-Rezeptor und p75 interagiert. GTPase-aktivierende Proteine (GAPs) hydrolysieren das an Rho gebundene GTP (Guanosintriphosphat) und sind damit Gegenspieler der GTP-Austauschfaktoren (GEFs), die durch bakterielle Exoenzyme wie z. B. das C3 gehemmt werden. Damit wird die GDP-gebundene Form von Rho-Proteinen stabilisiert und RhoA kann nicht mehr mit seinen Effektoren mDia oder ROCK interagieren, die eine wichtige Rolle bei der Polymerisation von Aktin-Filamenten spielen. So kommt es zu einem Kollaps der Wachstumskegel und zu einer Blockade axonaler Regeneration im PNS und ZNS

Neurotrophe Faktoren sowie pharmakologische ROCK-Inhibitoren, wie beispielsweise das unten beschriebene Fasudil, fördern axonales Wachstum und die Migration von Schwann-Zellen durch eine Hemmung von RhoA/ROCK und Aktivierung von Rac1. Ein weiterer wachstumshemmender Signalweg in Wachstumskegeln resultiert aus der Aktivierung von CAMKII (Kalzium/Calmodulin-abhängiger Kinase II) und Stickstoffmonoxid (NO)-Synthase (NOS). Diese Enzyme stehen auch mit den morphologischen Veränderungen nach Öffnung von mechanosensitiven, d. h. durch Druck gesteuerten sog. Piezo-Ionenkanälen in Verbindung.

1.3.7.3 Bedeutung der PI3-Kinase-abhängigen Signalwege für die axonale Regeneration

Ein weiterer intrinsischer Inhibitor axonalen Wachstums ist die aus der Onkologie bekannte Phosphatase PTEN (*Phosphatase and Tensin homolog*). Dieses Enzym katalysiert die Hydrolyse verschiedener Phosphorsäureester (Phospholipiden und Phosphoproteinen), besonders des durch die PI3-Kinase gebildeten Phosphatidylinositol-triphosphat (PIP_3). Damit reduziert PTEN das an der axonalen Membran sitzende PIP_3 (Abb. 1.20). Dieses ist aber für Wachstumsprozesse essenziell, da es Proteine mit einer sog. PH-Domäne bindet und so diverse Signaltransduktionsketten startet (PIP_2 kann das nicht). Während PTEN in Tumorzellen den programmierten Zelltod (Apoptose) aktiviert und damit als Tumor-Suppressor fungiert, hemmt PTEN in Nervenzellen das neuronale Überleben und axonales Wachstum.

Ein wichtiges Ziel der durch PTEN regulierten PI3-Kinase ist die Proteinkinase AKT, die über PIP_3 an die Plasmamembran gelangt und von dort bis zu 100 Substrate im Neuron phosphoryliert. Nach Gabe von Wachstumsfaktoren (z. B. NGF) wird, wie oben schon erwähnt, von aktivierter AKT eine Glykogensynthase-Kinase (GSK-3β) gehemmt. Diese Serin/Threonin-Protein-Kinase spielt nicht nur im Glykogen-Stoffwechsel eine wichtige Rolle, sondern auch bei der Regulation Mikrotubulus-assoziierter Proteine und hemmt damit axonale Regeneration. Die Aktivierung von PI3-Kinase/AKT hemmt also die Hemmung der axonalen Regeneration und fördert sie damit.

Aufgrund seiner Bedeutung in der PI3-Kinase abhängigen Signaltransduktion ist PTEN ein wichtiges Ziel in der axonalen Regenerationsforschung. PTEN wird in axotomierten sensiblen Neuronen beispielsweise durch eine Mikro-RNA (miR-222) herunterreguliert, deren Überexpression daher das axonale Wachstum stimuliert. Pharmakologische PTEN-Inhibitoren (z. B. Bisperoxovanadium) oder PTEN-spezifische siRNAs (*silencing Ribonucleotide Acids*), die zu einer verminderten Synthese von PTEN führen, verbessern im Tierversuch die Axonregeneration, aber auch die Migration von Schwann-Zellen. Dafür müssen sie direkt in den regenerierenden Nerven hinein appliziert werden.

Ein weiterer Tumor-Suppressor, der auch in peripheren Neuronen vorkommt und analog zu PTEN über eine Regulation des PI3-Kinase/AKT-Signalweges das Axonwachstum beeinflusst, ist RB1 (*Retinoblastoma Protein 1*). RB1 wird im Zellkern wirksam, wo es in sich teilenden Zellen über TFs aus der E2F-Familie den Zellzyklus reguliert. Eine lokale Verminderung (*knock-down*) von RB1 an der Läsionsstelle fördert die axonale Regeneration und beschleunigt die Wiederherstellung von sensiblen und motorischen Funktionen im Versuchstier.

Möglicherweise spielt in diesem Zusammenhang ein dritter Tumor-Suppressor, APC (*Adenomatous-polyposis-coli-Protein*), welches für den Abbau von β-Catenin im Rahmen des Wnt-Signalweges zuständig ist, ebenfalls eine Rolle als „Regenerations-Bremse" in Nervenzellen (Wnt-Proteine sind sezernierte Glykoproteine, die nach Axotomie hochreguliert werden). Jedenfalls fördert dessen Reduktion axonales Wachstum in vitro. Interessanterweise hemmen also wichtige Unterdrücker des Tumorwachstums auch die für axonales Wachstum verantwortliche zelluläre Maschinerie in postmitotischen, nicht mehr teilungsfähigen Neuronen. Stimuli, die in mitotischen Zellen die Zellteilung fördern, führen in Neuronen zur Vergrößerung des Zellkörpers (Hypertrophie) und zur Verlängerung der zellulären Fortsätze.

Eine mögliche Gefahr bei Verwendung von Inhibitoren der Tumorsuppressor im Nervensystem wäre daher die Bildung von Geschwüren. Allerdings sind diese in den bisherigen experimentellen Untersuchungen noch nicht beobachtet worden, und ihr Entstehen wäre wohl aufgrund der lokal und zeitlich begrenzten Behandlung eher unwahrscheinlich. Vermutlich wird in Zukunft eine Kombinationstherapie aus Stimulatoren axonalen Wachstums, Inhibitoren der Wachstumsbremsen und gezielter Unterstützung einer funktionell spezifischen Axonregeneration notwendig sein, um Patienten mit peripheren Nervenläsionen effektiv helfen zu können. Ich werde im letzten Teil dieses Kapitels darauf zurückkommen.

Auf den Punkt gebracht

- Der im Rahmen der Regeneration notwendige Auf- und Umbau des axonalen Zytoskeletts wird durch Rho-GTPasen organisiert.
- Rac1 und Cdc42 stehen unter Kontrolle des PI3K/AKT-Signalweges und fördern axonales Wachstum.
- RhoA hemmt dagegen axonale Regeneration. Es wird durch inhibitorische Myelin-Proteine (z. B. MAG) und durch extrazelluläre Matrixmoleküle (z. B. CSPGs) aktiviert.
- Die aus der Onkologie bekannte Phosphatase PTEN vermindert das Phospholipid PIP_3 an der axonalen Membran und hemmt dadurch PI3-Kinase/AKT-abhängige Signalwege.
- Inhibitoren von PTEN und anderen Tumor-Suppressoren (RB1, APC) führen zur verstärkten Aktivierung von AKT und damit zu einer Hypertrophie der Zelle und vermehrtem axonalen Wachstum.

1.3.8 Bevorzugte Regeneration von Zielgeweben durch funktionell passende Axone

Über die Jahre wurden mehrere tierexperimentelle Studien durchgeführt, die gezeigt haben, dass es im Rahmen der axonalen Regeneration im peripheren Nervensystem eine Präferenz motorischer Nervenzellen für die Muskulatur gibt, d. h., motorische Axone scheinen zu „wissen", in welches Zielgewebe hinein sie wieder auswachsen müssen. Diese Arbeiten untersuchten insbesondere den Nervus femoralis am Oberschenkel, der den Musculus quadriceps, unseren Kniestrecker, innerviert. Der Nervus femoralis gibt im Adduktorenkanal einen einzigen sensiblen Nerv ab, den Nervus saphenus, der die Haut an der Innenseite des Unterschenkels und den Fußrücken versorgt.

Nach einer Durchtrennung des Nervus femoralis proximal der Aufzweigungsstelle in einen jeweils ungefähr gleich dicken sensiblen und motorischen Ast wachsen zwei Drittel der motorischen Axone wieder in die Muskulatur zurück (statt der erwarteten 50 %, wenn die Regeneration rein zufällig wäre). Allerdings braucht das seine Zeit, denn erst nach 2 Monaten ist der Effekt im Versuchstier (Ratte) nachweisbar und nicht schon nach 3 Wochen, die bei Nagern in der Regel ausreichen, um Muskeln zu reinnervieren. Bei Mäusen muss zusätzlich noch das bei der Blutgerinnung entstehende Fibrin appliziert werden, um die präferenzielle Reinnervation von Muskeln hervorzurufen.

Es wird daher vermutet, dass nach einem frühen, rein zufälligen Auswachsen der Axone ein selektiver Rückzug fehlgeleiteter Axone erfolgt, die sich im „falschen" Zielgebiet befinden. Dabei werden insbesondere diejenigen Axone motorischer Neurone aus der Haut zurückgezogen, die eine Kollaterale (Abzweigung) eines dickeren, primären Axons darstellen, das korrekterweise in einen Muskel regeneriert ist. Dieses bildet also einen funktionell sinnvollen Kontakt mit einer Muskelfaser und erhält vermutlich Muskel-spezifische Signale, die den Transport von Zytoskelettbestandteilen (Aktin, Tubulin) und Membranen in dieses primäre, „richtige" Axon hinein bedingen. Die „falsche" Axonkollaterale, die in die Haut hineingewachsen ist und dort keinen funktionell sinnvollen Partner gefunden hat, bekommt diese Unterstützung nicht und zieht sich mit einer zeitlichen Verzögerung wieder zurück, was im Englischen als *pruning* bezeichnet wird.

Diese Hypothese ist als „Zwillings-Bias" in die Literatur eingegangen und könnte die selektive Regeneration motorischer Axone erklären. Die nach erfolgter Nervenregeneration noch in der Haut nachweisbaren motorischen Axone, die dort bei Patienten oft Probleme verursachen, haben möglicherweise keinen solchen „Zwilling" in der Muskulatur und ziehen sich daher nicht zurück. Sie setzen dann sinnloserweise ihren Transmitter Acetylcholin frei, wenn die Nervenzelle im Rückenmark, von der sie ausgehen, aktiviert wird. Acetylcholin ist ein starker Vasodilatator (Gefäßerweiterer) und Stimulator der Schweißdrüsensekretion, was bei manchen Patienten zu trophischen Störungen der Haut nach Nervenläsionen mit fehlerhafter Regeneration führt.

1.3.8.1 Molekulare Mechanismen funktionell korrekter Nervenregeneration

Auch die afferenten in die Haut oder zu tiefensensiblen Rezeptoren in Muskeln und Gelenken regenerierenden Axone werden durch trophe Faktoren angelockt und bei Ankunft im korrekten Zielgebiet stabilisiert. Zu diesen Faktoren gehört insbesondere der oben genannte Nervenwachstumsfaktor (NGF), der an entsprechenden Membranrezeptoren (TrkA) andockt, die besonders zahlreich auf Schmerz und Temperatur leitenden Axonen vorkommen. Es könnte allerdings auch sein, dass die dünnen und unbemarkten Axone durch bisher unbekannte Moleküle, die sich beispielsweise in der Schwann-Zellmembran befinden, in sensible Nerven hinein aktiv „gelenkt" werden.

Nicht-myelinisierende Schwann-Zellen sind anders aufgebaut als solche, die eine Markscheide bilden. Sie exprimieren bevorzugt Proteine, die für unreife Glia und reaktive Schwann-Zellen nach Läsion spezifisch sind. Dazu gehören das Adhäsionsmolekül L1 (auch NCAM genannt) und der Neurotrophin-Co-Rezeptor p75. Eine entscheidende Rolle für die Regeneration spielt die mit NCAM assoziierte Polysialinsäure (PSA), ein Polymer von N-Acetylneuraminsäure-Resten.

PSA ist für homophile Interaktionen zwischen NCAM-Molekülen auf der Axonmembran verantwortlich. Da PSA stark negativ geladen ist, bindet es viele Wassermoleküle und erhöht so den Abstand der Plasmamembranen benachbarter Zellen voneinander. PSA-NCAM wird in motorischen, aber besonders auch in sensiblen Nerven mit vielen unbemarkten Axonen gefunden und könnte daher eine Interaktion von motorischen Axonen mit den in sensiblen Nerven vorherrschenden, nicht-myelinisierenden Schwann-Zellen unterdrücken. Tatsächlich ist in Mäusen, die kein PSA-NCAM herstellen, die bevorzugte Regeneration motorischer Axone in die Muskulatur nicht mehr zu beobachten. Über eine Steuerung der Expression von PSA-NCAM könnte also eine funktionelle Spezifität in regenerierenden Nerven erreicht werden.

Daneben ist der neurotrophe Faktor FGF-2 in der Lage, die Wachstums-geschwindigkeit und die Spezifität motorischer Axone zu fördern. Da dieser Effekt durch Endoneuraminidase, ein PSA abspaltendes Enzym, aufgehoben wird, scheint auch der Effekt von FGF-2 über PSA vermittelt zu werden. Vermutlich fördert FGF-2 die Interaktion des FGF-Rezeptors (FGFR-1) mit PSA-NCAM auf Axonen und damit die intrinsisch neuronalen Mechanismen der Regeneration.

Myelin-bildende Schwann-Zellen zeigen demgegenüber ein bestimmtes Carbohydrat (ein sulfatiertes Trisaccharid) an ihrer Oberfläche, das HNK-1, welches bevorzugt in motorischen Nerven vorkommt und daher bei der spezifischen Reinnervation von Muskeln beteiligt sein könnte. In der Tat fördert die Applikation eines linearen, die Wirkung von HNK-1 imitierenden Peptides (FLHTRLFV) die Regeneration von motorischen Axonen in den axotomierten, primär motorischen Ast des Nervus femoralis.

HNK-1 hat antigene, also Antikörper bindende Eigenschaften und wird daher auch als L2-Epitop bezeichnet. Es findet sich auf verschiedenen Glykolipiden und Adhäsionsmolekülen. Nach Denervation ist HNK-1 nur noch vermindert nachweisbar, wird aber wieder vermehrt gebildet, wenn motorische, nicht aber sensible Axone die Schwann-Zellen im Rahmen der Regeneration kontaktieren. Umgekehrt wird NCAM/L1 hochreguliert, wenn sensible Axone in einen früheren Muskelnerv einwachsen.

Schwann-Zellen zeigen also eine bestimmte molekulare Identität, die nicht nur myelinisierende von nicht-myelinisierenden Zellen unterscheidet, sondern auch ihre Assoziation mit sensiblen bzw. motorischen Nervenfasern fördert. Dabei kommt der Axon-Schwann-Zell-Interaktion eine entscheidende Rolle zu, um nicht nur die Nervenregeneration prinzipiell zu ermöglichen, sondern regenerierende Axone auch in den Kontakt mit einer funktionell sinnvollen Zielstruktur zu bringen. Adhäsionsmoleküle (z. B. PSA-NCAM) und Wachstumsfaktorrezeptoren (z. B. FGFR1) vermitteln diese Interaktionen. Umgekehrt hemmen Schwann-Zellen offenbar über eine Veränderung der extrazellulären Matrix die axonale Regeneration in funktionell nicht passende Zielgebiete: In Fischen führt beispielsweise die Glykosylierung eines Kollagen-Proteins durch eine Glykosyl-Transferase (Ih3) zu einem Wachstumsstopp von Axonen, die versuchen, einen nicht passenden Muskel anzusteuern.

Schließlich reagieren Schwann-Zellen auch auf einige von Nervenzellen freigesetzte Neurotransmitter. Beispielsweise wurde für Acetylcholin und ATP gezeigt, dass Schwann-Zellen die entsprechenden Rezeptoren in ihrer Plasmamembran tragen (nikotinische Acetylcholin-Rezeptoren und P2Y-ATP-

Rezeptoren). ATP wird demnach nicht nur als Energieträger, sondern auch als Botenstoff im Nervensystem verwendet. Es wurde gezeigt, dass die Aktivierung von Transmitterrezeptoren die Regeneration motorischer Axone in die Muskulatur hinein unterstützen kann.

Darüber hinaus werden auch die größtenteils extrazellulären Glykoproteine Osteopontin und Clusterin in motorischen bzw. sensorischen Nerven unterschiedlich stark exprimiert und dienen somit als extrazelluläre Orientierungshilfen. Bei transplantierten Nerven beeinträchtigt die Entfernung von Osteopontin in erster Linie das Nachwachsen der motorischen Axone, während die Deletion von Clusterin die sensorische Reinnervation abschwächte.

Auf den Punkt gebracht

- Obwohl es generell keine spezifische axonale Regeneration zu den ursprünglich innervierten Zielstrukturen gibt, ist eine Präferenz motorischer Axone für Muskeln zu beobachten.
- Offenbar folgt einem zufälligen Auswachsen der Nervenfasern ein selektiver Rückzug fehlgeleiteter Axone, die sich im inkorrekten Ziel befinden: Motorische Axone werden aus der Haut zurückgezogen, wenn das Neuron gleichzeitig einen Muskel innerviert („Zwillings-Bias").
- Außerdem gibt es eine Präferenz nicht-myelinisierender Schwann-Zellen für sensible Axone, die auf ein Adhäsionsmolekül (NCAM), das mit Polysialinsäure (PSA) assoziiert ist, zurückgeführt wird.
- PSA erhöht den Abstand zwischen Zellmembranen und verhindert so die Interaktion der nicht-myelinisierenden Schwann-Zelle mit motorischen Axonen.
- Motorische Axone werden von myelinisierenden Schwann-Zellen umgeben, die auf ihrer Oberfläche ein Carbohydrat (HNK-1) tragen, das bevorzugt in motorischen Nerven anzutreffen ist und zur spezifischen Axonregeneration beitragen könnte.
- Die extrazellulären Proteine Osteopontin und Clusterin fördern ebenso die differenzielle Axonregeneration.

1.3.9 Wachstumsfaktoren werden differenziell exprimiert

Insbesondere Gliazellen stellen unterschiedliche Cocktails von Wachstumsfaktoren her, die das selektive Axonwachstum fördern. So finden sich in den Schwann-Zellen der rein motorischen vorderen Wurzeln des Rückenmarks bevorzugt IGF-1 und PTN (Pleitrophin), wohingegen in sensiblen Nerven insbesondere GDNF, BDNF, NT-3 und der *hepatocyte growth factor* (HGF) nachweisbar sind (s. Tab. 1.1). Nach einer Axotomie werden GDNF und

PTN primär in Schwann-Zellen der Vorderwurzel hochreguliert, in den sensiblen Wurzeln demgegenüber besonders IGF-1, VEGF, HGF, NGF und BDNF.

Es ist also eine gewisse, aber keine vollständige Spezifität der Expression und Axotomie-induzierten Regulation neurotropher Faktoren erkennbar. Ob sich diese Tatsache therapeutisch in Hinsicht auf eine spezifische Regeneration in funktionell passende Zielgebiete nutzbar machen lässt, bleibt abzuwarten. Eine spezifische Regeneration führt jedenfalls zur Normalisierung der Spiegel der meisten dieser Faktoren, eine Regeneration in das inkorrekte Ziel aber nicht.

Daneben spielt die Lokalisation von Schwann-Zellen eine Rolle, da beispielsweise GDNF vermehrt in den Rückenmarks-assoziierten Wurzeln hochreguliert wird, während das Hochregulieren von VEGF und IGF-1 auf axotomierte periphere Hautnerven beschränkt ist. NGF, BDNF und HGF werden nicht nur in Hautnerven, sondern darüber hinaus auch in läsionierten Hinterwurzeln vermehrt synthetisiert. Allerdings sind die hochregulierten Wachstumsfaktoren nicht sämtlich spezifisch für die jeweilige Modalität. Ein Beispiel für einen solchen unspezifisch regulierten Faktor wäre BDNF, der in sensiblen Nerven nach Läsion zwar hochreguliert wird, aber insbesondere das motorische Axonwachstum fördert. Interessanterweise ist der BDNF-Rezeptor, TrkB, in allen motorischen Axonen, aber nur in einem Teil der sensiblen Axone vorhanden.

Eine spezifische Reaktion von Schwann-Zellen auf eine Nervenläsion lässt sich auch auf genetischer Ebene nachweisen. Beispielsweise werden die mRNAs für ein bestimmtes Neurofilament (die leichte Kette, NF-L) und für Proteinkinase PKC (iota) vermehrt in motorischen Nervenästen nach Axotomie nachgewiesen. In sensiblen Nerven werden demgegenüber die Transkripte für Neuroligin 1 (NLGN-1) und für das Myelin-basische Protein (MBP) besonders hochreguliert. Generell sind solche Untersuchungen von großer Bedeutung, um die Spezifität regenerierender Axone therapeutisch fördern zu können.

Die lokale Freisetzung von Wachstumsfaktoren in denervierten Zielgeweben, beispielsweise nach Durchtrennung eines sensiblen Hautnerven, bildet einen Wachstumsreiz für Axone aus angrenzenden Hautarealen. Da die Innervation hier noch intakt ist, können sie von dort in einen denervierten Hautbereich hineinwachsen. Der Nervenwachstumsfaktor NGF ist nachgewiesenermaßen ein kräftiger Stimulus für dieses auch *collateral sprouting* genannte Axonwachstum, das über die Zeit zu einer Wiederherstellung von Empfindungen in vorher tauben Hautbereichen führen kann.

Ähnliche Phänomene werden auch in der Muskulatur beobachtet, wenn nur ein Teil eines motorischen Nerven verletzt wurde. Hier kann es dann zu einer Polyinnervation von mehreren Muskelfasern durch einen einzigen intakten Nervenast kommen, wenn er Axonkollateralen abgibt. Motorische und sensible Axone bleiben also ein ganzes Leben lang plastisch, d. h., sie können jederzeit in einem lokal begrenzten Bereich Fortsätze ausbilden, durch die sich ein Innervationsgebiet vergrößern lässt. Während des Auswachsens intakter Axone sind die gleichen RAGs aktiv, die auch nach einer Nervenverletzung in axotomierten Neuronen angeschaltet werden.

1.4 Neuroplastizität im ZNS nach peripherer Nervenläsion

Eine Nervenverletzung im PNS führt auch zu Veränderungen im ZNS, denn die neuronalen Verbindungen der Peripherie mit Rückenmark und Gehirn sind zahlreich. Alle Neurone, die sich in einer Leitungskette zwischen der Hirnrinde und der Muskulatur bzw. der Haut und anderer Ziele befinden, reagieren auf eine periphere Nervenläsion. Sie passen sich also auch nach Abschluss der Entwicklung des Nervensystems noch an veränderte Umgebungsbedingungen an. Wir sprechen dann von einer zentralen Reorganisation bzw. zentraler Neuroplastizität, die mit morphologischen (strukturellen) und neurochemischen Veränderungen der durch eine periphere Axotomie betroffenen Nervenzellen einhergeht.

Diese Anpassungen können funktionell sinnvoll sein (adaptiv) oder aber störende Symptome verursachen, z. B. Schmerzen oder Missempfindungen (Dysästhesien). Auf der motorischen Seite sind unwillkürliche und unkontrollierte Muskelbewegungen in nicht denervierten Muskeln möglich (Dystonien). Diese für die Patienten oft sehr unangenehmen Begleiterscheinungen einer Nervenläsion entstehen durch komplexe Veränderungen in den neuronalen Schaltkreisen von Rückenmark und Gehirn. Es sind dabei nicht nur die axonalen Verbindungen, sondern auch die dendritischen Kontakte sowie die Transmittersynthese und elektrischen Eigenschaften beteiligter Nervenzellen zu berücksichtigen. Im Folgenden möchte ich auf diese Aspekte etwas genauer eingehen.

Axotomierte Neurone stellen nach den vorhergehend besprochenen initialen Depolarisationswellen innerhalb von einer Woche nach der Verletzung ihre Aktivität weitgehend ein. Erst nach Wiederherstellung einer Verbindung zu Zielzellen, also nach abgeschlossener axonaler Regeneration, wird die synaptische Transmission wieder aufgenommen. Bleibt eine Nervenregeneration aus, so ist die neuronale Aktivität dauerhaft auf 30–50 % der ursprünglichen Werte reduziert, sie ist also nicht bei null.

Die Reduktion der elektrischen Aktivität betroffener motorischer Nervenzellen im Rückenmark wird in erster Linie auf den Verlust von aktivierenden Synapsen an den Dendriten zurückgeführt, dem sog. *synaptic stripping*. Die erregenden Verbindungen zwischen Neuronen werden abgeschwächt. Allerdings verändert sich durch den Verlust eines Kalium/Chlorid-Transporters (KCC2) in manchen axotomierten Neuronen auch der GABA (γ-Aminobuttersäure)-abhängige Input hemmender Interneurone, sodass es aufgrund des Fehlens hemmender Verbindungen sogar zu einer Zunahme der elektrischen Aktivität kommen kann.

Eine weitere wichtige Rolle spielt der Verlust afferenter Erregung aus Muskelspindeln und Gelenkrezeptoren, d. h. von propriozeptiven (tiefensensiblen) Fasern, die zu einer reduzierten Aktivität (*Drive*) motorischer Neurone führen, da diese teils direkt mit den sensiblen Nervenzellen in Spinalganglien verschaltet sind. Auf diese Art werden sensomotorische Reflexe abgeschwächt (Abb. 1.6). Die in den vergangenen Jahren hierzu durchgeführten Untersuchungen haben gezeigt, dass eine Wiederherstellung der Tiefensensibilität, d. h. eine Reinnervation von Muskelspindeln und Gelenkrezeptoren, für die vollständige Erholung der motorischen Innervation eine absolut notwendige Voraussetzung ist.

Wie kommt es aber nun zu den chronischen Schmerzen und Missempfindungen bei vielen Patienten mit peripheren Nervenläsionen? Wir gehen heute davon aus, dass die lokale Plastizität im Hinterhorn des Rückenmarks dafür ausschlaggebend ist, denn hier werden die afferenten Signale aus der Peripherie auf das zweite Neuron weitergeleitet. Durch Freisetzung von Wachstumsfaktoren und Zytokinen aus aktivierten Gliazellen (Astrozyten und Mikroglia) und aus den zentralen Axonendigungen verletzter Spinalganglien-Neurone werden demnach neuroplastische Prozesse gestartet, die zur Neubildung von neuronalen Verbindungen führen.

Beispielsweise werden neue synaptische Kontakte zwischen lokalen Schmerzneuronen, die in den oberen (dorsalen) Schichten des Hinterhorns liegen, und mechanosensiblen Neuronen gebildet, die für Berührung und Druck zuständig sind und in den tieferen Schichten des Hinterhorns umgeschaltet werden. Dem Gehirn werden dann fälschlicherweise Berührungsreize als Schmerz vermittelt (da die Schmerzbahn aktiviert wurde). Teilweise werden diese auch indirekt über Kontakte mit Zwischenneuronen (Interneuronen) geleitet.

Weiterhin geht ein Teil der sensiblen Neurone im Spinalganglion nach Nervendurchtrennung zugrunde, sodass ihre Kontaktstellen an den zweiten Neuronen der afferenten Leitung im Hinterhorn frei werden und nun von axonalen Endigungen anderer Nervenzellen, z. B. noch intakter sensibler Neurone, eingenommen werden können. Diese sind aber zumeist an funktionell verschiedene Haut-Rezeptoren gekoppelt, sodass fehlerhafte Zuordnungen und damit Missempfindungen entstehen. Außerdem führt die Tendenz zur axonalen Sprossung im Hinterhorn zu einer Vergrößerung der rezeptiven Felder, d. h., die Anzahl von Nervenzellen, die ein bestimmtes Signal aus der Peripherie in das Gehirn weiterleiten, nimmt zu.

Schließlich stellt eine Vielzahl von direkt oder indirekt betroffenen Nervenzellen im Rückenmark ihre Genexpression nach peripherer Nervendurchtrennung um. Dazu tragen auch die vermehrt in axotomierten Neuronen gebildeten Neuropeptide bei, die im Rückenmark freigesetzt werden (Substanz P, CGRP, Galanin, VIP, NPY). Unter den veränderten Genen sind insbesondere solche, die für Signaltransduktions-Komponenten und Ionenkanäle kodieren (Kalzium-, Natrium-, Glutamat- und GABA-Kanäle). Damit werden die Leitungseigenschaften der Neurone teilweise erheblich verändert. Beispielsweise ist die Expression von Glutamat-Rezeptoren vom NMDA-Typ in Vorderhorn- und Hinterhorn-Neuronen um das Dreifache erhöht. Weiterhin gehen auch inhibitorische Interneurone im Rückenmark nach Nervenläsion teilweise zugrunde.

Zusammengenommen könnten diese Beobachtungen eine besondere Schmerzempfindlichkeit (**Hyperalgesie**), aber auch dystonische Muskelaktivitäten bei manchen Patienten in der subakuten und chronischen Krankheitsphase erklären. Sie können also während, aber auch nach Abschluss der peripheren Nervenregeneration noch auftreten.

1.4.1 Kortikale Plastizität als Ursache chronischer Schmerzen

Die neuroplastischen Veränderungen nach Nervenverletzung finden sich aber nicht nur im Rückenmark, sondern auf allen Ebenen der betroffenen motorischen und sensiblen Leitungsbahnen, d. h. auch im Hirnstamm, im Zwischenhirn (Thalamus) und in der Hirnrinde (Cortex). In der Rinde ist das auch zu erwarten, denn es ist schon länger bekannt, dass lang andauernde Deafferenzierung, also der Verlust des Inputs in die jeweiligen primären Rindenfelder, zu einer Reorganisation der Informationsverarbeitung auf höchster Ebene führt.

Beispielsweise übernimmt unsere Sehrinde (visuelle Cortex) im Hinterhauptslappen bei blinden Kindern die Verarbeitung taktiler, mechanosensibler Information von Druck- und Berührungsrezeptoren in der Peripherie. Analog wird bei tauben Kindern der auditorische, für das Hören zuständige Cortex mit Informationen aus der Sehbahn versorgt. Es ist daher nicht überraschend, dass nach Verletzungen von Nerven der Hand die Handregion im Cortex cerebri vermehrt Informationen aus benachbarten, noch gut versorgten Hautarealen aus dem Unterarm bzw. aus anderen, benachbarten Cortex-Regionen zugespielt bekommt (jedem Hautareal und jedem Muskel wird während der Entwicklung ein korrespondierendes Rindenareal zugeordnet, was Somatotopie genannt wird).

Mit der Zeit, teils über ein Jahr nach der Läsion, werden die ursprünglich relativ großen rezeptiven Felder im denervierten Rindenareal kleiner und lassen dann auch eine relativ genaue Zuordnung zwischen einzelnen Bereichen der Hirnrinde und solchen in der Peripherie erkennen. Abhängig vom Grad der Verletzung und dem Erfolg der peripheren Nervenregeneration können die ursprünglichen Zuordnungen aber nach sehr langen Intervallen noch wiedergestellt werden, d. h., die Neuroplastizität in sensiblen Cortexarealen ist prinzipiell reversibel.

Es ist allerdings zu berücksichtigen, dass auch die oben beschriebene Fehlinnervation peripherer Zielgebiete durch Axone, die ursprünglich eine andere Zielstruktur innerviert haben, in den entsprechenden kortikalen Arealen zumeist verankert bleibt. Teilweise kann diese fehlerhafte Verschaltung wieder umgelernt werden, z. B. bei der Ansteuerung einzelner Fingermuskeln nach einer Läsion motorischer Nerven am Arm.

Bei unseren sensiblen Funktionen scheint ein solches Umlernen jedoch nicht mehr möglich zu sein. Nach Amputationen ist die kortikale und subkortikale, besonders im Zwischenhirn stattfindende Neuroplastizität offenbar derart ausgeprägt, dass in der Hirnrinde Aktivierungen nachweisbar sind, die als starker Schmerz in der zum amputierten Körperteil korrespondierenden Region wahrgenommen werden. Ein derartiger Phantomschmerz ist aufgrund der permanenten, morphologischen Reorganisation neuronaler Verbindungen nur äußerst schwer zu behandeln (Abb. 1.23).

Sollte es möglich sein, den abgetrennten Körperteil inklusive seiner afferenten und efferenten Innervation operativ wiederherzustellen, z. B. durch ein Transplantat bei traumatischen Handamputationen, dann werden sich auch die kortikalen Veränderungen und Schmerzen langsam, aber doch weitgehend zurückentwickeln. Interessanterweise ist dieser Effekt auch nach Einsatz von künstlichen Bioprothesen zu beobachten.

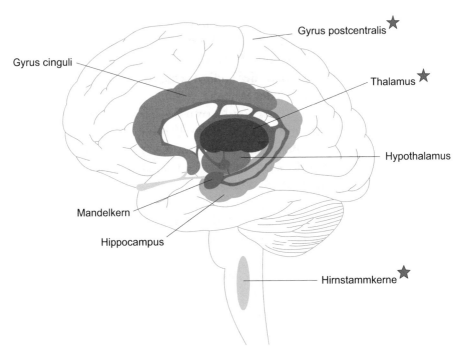

Abb. 1.23 An der Schmerzverarbeitung und Axotomie-induzierter Neuroplastizität beteiligte Anteile des Gehirns. Neben einer gesteigerten Erregbarkeit von Neuronen findet sich in den mit einem Stern markierten Gebieten eine Veränderung von Ionen-kanälen, der Synapsenstärke und/oder der somatopischen Ordnung, d. h. eine gestörte Repräsentation der peripheren Hautareale und Muskelzuordnungen. Dazu gehören nicht nur die hintere Zentralwindung (Gyrus postcentralis), in der uns Schmerz- und Tastempfindungen bewusst werden, sondern auch Areale im Hirnstamm und im Zwischenhirn (Diencephalon) mit seinem größten Kerngebiet, dem Thalamus. Weitere Anteile des Gehirns, die dem limbischen System zugerechnet werden (insbesondere der Hippocampus und der Hypothalamus), sind an der Schmerzverarbeitung und am Schmerzgedächtnis beteiligt. Der Gyrus cinguli und der Mandelkern bestimmen die emotionale Komponente der Schmerzempfindung

Auf der motorischen Seite besteht ebenfalls eine ausgeprägte Plastizität in unserem Gehirn, die dazu führt, dass Rindenareale, von denen aus vor einer peripheren Nervenverletzung bestimmte Muskeln angesteuert wurden, nun andere, meist direkt benachbarte Muskeln aktiviert werden, deren periphere Nervenversorgung noch intakt ist. Beispielsweise weitet sich das die Schulter- und Oberarmmuskeln versorgende Rindenareal nach Unterarmamputation schon innerhalb einer Woche erheblich aus.

Nach Durchtrennung des motorischen Gesichtsnerven, des Nervus facialis, lassen sich innerhalb von Stunden Muskelkontraktionen nachweisen, die auf

Aktivierungen von solchen Cortexarealen zurückgehen, die den Bereichen für die denervierte mimische Muskulatur benachbart sind. Da sich neuronale Verbindungen über mehrere Millimeter hinweg in dieser kurzen Zeit nicht bilden können, müssen wir davon ausgehen, dass es sich hierbei um eine Freilegung von schon existierenden synaptischen Kontakten handelt, die normalerweise ruhend gestellt sind.

Diese Demaskierung von existierenden, aber inaktiven Verbindungen zwischen Nervenzellen in motorischen Netzwerken lässt sich auch unterhalb des Cortex im Hirnstamm beobachten und unterstützt die Annahme, dass der Bauplan unseres Gehirns ein Vielfaches der uns bewusst zur Verfügung stehenden Bewegungsprogramme beinhaltet. Vermutlich werden diese durch implizites Lernen im Kindesalter erworben und später „stummgeschaltet". Nach Verlust des peripheren Inputs, z. B. aufgrund einer Nervenverletzung, sind diese Verbindungen dann aber wieder reaktivierbar.

Der Vorteil einer Maskierung früh angelegter motorischer Schaltkreise liegt in der Kontrolle der Bewegungsmöglichkeiten durch den motorischen Cortex, d. h., wir lernen fortwährend neue motorische Programme und entscheiden bewusst über alle Bewegungen, die wir mit unserer willkürlich ansteuerbaren Skelettmuskulatur ausführen wollen. Demgegenüber laufen bei den Tieren die meisten Programme reflektorisch ab. Sie betreffen viele Muskelgruppen gleichzeitig und gehen in der Regel von subkortikalen, also unterhalb der Hirnrinde gelegenen neuronalen Kerngebieten aus.

Die Inaktivierung dieser Schaltkreise erfolgt vermutlich über Interneurone, deren Ausläufer sich im Cortex über mehrere Millimeter erstrecken können und durch ihren hemmenden Transmitter GABA verhindern, dass kortikale Neurone über ihre motorischen Zielneurone im Rückenmark gleichzeitig verschiedene Muskelgruppen innervieren. Alternativ könnten auch normalerweise inaktive Kontakte, die den erregenden Transmitter Glutamat als Botenstoff verwenden, „freigeschaltet" werden.

Es wurde gezeigt, dass die Anzahl GABA-positiver Neurone nach peripherer Nervenläsion im Thalamus und im Cortex zurückgeht. Weiterhin erweitern Substanzen, die GABA-Kanäle blockieren, die rezeptiven Felder im somatosensiblen Cortex genau so, wie eine Deafferenzierung durch eine periphere Nervenverletzung dies bewirken würde. Wir gehen daher von einer GABA-ergen Hemmung motorischer Netzwerke aus, die nach Nervenläsion durch neuroplastische Veränderungen im Cortex (und darunter) verloren geht.

Auf den Punkt gebracht

- Durch axonale Verzweigungen intakter Nerven (*collateral sprouting*) können sich periphere Innervationsgebiete in der Haut oder in Muskeln ausdehnen (periphere Neuroplastizität).
- Nach Nervenläsion kommt es zu einer zentralen Reorganisation von synaptischen Verbindungen nicht nur auf Rückenmarksebene, sondern auch in übergeordneten (supraspinalen) Regionen (zentrale Neuroplastizität).
- Dendriten axotomierter Motoneurone ziehen sich zurück und verlieren einen Teil ihrer Synapsen. Die neuronale (elektrische) Aktivität geht dabei um mindestens die Hälfte zurück, solange keine axonale Regeneration stattfindet.
- In motorischen Netzwerken kommt es nach peripherer Axotomie zu einer Demaskierung inaktiver Verbindungen, aber auch zu einer Neubildung von synaptischen Kontakten zwischen benachbarten Regionen.
- Nach Amputationen können neuroplastische Veränderungen starke Aktivitäten in denjenigen Arealen der Hirnrinde hervorrufen, die für die verlorene Extremität sensomotorisch zuständig waren. Dadurch entstehen schwer behandelbare Phantomschmerzen.

1.4.2 Mediatoren der Axotomie-induzierten Neuroplastizität im ZNS

Interessanterweise lässt sich nach transkranieller magnetischer Stimulation (TMS) durch die intakte Schädeldecke hindurch nach Nervenblockaden, z. B. durch eine kurzzeitige Ischämie, eine erleichterte Aktivierung von benachbarten Muskelgruppen vom denervierten Cortex aus beobachten, und das schon innerhalb weniger Minuten. In dieser kurzen Zeit kann der Effekt nicht über strukturelle Plastizität, also über veränderte axonale oder dendritische Kontakte erreicht werden, sondern nur über einen Netzwerkeffekt, der auf biochemischen oder elektrischen Veränderungen beruht.

Nach der derzeit gängigen Hypothese ist der Effekt in einem frühen Zeitfenster nach einem Nervenausfall immer disinhibierend, d. h., er nimmt die normalerweise durch Interneurone vermittelte Hemmung weg. Wie genau die den hemmenden Transmitter GABA freisetzenden Synapsen blockiert werden, ist nicht bekannt. Vermutlich spielen die schon früh nach der Läsion im gesamten beteiligten Netzwerk freigesetzten Zytokine hier eine Rolle. Im Zwischenhirn lassen sich jedenfalls nach einer peripheren Nervenverletzung aktivierte Astrozyten und Mikroglia im Bereich der betroffenen Schaltkreise nachweisen. Einige der in der Tab. 1.1 genannten Zytokine sind tatsächlich in der Lage, die Freisetzung von Neurotransmittern bzw. die Dichte von Neurotransmitter-Rezeptoren auf der postsynaptischen Seite zu regulieren. Die Membranleitfähigkeit von Nervenzellen kann dadurch innerhalb von

Minuten verändert werden, was sehr rasche Netzwerkveränderungen verursachen würde.

Erst in der chronischen Phase nach einer peripheren Nervenläsion werden die strukturellen Anpassungen beobachtet, die auf axonales Wachstum über eine Distanz von mehreren Millimetern im sensomotorischen Cortex hindeuten. Dies ist umso erstaunlicher, da wir aufgrund der myelinhaltigen, inhibitorischen Umgebung im ZNS eigentlich von keiner signifikanten Sprossung von Axonen oder Dendriten über den Mikrometer-Bereich hinaus ausgehen können. Vermutlich sind für diese weitläufige Plastizität lokal begrenzte, aber besonders hohe Ausschüttungen von neurotrophen Faktoren (NGF, BDNF u. a.) sowie eine Umgehung der intrinsischen Mechanismen der axonalen Wachstumshemmung (s. oben) erforderlich.

Interessanterweise läuft die Reorganisation des Cortex nach Deafferenzierung sogar in beiden Hirnhälften ab, wenn distale periphere Nervenstümpfe mit kontralateralen, also auf der gegenüberliegenden Seite lokalisierten Nerven verbunden werden. Einige Monate nach einer Schädigung lässt sich die betroffene Extremität von den korrespondierenden Arealen *beider* Hirnhälften aus bewegen. Nach einem weiteren halben Jahr übernimmt dann der kontralaterale Cortex allein die Steuerung. Die genauen Mechanismen dieser Form von interhemisphärischer Plastizität unter Beteiligung der großen, verbindenden Kommissur (Corpus callosum) sind allerdings noch nicht geklärt.

Zusammengenommen zeigen diese Beobachtungen, dass neurochemische und strukturelle Neuroplastizität auch im ausgereiften Gehirn noch stattfinden und erhebliche Auswirkungen auf die Aktivität von weitläufigen neuronalen Netzen haben können, insbesondere nach einer traumatischen Schädigung.

1.5 Therapie der peripheren Nervenverletzung

Seit vielen Jahren wird versucht, die Effizienz und Spezifität der peripheren Nervenregeneration zu steigern. Es gibt dazu pharmakologische Ansätze, aber auch der Einsatz neurotropher Faktoren sowie zelluläre und gentherapeutische Verfahren sind vorgeschlagen worden, die im vorklinischen Tierversuch oft erstaunliche Erfolge gezeigt haben. Leider hat es aber trotz zahlreicher klinischer Studien, die jeder Zulassung vorausgehen, bis heute kein neues Medikament oder therapeutisches Verfahren in den klinischen Alltag geschafft.

Eine Ausnahme bildet die elektrische Stimulation regenerierender Nerven. Allerdings zeigen nicht alle klinischen Studien einen Vorteil einer Stromapplikation gegenüber einer Placebo-Therapie, also dem Einschalten des Ge-

rätes ohne Stromfluss. Neben allgemein anerkannten Rehabilitationsmaßnahmen wurden daher auch manuelle Stimulationstherapien vorgeschlagen,
da regelmäßige und gezielte Massagen der betroffenen Muskulatur die spezifische Reinnervation verbessern können. Vermutlich spielen auch unsere Er-
nährungsgewohnheiten eine Rolle, denn intermittierendes Fasten fördert die
periphere Axonregeneration (zumindest im Tierversuch). Offenbar stellen
beim Hungern gram-positive Bakterien im Darm (z. B. Clostridium sporo-
genes) regenerationsfördernde Metaboliten her. Dabei handelt es sich um die
kommerziell erhältliche Indol-3-Propionsäure (IPA).

Generell gilt aber, dass dünne, unbemarkte Axone auch ohne zusätzliche
Therapie schon relativ gut wieder auswachsen. Marklose Axone leiten unsere
Schmerz- und Temperaturempfindungen, versorgen aber auch die Ein-
geweide, also das Herz, Drüsen und die glatte Muskulatur der Hohlorgane.
Demgegenüber ist die Regeneration von großkalibrigen, motorischen Axonen
nach wie vor schwierig. Deren Wachstum müsste exogen beschleunigt werden, um eine Atrophie denervierter Muskeln zu verhindern. Wie ich in diesem Kapitel ausführlich diskutiert habe, ist dabei nicht nur auf die Anzahl
auswachsender Axone, sondern auch auf das spezifische *Targeting*, d. h. auf
die Ansteuerung funktionell korrekter Muskeln zu achten, um eine sinnvolle
Wiederherstellung von Bewegungsfunktionen zu erreichen.

In diesem Zusammenhang ist von Bedeutung, dass die endogene Regenerationsfähigkeit auch durch passive Bewegung unterstützt wird. Physio-
und ergotherapeutische Verfahren sind also bei jedem Patienten in Erwägung
zu ziehen. Sie sind auch wichtig, um den Blut- und Lymphfluss in den betroffenen Extremitäten aufrechtzuerhalten. Arme und Beine sollten zudem
warmgehalten werden, da es durch Kälte zu einer Schädigung und Fibrosie-
rung der Muskulatur kommt. Ein Verband schützt vor Kontamination und
begrenzt venöse Staus bzw. Ödeme. Schwimmen ist hilfreich, um Gelenk-
kontrakturen und die Auswirkungen der Schwerkraft zu reduzieren.

1.5.1 Chirurgische Versorgung verletzter peripherer Nerven

Unter den reparativen Verfahren spielt die chirurgische **Nervenkoaptation**,
also die mikrochirurgische Nervennaht, die wichtigste Rolle. Dabei werden
die Stümpfe eines durchtrennten Nerven unter Belassung eines maximal
2 mm breiten Spaltes möglichst exakt und spannungsfrei mithilfe eines
Operationsmikroskopes aneinandergenäht. Diese primäre Nervennaht erfolgt bei 80 % aller Patienten, bei denen chirurgisch interveniert wird. Die

anderen benötigen nur eine **Neurolyse**, d. h. eine Freilegung des verletzten Nerven, die mit einer Entfernung von Bindegewebe und Zellresten einhergeht. Bei ausgedehnten Verletzungen wird möglicherweise eine **Nerventransplantation** erforderlich, also der Ersatz eines defekten Nervenabschnitts durch einen gesunden Nerv, der im Idealfall von einer anderen, nicht betroffenen Körperstelle des Patienten (autolog) entnommen wird.

Für eine Nerventransplantation werden normalerweise sensible Hautnerven gewählt, deren Verlust an der betroffenen Stelle daher einen Sensibilitätsausfall erzeugt. Zumeist werden der Nervus cutaneus antebrachii an der oberen Extremität oder der Nervus suralis bzw. der Nervus saphenus an der unteren Extremität für eine Transplantation verwendet. Alternativ kann aber auch eine oberflächliche Vene entnommen werden. Durch die Einlage von Muskelfasern wird ein Kollabieren des dünnwandigen Gefäßes verhindert, sodass auch eine Vene als Leitschiene für regenerierende Nervenfasern dient.

Die oben schon diskutierte Frage, ob es sinnvoller wäre, einen motorischen Nervenast als Transplantat für motorische Axone zu verwenden, ist noch nicht abschließend geklärt. Manche tierexperimentellen Studien zeigen bei Verwendung funktionell passender (modalitätsspezifischer) Nerven Vorteile, andere nicht. Die klinische Erfahrung sagt uns aber, dass auch motorische Fasern durch sensible Nerven gut hindurchwachsen können. Obwohl der Durchmesser eines transplantierten Nerven in der Regel nicht genau dem verletzten Nerv entspricht, ist die autologe Transplantation sensibler Nerven daher heute immer noch der Goldstandard, also die Methode der Wahl, um schwere und schwerste Nervenverletzungen zu behandeln.

Bei 40–50 % der auf diese Art versorgten Patienten kann von einer Wiederherstellung sensibler und motorischer Funktionen ausgegangen werden. Dabei haben besonders jüngere Patienten (unter 25 Jahren) eine gute Prognose, wenn der primäre Nervendefekt nicht länger als 3–4 cm ist. Auf alle Patienten und Altersgruppen bezogen, wird nach einem Nerventransfer bei etwa einem Viertel der Patienten die Bewegungsfunktion wiederhergestellt, aber nur bei etwa 3 % die volle Empfindungsfähigkeit.

Prinzipiell kommen auch **Allotransplantate** für die Überbrückung eines Defektes in Frage. Dabei handelt es sich um Nerven von Spendern, die im Unterschied zu autologen Transplantaten immer mit einer Unterdrückung des Immunsystems einhergehen. Alternativ können Allotransplantate „dezellularisiert" werden. Dabei werden das Myelin und die Gliazellen aus dem zu transplantierenden fremden Nerven chemisch entfernt, das Bindegewebsgerüst und trophe Faktoren bleiben aber erhalten. Dann kann in der Regel auf immunsuppressive Medikamente verzichtet werden, die ja erhebliche Nebenwirkungen haben. Schließlich können Muskelfaserbündel oder Blutgefäße ebenfalls als Transplantat verwendet werden, da sie eine Basallamina enthalten, die als extrazelluläre Leitschiene für auswachsende Axone dient.

Außerdem macht es bei proximalen, weit von den denervierten Muskeln entfernten Defekten möglicherweise Sinn, den distalen Nervenstumpf an einen nicht unbedingt benötigten Nerv anzunähen, der zu diesem Zweck mobilisiert, durchtrennt und verlagert wird. So können dessen Axone „End-zu-End" in den degenerierten Nerv einwachsen und die Reinnervation eines wichtigeren Muskels oder inneren Organs, z. B. der Harnblase, übernehmen. Seit den 1990er-Jahren wurde auch mehrfach von einer Funktionswiederherstellung nach „End-zu-Seit"-Rekonstruktionen berichtet. Durch die beabsichtigte, kleine Verletzung eines intakten Spender-Nerven wird so die Bildung von axonalen Verzweigungen (Kollateralen) angeregt, die dann zu den Zielgeweben des distalen Empfänger-Nerven hin auswachsen.

1.5.2 Nervenüberbrückungen (Konduits)

Um den Verlust des Gefühls im Bereich des entfernten Nerven, den „Hebedefekt", zu vermeiden und um den Operationsaufwand möglichst niedrig zu halten, werden im klinischen Alltag insbesondere bei dünneren Nerven vermehrt synthetische Konduits eingesetzt, die auch als *Nervenguides* bezeichnet werden. Es handelt sich hierbei um kleine Schläuche, die zwischen den beiden Nervenstümpfen einen Tunnel bilden, in den Gliazellen einwandern und Axone auswachsen können (s. Abb. 1.18). Das erste Mal wurde ein solches Röhrchen 1881 bei einem Hund angewandt, um einen längeren Nervendefekt zu überbrücken. Die Anwendbarkeit von Konduits wird durch ihre Länge bestimmt, die auf wenige Zentimeter begrenzt ist. Gelegentlich werden Konduits aber auch nach einer erfolgreichen Koaptation zum Schutz von Nervennähten verwendet.

Mit Konduits lassen sich bis zu 4 cm weite Defekte überbrücken. Früher wurden sie primär aus nicht abbaubarem Silikon oder aus Polymilchsäuren (Polyactid, PLA) hergestellt. Heute werden sie zumeist aus gut verträglichen biologischen Materialien produziert, z. B. aus Kollagen oder Chitosan, einem Polyaminosaccharid aus Chitin (dem Hauptbestandteil von Garnelen- und Krabben-Schalen). Gute Ergebnisse liefern auch Nanofaser-Matten aus Polycaprolacton (PLC) oder Gelatin-Methacylat (GelMA), die um einen dünnen Stab aufgerollt werden. Solche Mikro- oder Nanofasern modellieren die natürliche Situation in Nerventransplantaten, da regenerierende Axone sich an ihnen wie an Büngner-Bändern (s. Abb. 1.13) entlang orientieren können.

Die heute gängigen Konduits sind unter den Markennamen AxoGuard®, Neurolac®, NeuraGen®, NeuroMatrix®, Neurotube® oder SaluBridge® kommerziell erhältlich. Manche Produkte werden auch schon in 3D-Druckern hergestellt. Heutige Konduits zeigen eine gute Biokompatibilität und fördern sowohl das axonale Wachstum als auch die Migration und Proliferation von Gliazellen. In den letzten Jahren konnte gezeigt werden, dass Chitosan-Konduits bei „End-zu-End" zusammengenähten (koaptierten) Nerven bei Verletzungen an den Fingern die Methode der Wahl darstellen, wenn kein Autotransplantat zur Verfügung steht. Konduits finden aber auch dann Verwendung, wenn Zellen, Pharmaka oder Wachstumsfaktoren zur Unterstützung der Regeneration an die Läsionsstelle gebracht werden sollen.

Nach gleichzeitiger Gabe von Wachstumsfaktoren regenerieren periphere Axone vermehrt in ein Konduit hinein und dann weiter in den distalen Nervenstumpf (besonders geeignet sind hierfür GDNF, FGF-2, NGF und IGF). Dabei verlängern mit Hydrogel (NVR) gefüllte Chitosan-Konduits die Bioaktivität von trophen Faktoren um bis zu drei Monate. Alternativ können Wachstumsfaktoren auch an die innere Oberfläche von Konduits oder an Nanofasern bzw. feine Nanopartikel (NP) gebunden (adsorbiert) werden. Es wurde schon mit magnetischen Nanopartikeln (*supermagnetic iron oxide nanoparticles*, SPIONs) experimentiert, die nach Applikation eines magnetischen Feldes zur Ausrichtung von Matrixmolekülen und damit auch von regenerierenden Nervenfasern beitragen. Die Konjugation von Wachstumsfaktoren an magnetische NP erscheint besonders vielversprechend, denn dadurch können Gradienten ansteigender Wachstumsfaktor-Konzentrationen von proximal nach distal gebildet und somit die regenerierenden Wachstumskegel chemotaktisch über die ganze Länge eines Konduits hinweg angezogen werden.

Es ist weiterhin von Vorteil, wenn die in das Konduit eingewachsenen Axone geradlinig durch das Röhrchen hindurchwachsen. Dies kann beispielsweise durch eine Befüllung mit aufgerollten Membranen erreicht werden, die feine, nur wenige Mikrometer messende Vertiefungen aufweisen. In diesen ziehen dann die einzelnen Axone gerichtet entlang. Dadurch sinkt die Wahrscheinlichkeit von Verzweigungen oder durcheinander wachsenden Axonen innerhalb des Konduits. Ähnliche Effekte werden durch Zugabe von Mikro- oder Nanofilamenten erreicht.

Falls aber bei großen Defekten die Reinnervation von Muskeln letztlich doch ausbleibt und kein geeigneter Spendernerv für einen Nerventransfer gefunden wird, können motorische **Ersatzplastiken** zum Einsatz kommen. Dafür werden Muskeln und Sehnen dauerhaft versetzt (transpositioniert). Es wird also ein funktionsfähiger Muskel an den Sehnenansatz eines gelähmten

Muskels gekoppelt und dadurch beispielsweise Streckbewegungen am Ellenbogen oder der Hand ermöglicht. So können nach einer Umlernphase auch lange Zeit nach einer Nervenverletzung noch kräftige und rasche Bewegungen ausgeübt werden. Allerdings lassen sich die ursprünglichen Bewegungsmuster der Originalmuskulatur nicht genau wiederherstellen, sodass hier eher von Ersatzbewegungen gesprochen werden müsste.

Auf den Punkt gebracht

- Die effektivste Förderung peripherer Axonregeneration erfolgt bisher durch eine Aktivierung verletzter Neurone.
- Dabei werden regenerierende Axone elektrisch oder indirekt (pharmakologisch oder physiotherapeutisch) stimuliert, um eine zeitnahe und ausreichende Reinnervation von Zielstrukturen zu erreichen.
- Im Rahmen der chirurgischen Versorgung peripherer Nervenläsionen kommen die Nervennaht (Nervenkoaptation), die autologe Nerventransplantation oder eine Umlagerung von Muskeln oder Muskel-Sehnen-Einheiten (motorische Ersatzoperationen) in Frage.
- Durch Verwendung von Konduits (Röhrchen) lässt sich der Operationsaufwand reduzieren und ein Funktionsverlust nach Autotransplantaten vermeiden.
- Konduits werden zumeist aus Kollagen oder Chitosan hergestellt und mit Hydrogelen, Nanofasern oder Nanopartikeln befüllt, welche gerichtetes axonales Wachstum fördern.
- Nur bei etwa 25 % der Patienten kann die Bewegungsfunktion und nur bei 3 % die volle Empfindungsfähigkeit wiederhergestellt werden.
- Zur Unterstützung der axonalen Regeneration werden experimentell Glia- oder Stammzellen transplantiert sowie verschiedenste Pharmaka und Wachstumsfaktoren eingesetzt.

1.5.3 Neurotrophe Faktoren

Schon in den 1980er-Jahren wurden Wachstumsfaktoren über osmotische Mini-Pumpen kontinuierlich an die Läsionsstelle bei Versuchstieren appliziert. Aber auch die einmalige Gabe in Konduits oder direkt in läsionierte Nerven hinein zeigte positive Effekte. Die so behandelten Tiere erholten sich schnell und zeigten oft erstaunliche Verbesserungen der Motorik und der Sensibilität. Erfolge beim Menschen blieben allerdings aus, was nicht nur an der relativ kurzen Halbwertszeit der Faktoren (im Bereich von einigen Stunden) lag. Es war damals auch noch nicht klar, dass manche Faktoren, z. B. die Neurotrophine, nur auf eine Teilpopulation von verletzten Axonen einwirken, d. h. auf jene, die den passenden Rezeptor trägt. Weiterhin war ihre Fähigkeit zur Bildung von unerwünschten axonalen Verzweigungen (Kollateralen) noch nicht bekannt oder unterschätzt worden.

Heute lassen sich nach Erstellung von genauen Dosis-Wirkungs-Beziehungen und Entwicklung alternativer Applikationsverfahren einige dieser Schwierigkeiten angehen. Spezielle *Carrier* wie Lipid-basierte Nanopartikel (Liposomen, Exosomen) stehen für die Applikation von Wachstumsfaktoren zur Verfügung. Eine lokale Anwendung von beladenen Exosomen im Bereich geschädigter Nerven fördert peripheres Nervenwachstum. Es können auf diese Art auch mRNAs appliziert werden, z. B. solche, die für das Neurotrophin 3 (NT-3) kodieren. Die aus mesenchymalen Stammzellen gewonnenen Exosomen scheinen sich besonders gut für die Förderung des peripheren Neuritenwachstums zu eignen.

Das entscheidende Problem bleibt aber die erforderliche Spezifität. Wie oben diskutiert, müssen regenerierende Axone letztlich funktionell korrekte Zielstrukturen versorgen, die im besten Fall schon vor der Verletzung von diesen angesteuert wurden. NGF, GDNF, BDNF und auch CNTF zeigen alle eine starke Tendenz zu axonalem *sprouting*, d. h. zur Bildung von axonalen Verzweigungen. Selbst HGF, ein Faktor, der im PNS primär die Remyelinisierung von Axonen über seinen Schwann-Zell-Rezeptor c-Met fördert, steigert die axonale Kollateralenbildung. Dadurch werden von einer Nervenzelle mehrere, teils völlig verschiedene Zielgebiete innerviert, was zu einer Verschlechterung der Funktion nach Behandlung mit Wachstumsfaktoren führt.

Der derzeit vielversprechendste trophe Faktor ist GDNF. Er fördert besonders die Regeneration motorischer Axone in motorische bzw. sensibler Axone in sensible Nerven hinein. GDNF wird bevorzugt von Schwann-Zellen hergestellt und stimuliert auf autokrinem Weg seine eigene Synthese, aber auch die von anderen trophen Faktoren. Ein solches positives *Feedback* trägt vermutlich zur verstärkten axonalen Regeneration nach Behandlung mit GDNF bei. Daneben wäre auch FGF-2 ein möglicher Kandidat für beschleunigtes *Long-distance*-Wachstum, da FGF-2 im Gegensatz zu Neurotrophinen bevorzugt das Längenwachstum fördert, d. h. die Elongation axotomierter Neurone.

Heute lassen sich Wachstumsfaktor-Agonisten in Form kurzer Peptide herstellen, z. B. das CH02 genannte Peptid mit nur 7 Aminosäuren, das an FGF-Rezeptoren, aber auch an andere RTKs (z. B. VEGFR2) bindet und diese aktiviert. Dadurch kann in Tiermodellen das Axonwachstum nach peripherer Nervenläsion stimuliert und die Wiederherstellung von Funktionen beschleunigt werden. Bei der Behandlung mit FGF-2 und VEGF sind darüber hinaus synergistische Effekte auf die Neubildung von Gefäßen zu erwarten, die vermutlich auch für die Erholung verantwortlich sind.

Weiterhin stimulieren Mitglieder der EGF-Proteinfamilie, insbesondere die oben genannten Neureguline (NRGs), ErbB-abhängige Signalwege in Schwann-Zellen, die zu einer Abräumung von Myelin, zur Förderung axonaler Regeneration und Remyelinisierung von Axonen führen. Dabei sind PI3K/ATK- und ERK-abhängige Signalwege beteiligt. In tierexperimentellen Studien zeigte die lokale Behandlung von peripheren Nervenläsionen mit NRG1 und anderen Stimulatoren von ErbB2/3 vielversprechende Ergebnisse hinsichtlich der Markscheidendicke regenerierter Axone.

Vermutlich werden zukünftig Kombinationen von Wachstumsfaktoren notwendig sein, welche additive oder sogar synergistische Effekte auf die axonale Regeneration entfalten und darüber hinaus ein zielspezifisches Wachstum fördern können. Eine mögliche pharmakologische Unterstützung der Nervenregeneration werde ich im Folgenden besprechen. Es ist aber zu bedenken, dass manche der vorgestellten Substanzen noch nicht für eine Anwendung im PNS zugelassen sind.

1.5.4 Pharmaka

1.5.4.1 Acetyl-L-Carnitin (ALCAR)

Die acetylierte Form von L-Carnitin ist ein endogen vorkommendes, antioxidativ wirksames Peptid aus den Aminosäuren Lysin und Methionin. Durch die Aktivierung überlebensfördernder Signalwege (z. B. ERK) verhindert ALCAR den Zelltod peripherer Neurone nach einer Nervenverletzung und erhöht die Anzahl und Dicke regenerierender Nervenfasern. Durch die Zunahme des Axondurchmessers wird auch das Myelin dicker. Da ALCAR oral verabreicht werden kann und kaum Nebenwirkungen hat, ist es für eine adjuvante, unterstützende Therapie im Rahmen peripherer Nervenläsionen zu empfehlen.

1.5.4.2 N-Acetyl-Cystein (NAC)

NAC ist ebenso wie ALCAR gut verträglich und wird als Schleimlöser bei Lungenkrankheiten eingesetzt. Es handelt sich um eine stabilisierte Form der essenziellen Aminosäure L-Cystein, die anti-apoptotisch, also wie ALCAR überlebensfördernd und darüber hinaus (als Bestandteil von Glutathion) anti-oxidativ wirkt. Weiterhin werden ERK-abhängige intrazelluläre Signalwege angeschaltet. Möglicherweise erklärt dies die verbesserte Regeneration sensibler Axone.

1.5.4.3 Chondroitinase ABC

Dieses Enzym baut die regenerationshemmenden extrazellulären Chondroitin-Sulfat-Proteoglykane (CSPGs) ab, welche nach Nervenläsionen vermehrt exprimiert werden und zur Narbenbildung beitragen. Wie oben besprochen, aktivieren CSPGs den RhoA/ROCK-Signalweg und verzögern damit die axonale Regeneration. Durchtrennte (axotomierte) motorische und sensible Nervenfasern erreichen nach lokaler Behandlung mit Chondroitinase vermehrt den distalen Nervenstumpf, nicht aber nach einer Nervenquetschung, die offenbar zu einer geringeren Synthese von CSPGs führt.

1.5.4.4 Dihydroxyflavon (DHF)

Auf der Suche nach kleinen Molekülen, die Neurotrophin-Rezeptoren aktivieren und stabiler als ihr endogener Ligand sind, wurde eine Reihe von natürlichen Substanzen getestet. Deoxygedunin (aus dem Neembaum) und 7,8-DHF stellen zwei kleine Agonisten des TrkB-Rezeptors dar, die im Tierversuch die axonale Regeneration nach Ischiasnerv-Läsion verbessern konnten. Interessanterweise erfolgte die Applikation nicht lokal, sondern systemisch, d. h. in den Blutkreislauf der Tiere hinein.

1.5.4.5 Erythropoetin (EPO)

EPO ist bekannt als Dopingmittel und wird zur Behandlung der Anämie eingesetzt, da es die Produktion roter Blutkörperchen, der Erythrozyten, fördert. Im Nervensystem hemmt es die neuronale Apoptose und fördert axonales Wachstum durch Stimulation von PI3K/AKT- und JAK/STAT-3-abhängigen Signalwegen. Endogenes EPO wird in den ersten Tagen nach einer Nervenverletzung von Schwann-Zellen gebildet, die auch den EPO-Rezeptor (Epo-R) exprimieren, sich also autokrin stimulieren können. Besonders das Wachstum motorischer Axone lässt sich über eine kontinuierliche Gabe von EPO steigern. Die Regeneration sensibler Nervenfasern wird aber auch positiv beeinflusst. Daneben wird EPO aufgrund seiner anti-inflammatorischen und anti-oxidativen Effekte bei traumatischen Schäden im Zentralnervensystem getestet.

1.5.4.6   Fasudil

Fasudil (HA1077) unterdrückt die RhoA/ROCK-abhängige Signalweiterleitung hemmender Einflüsse aus der Umgebung regenerierender Axone und verhindert damit den Kollaps des Wachstumskegels. Die Anzahl und der Durchmesser regenerierter Nervenfasern ist nach lokaler oder systemischer Applikation von Fasudil im Versuchstier erhöht. Neben der sensiblen wird insbesondere auch die Regeneration motorischer Axone gefördert. Dabei sind signifikante Effekte auch nach verspäteter Gabe noch nachweisbar (ca. eine Woche nach Läsion).

1.5.4.7   Fingolimod

Hierbei handelt es sich um einen Agonisten am Sphingosin-1-Phosphat-Rezeptor (S1PR), welcher primär den Stoffwechsel von Schwann-Zellen beeinflusst. Er aktiviert den Transkriptionsfaktor (TF) c-JUN und fördert daher die axonale Regeneration. Bislang kommt Fingolimod bei Patienten mit Multipler Sklerose (MS) zum Einsatz.

1.5.4.8   Forskolin

Diese Substanz führt zu einer Erhöhung der intrazellulären Spiegel des sekundären Botenstoffes cAMP (zyklisches Adenosinmonophosphat) durch Stimulation der Adenylatzyklase. Insbesondere in Kombination mit dem Zytokin TGF-β werden dadurch reaktive Schwann-Zellen und Makrophagen aktiviert und die Nervenregeneration verbessert. Distal einer Läsionsstelle sind in Tiermodellen deutlich erhöhte Axonzahlen und eine verstärkte Expression von regenerationsassoziierten Molekülen nachgewiesen worden.

1.5.4.9   Geldanamycin

Dieses Antibiotikum und Chemotherapeutikum bindet ebenso wie FK506 (Tacrolimus) an das Hitzeschock-Protein 90 (Hsp90) und ist neuroprotektiv, d. h., es fördert neuronales Überleben im zentralen Nervensystem (z. B. nach einem Schlaganfall). Nach einer peripheren Nervenverletzung konnte eine positive Wirkung auf die Regeneration motorischer Fasern im Tierversuch festgestellt werden. Mögliche Nebenwirkungen auf die Leber und eine geringe Löslichkeit in Wasser verhindern bisher allerdings einen systemischen Einsatz beim Menschen.

1.5.4.10 Ibuprofen

Nicht-steroidale Anti-Rheumatika (NSARs, Schmerzmittel wie Ibuprofen oder Diclofenac) sind Inhibitoren der Zyklooxygenase, die die Spiegel von Prostaglandinen senken und dadurch RhoA/ROCK-abhängige Signalwege hemmen. Dabei fördern systemische Gaben von relativ hohen Dosen die Regeneration insbesondere von bemarkten Axonen. Vermutlich liegt den funktionellen Verbesserungen ein anti-entzündlicher Effekt zugrunde, der sekundäre Schäden in der Regenerationsphase und die mit einer Verletzung einhergehenden Schmerzen unterdrückt.

1.5.4.11 Rolipram

Die durch Rolipram, ein Phosphodiesterase-Hemmer, bewirkte Erhöhung des sekundären Botenstoffs cAMP aktiviert die Proteinkinase A (PKA). Damit wird es auswachsenden Axonen ermöglicht, inhibitorische Signale aus der Umgebung zu ignorieren, welche beispielsweise durch Chondroitin-Sulfat-Proteoglykane (CSPGs) induziert und durch cAMP antagonisiert werden. Entsprechend hat eine Kombination von Rolipram mit Chondroitinase ABC keinen zusätzlichen Effekt auf die Regeneration. Leider wird Rolipram wegen begleitender starker Übelkeit schlecht vertragen und daher wenig eingesetzt.

1.5.4.12 Salidrosid

Diese in der Rosenwurz enthaltene O-Glycosylverbindung fördert die periphere Axonregeneration und funktionelle Erholung nach Durchtrennung des Ischiasnerven im Tierversuch. Vermutlich wird über eine erhöhte Freisetzung von neurotrophen Faktoren die Proliferation von Schwann-Zellen gesteigert. Eine Bestätigung dieser Wirkung in klinischen Studien steht aber noch aus.

1.5.4.13 Tacrolimus (FK506)

Dieses Immunophilin unterdrückt das Immunsystem und wird bei Autoimmunkrankheiten sowie in der Transplantationsmedizin angewendet, um Organabstoßungen zu verhinden. FK506 ist ein Hemmer der Calcineurin-Phosphatase, die den TF NF-AT aktiviert. In Neuronen wirkt die Substanz über das FK506-bindende Protein (FKBP-52), das Hitzeschock-Protein 90 (Hsp90) und die Aktivierung des ERK-Signalweges sowie über eine erhöhte

Expression von GAP-43. Neben der Regeneration motorischer Axone wird auch die Wallersche Degeneration beschleunigt, leider werden aber vermehrt axonale Verzweigungen beobachtet. FK506 wird auch nach einer verzögerten Nervennaht noch erfolgreich eingesetzt, könnte also auch bei chronischen Nervenläsionen sinnvoll sein. Aufgrund der negativen Effekte auf das Immunsystem nach systemischer Gabe kann die Substanz aber nur lokal verwendet werden.

1.5.4.14 Testosteron

Das männliche Geschlechtshormon fördert die Expression von BDNF und wirkt damit über die gleichen Mechanismen wie das Neurotrophin selbst. Die Effekte von Training und elektrischer Stimulation auf die periphere Nervenregeneration scheinen auch über Androgen-Rezeptoren vermittelt zu werden. Das Lauftraining hilft besonders den männlichen Versuchstieren im Rahmen peripherer Nervenregeneration. In diesen Tieren werden Zytoskelettbestandteile und regenerationsassoziierte Proteine wie GAP-43 vermehrt gebildet, was das periphere Axonwachstum beschleunigt. Das Problem einer Anwendung von Testosteron bei Patienten und insbesondere bei Patientinnen liegt natürlich in seiner Eigenschaft als hochpotentes biologisches Hormon.

1.5.5 Transplantation von Glia und Stammzellen

Zell-basierte Therapien sind im Tierversuch mindestens so erfolgreich wie die alleinige Behandlung der verletzten Nerven mit Wachstumsfaktoren oder mit den anderen oben genannten Substanzen. Bevorzugt werden autologe, vom Patienten gewonnene Schwann-Zellen verwendet, die in der Zellkultur vermehrt und dann über ein Nerven-Konduit im Bereich der Läsionsstelle implantiert werden. Die Zellen lassen sich vorher genetisch verändern, sodass sie zusätzlich hohe Mengen unterstützender Substanzen produzieren, z. B. trophe Faktoren. Zahlreiche klinische Studien belegen die Bedeutung der Zelltherapie für die Behandlung peripherer Nervenläsionen (s. auch Kap. 2 für eine ausführliche Beschreibung dieser Thematik).

Einige dieser Studien zeigen deutliche Verbesserungen motorischer Funktionen und eine gewisse Erholung der Sensibilität. Allerdings gibt es Schwierigkeiten und Nebenwirkungen, die bei der Zelltransplantation berücksichtigt werden müssen: Zum einen muss zur Gewinnung von autologen Schwann-Zellen ein Nerv verletzt werden, d. h., es wird ein Defekt an einer anderen Stelle erzeugt (neuerdings lassen sich Schwann-Zellen aber auch aus dünnen

Nerven des subkutanen Fettgewebes gewinnen, ohne Ausfälle hervorzurufen). Zum anderen stellt die Ausschüttung neurotropher Faktoren an der Läsions-stelle bzw. am Ort der Einbringung der Zellen ein Problem dar. Damit wach-sen zwar viele Axone in diesen Bereich hinein, kommen aber nicht wieder heraus, da sie die oben beschriebene hohe Affinität für diese Faktoren haben. Dieses Phänomen ist als *candy-store-effect* bekannt, d. h., regenerierende Axone werden sich immer dort aufhalten, wo die höchste Konzentration an trophen Faktoren vorhanden ist (ähnlich wie Kinder, die nicht wieder aus einem Laden herauswollen, der Süßigkeiten verkauft).

Es wäre daher erforderlich, eine Kontrolle über die Freisetzung von Wachstumsfaktoren ausüben zu können. Die höchste Konzentration der Substanzen müsste sich immer genau vor den regenerierenden Wachstums-kegeln befinden (s. Abb. 1.17). Eine solche Situation ist nicht leicht herzu-stellen. Schließlich ist es auch nicht trivial, überhaupt ausreichend große Mengen von Schwann-Zellen in der Zellkultur zu erzeugen. Sie teilen sich, insbesondere bei älteren Patienten, nur noch sehr langsam. Bei einer akuten Nervenverletzung dauert es daher sehr lange, bis eine erforderliche Menge an Zellen zur Füllung eines Nerven-Konduits hergestellt ist.

Alternativ können Zellen für Transplantationen heute mittels Re-programmierung gewonnen werden, d. h. durch eine forcierte Expression spezieller Gene, die daraufhin sog. induzierte pluripotente Stammzellen (iPSZ) entstehen lassen (Abb. 1.24). Somatische Stammzellen, die direkt aus einer Biopsie von ausgereiftem Gewebe entnommen werden, können eben-falls als Grundlage für Schwannsche Zellen in der Zellkultur dienen. Sie wer-den zumeist aus Haarfollikeln oder aus Fettgewebe entnommen und durch definierte Moleküle in einer Nährflüssigkeit, dem Zellkulturmedium, um-gewandelt (hierbei spielt das oben vorgestellte Neuregulin, NRG1, eine wich-tige Rolle). Mit einer Kombination aus einer Überexpression des Transkriptionsfaktors SOX10, dem Myelinisierungsfaktor EGR2 und weite-ren Molekülen (NRG1, FGF-2, PDGF und cAMP) können sogar reife Fibro-blasten direkt in Schwann-Zellen konvertiert werden.

Pharmakologisch führen Stimulantien der Proteinkinase A, beispielsweise membrangängiges cAMP, zur glialen Differenzierung. Nach etwa drei Mona-ten entstehen aus den pluripotenten Stammzellen transplantierbare Schwann-Zellen, die über viele Wochen in Konduits überleben können. Die Zeit, die notwendig ist, um möglichst homogene Populationen von Schwann-Zellen in der Kultur herzustellen, konnte in den letzten Jahren auf unter vier Wochen reduziert werden. Möglicherweise lassen sich zukünftig ortsständige Gliazellen direkt im Rahmen einer „In-vivo-Reprogrammierung" in den gewünschten Zelltyp umwandeln. Auf diese Art konnten im ZNS schon Astrozyten in Neurone konvertiert werden.

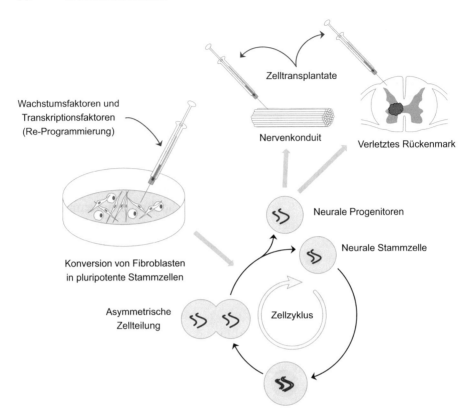

Abb. 1.24 Fibroblasten, gewonnen z. B. aus einer Hautbiopsie, lassen sich in der Zellkultur mittels Wachstums- und Transkriptionsfaktoren reprogrammieren. Aus den so gewonnenen Stammzellen gehen neurale Progenitorzellen hervor, die für Transplantationen in den läsionierten Nerv oder in das verletzte Rückenmark hinein verwendet werden können. Wenn die Zellen überleben, beeinflussen sie die lokale Entzündungsreaktion und die Migration von nicht-neuronalen Zellen. Im Empfänger differenzieren sie zumeist in Gliazellen aus. Neuronal differenzierte Zellen können mit regenerierenden Axonen synaptische Kontakte ausbilden, welche als Umschaltstelle für Impulse aus dem Gehirn und damit beispielsweise zur Aktivierung kaudal gelegener Rückenmarksabschnitte bei zentralen Läsionen dienen

1.5.6   Stimulation verletzter Nerven und denervierter Muskulatur

Wie oben angesprochen, kann über direkte elektrische Stimulation des verletzten Nerven proximal der Läsionsstelle die axonale Regeneration verbessert werden. Dazu reicht in Nagetieren eine Stunde einer niedrigfrequenten Stromapplikation (20 Hz, 100 μsec, 3V) aus. Diese Aktivierung führt primär zu einer beschleunigten Überwindung der initialen Wachstumsbarriere an der

Läsionsstelle, d. h., die Anzahl der in den ersten Tagen regenerierenden Axone nimmt zu (normalerweise befinden die Axone sich über 1–2 Tage in einem Wartezustand).

Daneben nehmen durch eine elektrische Stimulation auch der Axondurchmesser und die neu gebildete Myelinscheide zu. Interessanterweise treten diese Wirkungen sogar bei chronischen Nervenläsionen auf, teils noch Monate nach einer Nervennaht. Mehrere am Menschen durchgeführte kontrollierte klinische Studien bestätigten diese vielversprechenden, am Versuchstier erhobenen Resultate. Eine einzelne Sitzung mit niedrigfrequenter elektrischer Stimulation eines operierten Nerven im Aufwachraum führt zu einer Verbesserung der funktionellen Ergebnisse. Es müssen allerdings noch weitere Studien mit einer größeren Zahl an Patienten durchgeführt werden. Gesichert scheint aber schon jetzt, dass eine Stromstimulationstherapie die im Rahmen einer Nervenläsion auftretenden Schmerzen reduziert.

Die wachstumsfördernden Effekte könnten über einen gesteigerten Kalziumeinstrom am Ort der Stimulation oder über eine retrograde (antidrome) Weiterleitung der elektrischen Erregung zum neuronalen Zellkörper erklärt werden. Dadurch werden MAP-Kinasen (ERK) und Proteinkinase A aktiviert, was wiederum die Synthese neurotropher Faktoren im Zellkern steigert, insbesondere jene von BDNF und seines Rezeptors (TrkB). Vermutlich ist auch die erhöhte Freisetzung von Geschlechtshormonen (insbesondere Androgene, aber auch Östrogene) nach Aktivitätssteigerung an der Förderung axonalen Wachstums beteiligt, was Unterschiede bei männlichen und weiblichen Patienten erklären könnte (die Regulation der wichtigsten RAGs nach Verletzung ist aber bei beiden Geschlechtern gleich). Im Übrigen spielen die den Geschlechtshormonen verwandten Glucocorticoide (Cortisol) ebenfalls eine Rolle, da insbesondere in sensiblen Neuronen nach Nervenläsion der Cortisol-Rezeptor vermehrt gebildet wird.

Schließlich scheint die elektrische Stimulation von verletzten Nervenfasern auch die spezifische Regeneration motorischer Axone in die Muskulatur hinein zu fördern, wobei das oben diskutierte Carbohydrat HNK-1 hierbei beteiligt sein könnte, da es BDNF-abhängig induziert wird. Weiterhin werden typische wachstumsassoziierte Proteine, wie z. B. das GAP-43, in elektrisch stimulierten Neuronen vermehrt gebildet, die Myelinisierung der regenerierten Axone gesteigert und auch die Neubildung von Blutgefäßen, die Angiogenese, verbessert. Daneben wird die Proliferation von reaktiven Schwann-Zellen sowie die Freisetzung der oben genannten Exosomen, die trophe Faktoren enthalten, gefördert.

Klinische Studien (z. B. NCT03147313) werden auch mit anderen Stimulationsformen durchgeführt. Schockwellen, die Schallwellen ähnlich sind, sich aber in der Energie und Ausbreitungsgeschwindigkeit deutlich von diesen unterscheiden, scheinen besonders geeignet zu sein. Sie werden bei der extrakorporalen Stoßwellenlithotripsie (ESWL) eingesetzt, um Nierensteine zu zertrümmern. Bei Ratten mit 8 mm langen Läsionen und Autograft-Transplantaten waren Schockwellen in der Lage, die Wallersche Degeneration und die axonale Regeneration in den ersten Wochen nach einer Verletzung signifikant zu beschleunigen.

Im Tierversuch führt ein Laufrad-Training über 14 Tage zu den gleichen positiven Effekten wie eine einstündige elektrische Nervenstimulation. Aber auch eine passive, manuelle Stimulation denervierter Muskulatur unterstützt eine periphere Nervenregeneration. Eine tägliche, über zehn Minuten ausgeführte Massage der Gesichtsmuskeln reicht aus, um bei Nervus-facialis-Läsionen die gerichtete Regeneration auswachsender Axone in die ursprünglich innervierten mimischen Muskeln hinein zu unterstützen.

Schließlich sollte auch noch erwähnt werden, dass nicht nur die Stimulation läsionierter Nerven, sondern interessanterweise auch die des (intakten) X. Hirnnerven therapeutisch in Vorversuchen eingesetzt wurde. Überraschenderweise hat die elektrische Reizung des Nervus vagus mittels implantierter Elektroden günstige Effekte bei diversen neurologischen Erkrankungen gezeigt. Es wird vermutet, dass die kortikale Neuroplastizität durch eine kontrollierte Stimulation des Nervus vagus positiv beeinflusst wird. Umfassende klinische Studien zu dieser Methode bei peripheren Nervenverletzungen stehen aber noch aus. Als limitierender Faktor für eine langfristige Anwendung der direkten Nervenstimulation tritt eine physiologische Fremdkörperreaktion auf, die zu einer Verkapselung der Elektroden führt und ihre Reimplantation nach einigen Monaten nötig macht. Es wird daher an biokompatiblen Materialien geforscht, die keine oder nur eine reduzierte Narbenbildung verursachen.

1.5.7 Greifhilfsysteme und Bioprothesen

In den vergangenen Jahren wurden eine Reihe technischer Hilfsmittel entwickelt, darunter unterschiedlichste Prothesen oder spezielle Sensorhandschuhe, die Bewegungen erfassen können. Damit werden Patienten in verschiedensten Abläufen unterstützt, beispielsweise bei der Steuerung von Haushaltsgeräten. Ein solcher Handschuh wird heutzutage individuell programmiert und mit der Hilfe eines Ergotherapeuten angepasst. Alternativ kann ein robotergesteuerter Greifarm an einem Rollstuhl angebracht und gezielt bewegt werden (https://www.exxomove.de/armmobilitaet). Mittels

Greiffingern und einem starken Motor lassen sich damit Objekte mit einem Gewicht bis zu einem Kilogramm aufheben und alltägliche Arbeiten wieder selbstständig durchführen.

Die Firma Exxomove, aber auch der schwedische Hersteller Bioserve Tech haben darüber hinaus eine sog. Carbonhand entwickelt, die Greiffunktionen verstärkt, indem bei leichter Druckausübung die Muskelkraft um ein Vielfaches erhöht wird. Solche Orthesen kann der Patient wie einen Handschuh über den Ring-, Daumen- und Mittelfinger streifen, an dessen Enden sich Sensoren befinden, die Bewegung und Druck wahrnehmen.

Daneben sind spezielle, mit einer Batterie betriebene Geräte als primäre Greifunterstützung auf dem Markt (https://www.gripability.de/). Diese können an verschiedenen Orten des Körpers befestigt werden und führen nach Betätigung eines Schalters die Greifbewegung aus. Damit werden alltägliche Objekte bewegt, z. B. Besteck, Zahnbürsten, Stifte oder Tassen. Mit iArm (*intelligent assistive robotic manipulator*), NeoMano (ein Handschuh, der als Exoskelett der Hand fungiert) und Robot Jaco (Greifarm-Roboter der Firma Kinova) stehen weitere Geräte zur Unterstützung der Patienten zur Verfügung.

Alternativ kann bei Verlust oder Teilverlust der oberen Extremität eine Elektroprothese angepasst werden, die über Elektroden gesteuert wird, welche Signale von den noch intakten proximalen Muskeln oder Nervenstümpfen ableiten. Eine Armprothese kann Betroffenen diverse Funktionen einer natürlichen Hand zurückgeben. Bei einer myoelektrischen Prothese erfassen die im Prothesenschaft positionierten Elektroden die Kontraktion der im Stumpf noch vorhandenen Muskulatur und übersetzen diese in Bewegungen der Hand, womit sogar ein Auto gefahren oder handwerklich gearbeitet werden kann.

Leider verwendet fast ein Drittel der Patienten eine solche Prothese aber nicht, obwohl sie ihnen angeboten wird. Sie bevorzugen passive Systeme oder lehnen aufgrund von Schmerzen bzw. geringem Tragekomfort Prothesen ab. Prothesen können auch zur Atrophie der noch verbliebenen Muskulatur und zu vermehrter Schweißproduktion führen, was wiederum eine Lageveränderung der Elektroden zur Folge hat. Aufgrund solcher Begleiterscheinungen scheint die Ablehnung durch den Patienten manchmal verständlich.

Allerdings werden die Systeme ständig verbessert. Innovative Methoden zur Detektion neuromuskulärer Impulse umfassen heute eine elektromyografische Mustererkennung, wodurch vorprogrammierte, externe Bewegungen ausgeführt werden können. Derartig gesteuerte Prothesen sind anpassungsfähig, intuitiv und ermöglichen eine simultane Regulierbarkeit verschiedener Freiheitsgrade. Die Technik benötigt aber ein intensives Training, und leider lassen sich über nicht-invasiv platzierte Elektroden auf der Hautoberfläche oft nur ungenaue EMG-Signale ableiten, insbesondere wenn erschwerende Faktoren wie vermehrtes Unterhautfettgewebe, mechanische Positionsänderungen oder übermäßiges Schwitzen vorliegen. Daher kommen auch intraneural implantierte Elektroden zum Einsatz, welche die Nervenimpulse direkt ableiten und über ein sensorisches Feedback eine Bewegung der Prothesen in Echtzeit ermöglichen. Eine solche gezielte Muskel-Reinnervation (TMR, *targeted muscle reinnervation*) führt zu einer Steigerung der Funktionsfähigkeit myoelektrischer Endoprothesen und erlaubt daneben eine Behandlung schmerzhafter Neurome.

Um die Verwendung der Endoprothesen so realitätsnah wie möglich zu gestalten, ist neben der Wiederherstellung der motorischen Fähigkeiten aber auch eine Restitution der afferenten Signale nötig, denn das sensorisch-propriozeptive Feedback muss intakt sein, um zielgerichtete Bewegungen überhaupt ausführen zu können. Wenn von der Prothese selbst keine bidirektionalen Informationen ausgesendet werden, muss sich der Betroffene auf sein visuelles oder akustisches Feedback verlassen, was insbesondere bei komplexen Bewegungsabläufen, wie beispielsweise dem Gehen, erhebliche Schwierigkeiten bereiten kann. Eine fehlende Rückmeldung wird daher häufig als Grund für die Ablehnung der Prothese angegeben.

Ein Teil der unerwünschten Effekte kann durch osseointegrierte Prothesen verhindert werden. Bei diesen wird ein Teil der Prothese intramedullär, also im Knochenmark verankert und mit einer extramedullären, perkutanen Vorrichtung verbunden. Vorteile haben solche Prothesen bei Patienten mit reduzierter Gewebskompatibilität, z. B. bei Geschwüren oder Neuromen. Außerdem können die Elektroden nicht verrutschen, während der Halt der Prothese sowie dessen Funktionalität, Haltbarkeit und Bewegungsfähigkeit gesteigert werden.

Darüber hinaus lassen sich über eine direkte Stimulation der somatosensiblen Hirnrinde (intrakortikale Mikrostimulation, ICMS) oder über die Implantation von Elektroden direkt in die betroffenen peripheren Nerven hinein Erfolge erzielen. Es kommen aber auch reine Oberflächensensoren zum Einsatz, welche taktile Informationen aufnehmen und weiterleiten können. Schon seit einigen Jahren werden Prothesen mit Sensoren ausgestattet, die Oberflächentemperaturen erfassen und diese dann mittels Wärmestimulatoren auf die Haut übertragen. Daneben werden Druck, Vibrationen und andere sensorische Informationen übermittelt.

Neben dem prothetischen Ersatz der oberen Extremität wurden in den letzten Jahren auch im Bereich der unteren Extremität erhebliche Fortschritte erzielt. Die mangelnde intuitive Steuerung dieser Prothesen ging bisher mit akuter Sturzgefahr einher. Daher wurde die Entwicklung implantierbarer, myoelektrischer Sensoren (IMES) vorangetrieben, die elektrische Ströme direkt aufzeichnen und drahtlos an die Prothese weiterleiten können. Damit wird eine präzise und in Echtzeit steuerbare Bewegung ausgeführt; bei der oberen Extremität erlauben diese sogar schon die Ansteuerung einzelner Finger.

Neben der motorischen Kontrolle können bi-direktionale Prothesen sensible Empfindungen an die verbliebenen Nervenendigungen im Amputationsstumpf weiterleiten, sodass in diesen dann eine Phantomempfindung induziert wird. Transversale, multipolare Elektroden sind schon in Nerven von Patienten mit Oberarmamputationen implantiert worden. Durch die Tastempfindung können Kraft und Bewegung der Prothese besser eingeschätzt und die Form und Elastizität einzelner Objekte unterschieden werden. Die Auslösung von Empfindungen in den unteren Extremitäten benötigt allerdings hohe Stimulationsamplituden.

Daneben hat die Entwicklung von sog. Exoskeletten für die untere Extremität in den vergangenen Jahren erhebliche Fortschritte gemacht. Aus passiven Orthesen wurden mit der Zeit selbstständig funktionierende Roboterprothesen, die fehlende Funktionen ersetzen können. Nach Oberschenkelamputationen kann heute beispielsweise ein mit einer Orthese kombiniertes motorisiertes Exoskelett verwendet werden (https://rewalk.com/de/). Dadurch werden die Gehfähigkeit und Stabilität im Vergleich zur alleinigen Orthese deutlich verbessert, besonders beim Bewegungsstart und beim Anhalten.

Allerdings werden für motorisierte Gehhilfen starke Batterien benötigt, welche die Prothese um Einiges schwerer machen und das Gehen behindern können (jede Gewichtszunahme an den Beinen steigert die metabolisch notwendige Energie um das Vierfache des Gewichts, welches am Rumpf angebracht wird). Zudem ist das Anbringen einer Gehhilfe am Stumpf nicht leicht; aus diesem Grund werden derzeit auch Hüft-Exoskelett-Prothesen angeboten.

Auf den Punkt gebracht

- Elektrische und manuelle Stimulation von Nerven und denervierter Muskulatur fördern die Regeneration auch noch Monate nach einer Verletzung. Die Anzahl auswachsender Axone, ihr Durchmesser, die Dicke neu gebildeter Myelinscheiden und die Spezifität der Regeneration werden dadurch positiv beeinflusst.
- Prothesen, spezielle Sensorhandschuhe und robotergesteuerter Greifarme ersetzen fehlende sensomotorische Funktionen und unterstützen Betroffene bei alltäglichen Bewegungsabläufen.
- Elektroden-gesteuerte Prothesen nehmen Signale von intakten Muskeln oder von Nervenstümpfen auf und übersetzen diese in Bewegungen.
- Motorisierte Exoskelette können die Gehfähigkeit entscheidend verbessern.
- Das sensorische Feedback durch tiefensensible (propriozeptive) Signale ist nicht nur während der physiologischen Nervenregeneration, sondern auch bei der Prothesensteuerung entscheidend an der Wiederherstellung zielgerichteter Bewegungen beteiligt.

1.5.8 Moderne Rehabilitationsverfahren

Nach einer ausgedehnten Nervenläsion werden selbst bei optimaler medizinischer Versorgung bei über 50 % der Betroffenen Lähmungen und weitere Ausfälle beobachtet. Durch Innervationsstörungen an der oberen Extremität wird fast die Hälfte der Patienten arbeitsunfähig. Daher sind Rehabilitation und Ergotherapie von großer Bedeutung, um zumindest eine gewisse Funktionalität wiederherstellen zu können. Hierbei ist in den letzten Jahren die Steuerung der Sensomotorik durch unser Gehirn in den Mittelpunkt der Bemühungen gerückt.

Wie oben im Abschnitt über die zentrale Neuroplastizität erläutert, lässt sich eine verstärkte Repräsentation noch intakter Muskeln in der Hirnrinde beobachten. Sie führt zu einer verzerrten Sinneswahrnehmung der beeinträchtigten Extremität oder angrenzender Körperteile. Die somatotopische Ordnung der rezeptiven Felder im Cortex kann aber durch Training zumindest teilweise wiederhergestellt werden. Interessanterweise beeinflusst allein schon die Beobachtung der nicht mehr vom Patienten selbst durchführbaren Bewegung – entweder *live* oder mittels Video – innerhalb von einer Stunde die kortikale Plastizität positiv, insbesondere wenn der verletzte Nerv gleichzeitig elektrisch stimuliert wird.

Die hier erwähnten Trainingsmethoden sind nicht nur für periphere Nervenverletzungen sinnvoll, sondern werden auch nach Schlaganfällen und anderen neurologischen Krankheiten angewandt. Da sie insbesondere durch den Personalaufwand mit hohen Kosten verbunden sind, werden Patienten heute besonders geschult, um selbstständig nach ihrer Entlassung aus dem Krankenhaus bzw. aus den Reha-Einrichtungen aufgabenspezifische Trainingseinheiten durchführen zu können. Dabei kommen auch Videospiele zum Einsatz, die unter Verwendung von *virtual reality* oder *augmented reality* viel Spaß machen und die Motivation hochhalten können. Dadurch wird die Akzeptanz von Prothesen verbessert.

Besondere Fortschritte wurden bei der Entwicklung von Applikationen gemacht, die auf *crossmodalen* Trainingsverfahren beruhen. Bei der traditionellen, sensorischen Rehabilitation versucht man, die unterbrochenen afferenten Bahnen über taktile Reize zu stimulieren. Dadurch können die Wahrnehmung in der korrekten (kontralateralen) Cortexregion verbessert und eine kompensatorische Überaktivierung der ipsilateralen (gleichseitigen) Hemisphäre verringert werden. Bei den modalitätsübergreifenden sensorischen Ersatztherapien werden hingegen Tastempfindungen z. B. in akustische Signale umgewandelt.

Dadurch lernt das Gehirn, auditorischen Input als mechanosensible Empfindung zu interpretieren, was als crossmodale Kapazität bezeichnet wird. Eine solche Berührungsillusion kann das Wiedererlernen von Bewegungsabläufen erleichtern. Durch Verwendung spezieller Handschuhe lassen sich damit bei Patienten mit Nervenläsionen, aber auch nach Handtransplantationen, deutlich früher kortikale Repräsentationen mechanosensibler Empfindungen nachweisen als bei Patienten, die nicht mit einem solchen *Sensor Glove* trainieren.

Die kortikale Neuroplastizität kann auch durch eine Spiegeltherapie angeregt werden (visuelles Spiegelfeedback, *mirror visual feedback*). Dabei wird ein Spiegel so in der Körpermitte des Patienten positioniert, dass er seine nicht betroffene Körperseite über einen Spiegel beobachtet, die betroffene Hälfte sich aber hinter dem Spiegel befindet. Damit werden dem Patienten die Bewegungsabläufe der intakten Extremität als die der betroffenen Extremität dargestellt. Es wird also der Anschein erweckt, dass beispielsweise die beeinträchtigte Hand noch in Bewegung ist. Bei der mentalen motorischen Imagination bewegt der Patient demgegenüber die eigene Extremität „im Geiste", ohne dass es zu einer körperlichen Bewegung kommt.

Durch die Simulation einer Bewegung, die mit elektrischer Stimulation verletzter Nerven kombiniert werden kann, sollen die ursprünglichen kortikalen Aktivitätsmuster wiederhergestellt werden. Tatsächlich wurden in bildgebenden Verfahren Aktivierungen der kontralateralen Hemisphäre hervorgerufen und Verbesserungen bei peripheren Nervenläsionen und auch bei Phantomschmerzen erzielt.

1.5.9 Behandlung neuropathischer Schmerzen

Verletzungen peripherer Nerven führen nicht nur zu Bewegungseinschränkungen und Sensibilitätsausfällen, sondern oft auch zu chronischen Schmerzen, die neurologisch abgeklärt werden müssen. Pathomechanistisch gehen wir heute davon aus, dass pro-inflammatorische Zytokine (Tab. 1.1) sich über das Blut oder den Liquor vom peripheren bis in das zentrale Nervensystem hinein ausbreiten können. Sie lösen damit weit vom Verletzungsort entfernt neurochemische und morphologische Veränderungen aus, die Empfindungen und Schmerzen dauerhaft beeinflussen.

Außerdem bilden sich neue synaptische Verbindungen aus, die zu Fehlschaltungen führen können. Nach einer Nervenläsion ziehen sich ja die meisten Dendriten der in einen Nerv projizierenden Motoneurone im Rückenmark zurück. Sie verlieren also viele ihrer synaptischen Kontakte. Über die Zeit werden aber einige von ihnen wieder erneuert, insbesondere dann, wenn es zur erfolgreichen axonalen Regeneration im Nerv kommt. Leider können sich an den frei gewordenen Kontaktstellen auch „falsche", also funktionell nicht passende Synapsen bilden, die zu einer Fehlsteuerung der Muskulatur führen, aber auch an der Entwicklung neuropathischer Schmerzen beteiligt sein sollen.

Möglicherweise beginnt der pathologische Prozess schon in der Peripherie, denn pro-inflammatorische Makrophagen vom M1-Typ wandern nach einer Nervenverletzung in großer Anzahl nicht nur in betroffene Nerven, sondern auch in die entsprechenden sensiblen Spinalganglien ein. Bei diesen Patienten genügen dann oft schon leichte Hautreize, z. B. eine einfache Berührung, um die als sehr unangenehm empfundenen neuropathischen Schmerzen zu provozieren. Dieses Phänomen nennt man **Allodynie**. Einige Patienten klagen auch über Missempfindungen, d. h. über ständiges Kribbeln oder Brennen auf der Haut (Parästhesien). Heute wird bei derartigen chronischen Schmerzsyndromen eine medikamentöse Therapie mit Antiepileptika (Carbamazepin, Gabapentin), Antidepressiva oder auch mit Opioiden versucht. Alternativ kommen topische Anwendungen mit Capsaicin oder einem lokalen Betäubungsmittel wie z. B. Lidocain in Betracht.

In einigen Fällen wird auch eine Sympathikus-Blockade diskutiert, wenn beispielsweise vegetative Störungen auftreten, die durch eine überschießende Aktivität viszeromotorischer Axone im betroffenen Innervationsgebiet verursacht werden (übermäßiges Schwitzen, Flush). Außerdem sind physikalische Maßnahmen wie die Elektrotherapie (Galvanisation oder die transkutane elektrische Nervenstimulation, TENS), Krankengymnastik, Ergotherapie, manuelle Lymphdrainage oder ein Muskelentspannungs- bzw. Schmerzbewältigungstraining in Erwägung zu ziehen.

Interessanterweise eignen sich die oben genannten multisensorischen Integrationstherapien ebenfalls zur Schmerztherapie, da über eine veränderte Körperrepräsentation in der Hirnrinde auch auf die schmerzverarbeitenden Cortexareale Einfluss genommen wird. Dabei kommen spezielle 3D-Brillen zum Einsatz, mit denen sich ein gelähmter Patient in einer virtuellen Welt bewegt (bei zweidimensionalen Brillen ist der analgetische Effekt schwächer).

Auf den Punkt gebracht

- Moderne Rehabilitationsverfahren nach Nervenläsionen schließen heute **virtual reality, augmented reality, mirror visual feedback** und **crossmodale** Trainingsverfahren ein. Durch Umwandlung sensibler Impulse in sensorische Impulse lernt das Gehirn z. B., auditorischen Input als mechanosensible Empfindung zu interpretieren.
- Die neuroplastischen Veränderungen in der sensomotorischen Hirnrinde helfen beim Wiedererlernen von Bewegungsabläufen, verbessern die Empfindungsfähigkeit und vermindern chronische Schmerzen.
- Bei neuropathischen Schmerzen kommt eine medikamentöse Therapie mit Antiepileptika, Antidepressiva oder Opioiden in Frage.

Weiterführende Literatur

Angelov DN, Ceynowa M, Guntinas-Lichius O et al (2007) Mechanical stimulation of paralyzed vibrissal muscles following facial nerve injury in adult rat promotes full recovery of whisking. Neurobiol Dis 26:229

Balakrishnan A, Belfiore L, Chu TH et al (2021) Insights into the role and potential of Schwann cells for peripheral nerve repair from studies of development and injury. Front Mol Neurosci 13:608442

Barham M, Andermahr J, Majczyński H et al (2023) Treadmill training of rats after sciatic nerve graft does not alter accuracy of muscle reinnervation. Front Neurol 13:1050822

Blanquie O, Bradke F (2018) Cytoskeleton dynamics in axon regeneration. Curr Opin Neurobiol 51:60

Bolívar S, Navarro X, Udina E (2020) Schwann cell role in selectivity of nerve regeneration. Cells 9:2131

Borger A, Stadlmayr S, Haertinger M et al (2022) How miRNAs regulate Schwann cells during peripheral nerve regeneration: a systemic review. Int J Mol Sci 23:3440

Carvalho CR, Oliveira JM, Reis RL (2019) Modern trends for peripheral nerve repair and regeneration: beyond the hollow nerve guidance conduit. Front Bioeng Biotechnol 7:337

Cheah M, Andrews MR (2018) Integrin activation: implications for axon regeneration. Cells 7:20

Cottilli P, Gaja-Capdevila N, Navarro X (2022) Effects of Sigma-1 receptor ligands on peripheral nerve regeneration. Cells 11:1083

De Vincentiis S, Falconieri A, Mainardi M et al (2020) Extremely low forces induce extreme axon growth. J Neurosci 40:4997-5007

Duraikannu A, Krishnan A, Chandrasekhar A et al (2019) Beyond trophic factors: exploiting the intrinsic regenerative properties of adult neurons. Front Cell Neurosci 13:128

Endo T, Kadoya K, Suzuki T et al (2022) Mature but not developing Schwann cells promote axon regeneration after peripheral nerve injury. Regen Med 7:12

Fogli B, Corthout N, Kerstens A et al (2019) Imaging axon regeneration within synthetic nerve conduits. Sci Rep 9:10095

Geuna S, Raimondo S, Fregnan F et al (2015) In vitro models for peripheral nerve regeneration. Eur J Neurosci 43:287

Giannaccini M, Calatayud MP, Poggetti A et al (2017) Magnetic nanoparticles for efficient delivery of growth factors: stimulation of peripheral nerve regeneration. Adv Healthc Mater 6:1601429

Grosheva M, Nohroudi K, Schwarz A et al (2016) Comparison of trophic factors' expression between paralyzed and recovering muscles after facial nerve injury. A quantitative analysis in time course. Exp Neurol 279:137

Hausott B, Klimaschewski L (2019a) Promotion of peripheral nerve regeneration by stimulation of the Extracellular signal-Regulated Kinase (ERK) pathway. Anat Rec 302:1261

Hausott B, Klimaschewski L (2019b) Sprouty2 – a novel therapeutic target in the nervous system? Mol Neurobiol 56:3897

He X, Zhang L, Queme LF et al (2018) A histone deacetylase 3–dependent pathway delimits peripheral myelin growth and functional regeneration. Nat Med 24:338

He Z, Jin Y (2016) Intrinsic control of axon regeneration. Neuron 90:437

Hensel N, Baskal S, Walter LM et al (2017) ERK and ROCK functionally interact in a signaling network that is compensationally upregulated in Spinal Muscular Atrophy. Neurobiol Dis 108:352

Isabella AJ, Stonick JA, Dubrulle J et al (2021) Intrinsic positional memory guides target-specific axon regeneration in the zebrafish vagus nerve. Development 148:199706

Jang EH, Bae YH, Yang EM et al (2021) Comparing axon regeneration in male and female mice after peripheral nerve injury. J Neurosci Res 99:2874

Kar AN, Lee SJ, Sahoo PK et al (2021) MicroRNAs 21 and 199a-3p regulate axon growth potential through modulation of Pten and mTor mRNAs. eNeuro 8: ENEURO.0155

Ketschek A, Sainath R, Holland S et al (2021) The axonal glycolytic pathway contributes to sensory axon extension and growth cone dynamics. J Neurosci 41:6637

Klimaschewski L, Claus P (2021) Fibroblast growth factor signalling in the diseased nervous system. Mol Neurobiol 58:3884

Krishnan A, Duraikannu A, Zochodne DW (2016) Releasing 'brakes' to nerve regeneration: intrinsic molecular targets. Eur J Neurosci 43:297

Lee J, Park J, Kim YR et al (2022) Delivery of nitric oxide-releasing silica nanoparticles for in vivo revascularization and functional recovery after acute peripheral nerve crush injury. Neural Regen Res 17:2043

Li C, Liu SY, Pi W et al (2021) Cortical plasticity and nerve regeneration after peripheral nerve injury. Neural Regen Res 16:1518

Li C, Liu SY, Zhang M et al (2022) Sustained release of exosomes loaded into polydopamine-modified chitin conduits promotes peripheral nerve regeneration in rats. Neural Regen Res 17:2050

Li R, Li D, Zhang H et al (2020) Growth factors-based therapeutic strategies and their underlying signaling mechanisms for peripheral nerve regeneration. Acta Pharmacol Sin 41:1289

Mahar M, Cavalli V (2018) Intrinsic mechanisms of neuronal axon regeneration. Nat Rev Neurosci 19:323

Manthou M, Gencheva D, Sinis N et al (2021) Facial nerve repair by muscle-vein conduit in rats: functional recovery and muscle reinnervation. Tissue Eng Part A, 27:351

Mao S, Chen Y, Feng W et al (2022) RSK1 promotes mammalian axon regeneration by inducing the synthesis of regeneration-related proteins. PLOS Biol 20:e3001653

Mason MRJ, Erp S, Wolzak K et al (2021) The Jun-dependent axon regeneration gene program: Jun promotes regeneration over plasticity. Hum Mol Genet 31:1242

Meyer C, Stenberg L, Gonzalez-Perez F et al (2016) Chitosan-film enhanced chitosan nerve guides for long-distance regeneration of peripheral nerves. Biomaterials 76:33

Navarro X, Vivo M, Valero-Cabre A (2007) Neural plasticity after peripheral nerve injury and regeneration. Prog Neurobiol 82:163

Onode E, Uemura T, Takamatsu K et al (2021) Bioabsorbable nerve conduits three-dimensionally coated with human induced pluripotent stem cell-derived neural stem/progenitor cells promote peripheral nerve regeneration in rats. Sci Rep 11:4204

Otsuki L, Brand AH (2020) Quiescent neural stem cells for brain repair and regeneration: lessons from model systems. Trends Neurosci 43:213

Palomés-Borrajo G, Navarro X, Penas C (2022) BET protein inhibition in macrophages enhances dorsal root ganglion neurite outgrowth in female mice. J Neurosci Res 100:1331

Patricia JW, Davey RA, Zajac JD et al (2021) Neuronal androgen receptor is required for activity dependent enhancement of peripheral nerve regeneration. Dev Neurobiol 81:411

Petrova V, Eva R (2018) The virtuous cycle of axon growth: axonal transport of growth-promoting machinery as an intrinsic determinant of axon regeneration. Dev Neurobiol 78:898

Petrova V, Nieuwenhuis B, Fawcett JW et al (2021) Axonal organelles as molecular platforms for axon growth and regeneration after injury. Int J Mol Sci 22:1798

Poitras T, Zochodne DW (2022) Unleashing intrinsic growth pathways in regenerating peripheral neurons. Int J Mol Sci 23:13566

Qing L, Chen H, Tang J et al (2018) Exosomes and their microRNA cargo: new players in peripheral nerve regeneration. Neurorehabil Neural Repair 32:765

Renthal W, Tochitsky I, Yang L et al (2020) Transcriptional reprogramming of distinct peripheral sensory neuron subtypes after axonal injury. Neuron 108:128

Rigoni M, Negro S (2020) Signals orchestrating peripheral nerve repair. Cells 9:1768

Rink S, Chatziparaskeva C, Elles L et al (2020) Neutralizing BDNF and FGF2 injection into denervated skeletal muscle improve recovery after nerve repair. Muscle Nerve 62:404

Sahoo PK, Lee SJ, Jaiswal PB et al (2018) Axonal G3BP1 stress granule protein limits axonal mRNA translation and nerve regeneration. Nat Commun 9:3358

Santos D, Gonzalez-Perez F, Navarro X et al (2016) Dose-dependent differential effect of neurotrophic factors on in vitro and in vivo regeneration of motor and sensory neurons. Neural Plast 2016:4969523

Sarker MD, Naghieh S, McInnes AD et al (2018) Regeneration of peripheral nerves by nerve guidance conduits: influence of design, biopolymers, cells, growth factors, and physical stimuli. Prog Neurobiol 171:125

Seddigh S (2017) Traumatische Nervenläsionen. Trauma und Berufskrankheit 19:340

Soto PA, Vence M, Piñero GM et al (2021) Sciatic nerve regeneration after traumatic injury using magnetic targeted adipose-derived mesenchymal stem cells. Acta Biomater 130:234

Sun AX, Prest TA, Fowler JR et al (2019) Conduits harnessing spatially controlled cell-secreted neurotrophic factors improve peripheral nerve regeneration. Biomaterials 203:86

Tan D, Zhang H, Deng J et al (2020) RhoA-GTPase modulates neurite outgrowth by regulating the expression of Spastin and p60-Katanin. Cells 9:230

Tao J, Hu Y, Wang S et al (2017) A 3D-engineered porous conduit for peripheral nerve repair. Sci Rep 7:1

Tedeschi A, Bradke F (2017) Spatial and temporal arrangement of neuronal intrinsic and extrinsic mechanisms controlling axon regeneration. Curr Opin Neurobiol 42:118

Twiss JL, Kalinski AL, Sahoo PK et al (2021) Neurobiology: resetting the axon's batteries. Curr Biol 31:R914

Wang Q, Fan H, Li F et al (2020) Optical control of ERK and AKT signaling promotes axon regeneration and functional recovery of PNS and CNS in Drosophila. eLife 9:e57395

Wang Q, Gong L, Mao S et al (2021) Klf2-Vav1-Rac1 axis promotes axon regeneration after peripheral nerve injury. Exp Neurol 343:113788

Wariyar SS, Brown AD, Tian T et al (2022) Angiogenesis is critical for the exercise-mediated enhancement of axon regeneration following peripheral nerve injury. Exp Neurol 353:114029

Wofford KL, Shultz RB, Burrell JC et al (2022) Neuroimmune interactions and immunoengineering strategies in peripheral nerve repair. Prog Neurobiol 208:102172

Wood MD, Mackinnon SE (2015) Pathways regulating modality-specific axonal regeneration in peripheral nerve. Exp Neurol 265:171

Xu W, Wu Y, Lu H et al (2022) Sustained delivery of vascular endothelial growth factor mediated by bioactive methacrylic anhydride hydrogel accelerates peripheral nerve regeneration after crush injury. Neural Regen Res 17:2064

Yang Z, Yang Y, Xu Y et al (2021) Biomimetic nerve guidance conduit containing engineered exosomes of adipose-derived stem cells promotes peripheral nerve regeneration. Stem Cell Res Ther 12:442

Yu M, Gu G, Cong M et al (2021) Repair of peripheral nerve defects by nerve grafts incorporated with extracellular vesicles from skin-derived precursor Schwann cells. Acta Biomater 134:190

Zhang N, Chin JS, Chew SY (2018) Localised non-viral delivery of nucleic acids for nerve regeneration in injured nervous systems. Exp Neurol 319:112820

Zhang N, Lin J, Lin VPH et al (2021) A 3D fiber-hydrogel based non-viral gene delivery platform reveals that microRNAs promote axon regeneration and enhance functional recovery following spinal cord injury. Adv Sci 8:e2100805

Zhao Y, Wang Q, Xie C et al (2021) Peptide ligands targeting FGF receptors promote recovery from dorsal root crush injury via AKT/mTOR signaling. Theranostics 11:10125

Zuo KJ, Gordon T, Chan KM et al (2020) Electrical stimulation to enhance peripheral nerve regeneration: update in molecular investigations and clinical translation. Exp Neurol 332:113397

2

Axonale Regeneration im zentralen Nervensystem

2.1 Anatomische Grundlagen

Das zentrale Nervensystem (ZNS) besteht aus Gehirn, dem Cerebrum, und Rückenmark, der Medulla spinalis. In diesem Buch liegt der Schwerpunkt auf der Querschnittsläsion des Rückenmarks und nicht auf Verletzungen des Gehirns. Prinzipiell sind die Reparaturmechanismen bzw. das Ausbleiben einer funktionell relevanten Axonregeneration aber in beiden Teilen des ZNS vergleichbar.

Das Rückenmark liegt mittig im Wirbelkanal und ist normalerweise durch Knochen und Bänder vor Schäden gut geschützt. Die Wirbelsäule besteht aus 24 Wirbelkörpern, die über Bandscheiben und Gelenke beweglich miteinander verbunden sind (s. Abb. 1.1). Im Bereich des Kreuz- und Steißbeins sind die Wirbel demgegenüber miteinander verwachsen und bilden eine Einheit. Daher ist die Beweglichkeit dort eingeschränkt. Vom zweiten Lendenwirbel an abwärts findet sich im Wirbelkanal kein Rückenmark mehr, sondern nur noch ein Bündel von Nervenwurzeln (Radix anterior und Radix posterior), welches als Pferdeschweif (Cauda equina) bezeichnet wird. Es handelt sich um motorische und sensible Nervenfaserbündel, die bereits zum peripheren Nervensystem gerechnet werden.

Diese Nervenwurzeln bilden die Verbindung des Rückenmarks mit den Spinalnerven, aus denen wiederum die peripheren Nerven hervorgehen (s. Abb. 1.5). Im unteren Wirbelsäulenbereich können insbesondere Bandscheibenvorfälle zu Irritationen der Spinalnerven und der Wurzeln führen. Sie lösen aber kein Querschnittssyndrom aus, da es unterhalb des ersten

Lendenwirbelkörpers (LWK1) im Wirbelkanal kein Rückenmark mehr gibt. Der Grund hierfür liegt in der unterschiedlichen Wachstumsgeschwindigkeit von Nerven- und Knochengewebe während der Entwicklung. Die Wirbelsäule wächst erst gegen Ende der Schwangerschaft schneller als das Rückenmark, sodass sein unteres Ende, der Conus medullaris, bei Erwachsenen etwa auf Höhe von LWK1 zu liegen kommt (Abb. 1.1).

Das gesamte Rückenmark besteht aus übereinander liegenden Segmenten, die wie die Wirbelkörper mit dem Buchstaben C (cervical bzw. auf Deutsch zervikal), Th (für thorakal), L (für lumbal) und S (für sakral) und einer dazugehörigen Segmentnummer abgekürzt werden. Die zervikalen Segmente des Rückenmarks befinden sich etwas höher als die im jeweiligen Abschnitt liegenden Wirbelkörper mit der entsprechenden Nummer. Das Segment C4 liegt also auf Höhe von HWK3, dem 3. Halswirbelkörper.

Zu jedem Rückenmarkssegment gehören zwei Wurzelpaare (Radices). Alle sensiblen Wurzelfasern treten auf beiden Seiten in das dorsale (hintere) Rückenmark über die Radix dorsalis ein und alle motorischen (efferenten) Fasern treten ventral (vorne) als linke und rechte Radix ventralis auf der jeweiligen Segmenthöhe aus (Abb. 1.5). In jeder hinteren Wurzel befindet sich das im ersten Kapitel besprochene Spinalganglion mit den Zellkörpern der sensiblen (afferenten) Neurone. Die aus den fusionierten Hinter- und Vorderwurzeln entstandenen Spinalnerven verlassen die Wirbelsäule ab dem Thorakalbereich jeweils unterhalb des Wirbelkörpers und werden mit der entsprechenden Abkürzung bezeichnet.

Da die thorakalen und lumbalen Rückenmarkssegmente nach oben verschoben sind, werden ihre Wurzeln teilweise sehr lang, da sie sich erst unterhalb des Wirbelkörpers mit der gleichen Nummer zu einem Spinalnerven verbinden. Beispielsweise bilden sich unterhalb des 4. LWK die beiden Spinalnerven L4, dessen sensible und motorische Wurzelfasern aber schon deutlich weiter oben auf Höhe des 11. Brustwirbelkörpers (BWK) dem Rückenmarkssegment L4 entspringen.

Nur das Paar der beiden obersten Spinalnerven tritt oberhalb des ersten Halswirbels aus, der auch als Atlas bezeichnet wird. Der zweite Halswirbel (HWK2) heißt Axis. Der Spinalnerv C8 verlässt die Wirbelsäule unterhalb von HWK7 bzw. oberhalb von BWK1, da es nur 7 Halswirbel gibt. Der dann folgende Spinalnerv Th1 kommt also unterhalb von BWK1 zum Vorschein. Wir unterscheiden im Halswirbelbereich daher nur 7 Wirbelkörper, aber 8 Rückenmarkssegmente (C1–C8). Im Brust- und Lendenwirbelsäulenbereich gibt es 12 thorakale (Th1–Th12) und 5 lumbale Segmente (L1–L5). Die 5 sakralen Segmente (S1–S5) und 1–3 schmale kokzygeale Segmente (Co1–3) ragen in den Hohlraum von LWK1 hinein.

2.1.1 Mikroskopische Anatomie des Rückenmarks

Mit histologischen Methoden lässt sich der Feinbau des Rückenmarks beschreiben. Alle Nervenzellen sind im inneren Bereich in einem schmetterlingsförmigen Areal angeordnet und erscheinen in frischen horizontal an-
gelegten Schnitten dunkel. Um diese graue Substanz herum gruppieren sich
die myelinisierten Fasertrakte, die durch den hohen Lipidanteil des Myelins
als helle, weiße Substanz imponieren. Hier verlaufen alle Rückenmarksbah-
nen (Tractus und Funiculi), die in Längsrichtung auf- oder absteigen und bei
einer kompletten Querschnittsläsion sämtlich durchtrennt werden (Abb. 1.5).
   Prominente Bahnsysteme finden sich im aufsteigenden Vorderseitenstrang
und im Hinterstrang. Sie leiten u. a. die Empfindungen für Schmerz, Temperatur, Druck und Berührung zum Hirnstamm, während der größte absteigende Trakt die motorischen Rindenareale im Cortex cerebri mit dem
Rückenmark verbindet. Dieser Trakt wird auch als Pyramidenbahn (Tractus
corticospinalis) bezeichnet, da er im Bereich des unteren Hirnstamms wie
eine auf dem Kopf stehende Pyramide erscheint. Hier kreuzen die allermeisten
Fasern dieser Bahn auf die Gegenseite.
   Die Ursprünge der absteigenden und Ziele der aufsteigenden Bahnen sind
also oberhalb des Rückenmarks (supraspinal) lokalisiert, wenn es sich nicht
um Verbindungen der Rückenmarkssegmente untereinander handelt, die als
Fasciculi proprii bezeichnet werden. Absteigende Bahnen aus dem Hirnstamm leiten insbesondere unwillkürliche Bewegungsprogramme an die motorischen Nervenzellen im Vorderhorn weiter. Ein Teil dieser Fasern entspringt den Raphe-Kernen in der Mittellinie des Hirnstamms, verläuft im
Bereich um den mittig liegenden Zentralkanal das Rückenmark herunter und
enthält Serotonin als Transmitter.
   Bei den verschiedenen hier besprochenen Behandlungsverfahren der Querschnittsläsion wachsen Axone, die biogene Amine als Transmitter verwenden,
besser aus als diejenigen des Tractus corticospinalis, der beim Menschen im
seitlichen und vorderen Funiculus verläuft und Glutamat als Botenstoff be-
nutzt. Das trifft auch auf die rubrospinalen und retikulospinalen Fasern zu, die
im Seitenstrang absteigen und als „extrapyramidale" Bahnen bezeichnet werden. Sie entspringen dem roten Kern (Nucleus ruber) bzw. der netzförmigen
Substanz (Formatio reticularis) und sind für die Modulation von Bewegungsprogrammen, die durch die Pyramidenbahn initiiert werden, von großer
Bedeutung.
   Die motorischen Nervenzellen liegen in den vorderen (anterioren) Anteilen
der grauen Substanz des Rückenmarks. Das linke und rechte Vorderhorn wird
dem jeweiligen hinteren (posterioren) Hinterhorn gegenübergestellt

(s. Abb. 1.6). Zwischen den Segmenten C8 bis L3 gibt es daneben noch ein Seitenhorn, das für die Steuerung von Eingeweiden notwendig ist (Viszeromotorik). In der Mitte des Rückenmarks liegt der oben erwähnte Zentralkanal (Canalis centralis), der von einer speziellen Gliasorte, dem Ependym, ausgekleidet und mit Nervenwasser (Liquor) gefüllt ist.

Neben den Wurzelzellen, den efferenten (motorischen) Neuronen im Vorder- und Seitenhorn, gibt es auch Interneurone, die mit kurzen Axonen die Nervenzellen des Rückenmarks untereinander verbinden. Die Strangzellen finden sich vor allem im Hinterhorn. Ihre axonalen Fortsätze ziehen in Bahnen (Tractus) zu anderen Rückenmarksegmenten und in supraspinale Zentren des Hirnstamms.

Neben den Neuronen gibt es im Zentralnervensystem die schon im ersten Kapitel vorgestellte Makroglia und die Mikroglia. Bei Letzterer handelt es sich um die immunkompetenten Zellen unseres Gehirns, denen – analog zu den Makrophagen in peripheren Nerven und Ganglien – bei Verletzungen eine Schlüsselfunktion zukommt, die weiter unten ausführlicher besprochen wird. Zur Makroglia gehören insbesondere die Astrozyten und die Oligodendrozyten. Die Oligodendroglia myelinisiert die Axone im ZNS und ist daher vergleichbar mit den Schwann-Zellen des PNS. Der wesentliche Unterschied zwischen den beiden Zelltypen ist, dass Oligodendrozyten um bis zu 40 Axone gleichzeitig eine Markscheide bilden, wohingegen Schwann-Zellen immer nur ein Axon myelinisieren.

Die Astrozyten füllen den verbleibenden Raum zwischen den Nervenzellen aus und sind primär für das metabolische Gleichgewicht im extrazellulären Raum zuständig, d. h., sie kontrollieren die Konzentration von Transmittern und anderen wichtigen Stoffen und Elektrolyten im Liquor. Dieser ist gleichbedeutend mit der extrazellulären Flüssigkeit im ZNS und wird im Inneren des Gehirns, dem Ventrikelsystem, von den Gliazellen des Plexus choroideus hergestellt. Astrozyten umgeben auch die synaptischen Kontakte zwischen den Nervenzellen und bilden den perivaskulären Raum um die Blutgefäße herum.

Über diesen Raum werden – vergleichbar mit der Lymphe in unserem Körper – nicht mehr benötigte Substanzen und zelluläre Abbauprodukte mit dem Nervenwasser abtransportiert. Astrozyten sind darüber hinaus mit den Fibroblasten im Bindegewebe vergleichbar, da sie entscheidend an der Narbenbildung im ZNS beteiligt sind.

Astrozyten synthetisieren wichtige extrazelluläre Matrixmoleküle im ZNS, die verletzte Axone an der Regeneration hindern. Es ist allerdings umstritten, ob die wie eine Grenzmembran zur Läsionsstelle imponierenden Astrozyten wirklich eine echte Barriere für regenerierende Axone darstellen. Wie wir heute wissen, stimuliert ihre Entfernung nämlich nicht das Auswachsen verletzter Nervenfasern, obwohl genau das zu erwarten wäre. Interessanterweise können neu gebildete axonale Fortsätze sogar an bestimmten Astrozyten gut entlang wachsen.

Die als protoplasmatische Astrozyten bezeichneten Zellen liegen in der grauen Substanz oder auch an der Oberfläche des ZNS im Bereich der weichen Hirnhaut (Pia mater). Nach einer Verletzung wechseln einige dieser Zellen in einen unreifen Zustand und stellen das wachstumsfördernde, im ersten Kapitel besprochene extrazelluläre Matrixmolekül Laminin her. Die in der weißen, faserreichen Substanz lokalisierten sog. fibrillären Astrozyten hemmen demgegenüber die axonale Regeneration.

Auf den Punkt gebracht

- Das Rückenmark bildet zusammen mit dem Klein- und Großhirn das zentrale Nervensystem (ZNS). Es besteht aus 8 zervikalen, 12 thorakalen, 5 lumbalen, 5 sakralen und 1–3 kokzygealen Segmenten.
- Das Rückenmark ist über ventrale (motorische) und dorsale (sensible) Nervenwurzeln, die sich zum Spinalnerven vereinigen, mit dem peripheren Nervensystem (PNS) verbunden.
- Die Spinalnerven verlassen die Wirbelsäule ab dem ersten Brustwirbel unterhalb des entsprechenden Wirbelkörpers (Spinalnerv Th1 tritt unterhalb von BWK1 aus).
- Die Neurone des Rückenmarks finden sich um den Zentralkanal herum in einem schmetterlingsförmigen Bereich, der grauen Substanz. Die äußeren Anteile beinhalten die auf- und absteigenden Fasertrakte (weiße Substanz), darunter die wichtige Pyramidenbahn.
- Die zentralnervöse Glia setzt sich aus stoffwechselaktiven Astrozyten, myelinisierenden Oligodendrozyten und immunkompetenten Mikrogliazellen zusammen. Die Auskleidung des Ventrikelsystems (Ependym) und der Liquor herstellende Plexus choroideus werden ebenfalls zu den Gliazellen gerechnet.

2.2 Klinische Grundlagen

Weltweit sind jedes Jahr zwischen 250.000 und 500.000 Menschen von einer Rückenmarksläsion neu betroffen, in Deutschland sind es über 2000 Patienten jährlich. Damit ist die Querschnittsläsion die zweithäufigste Ursache zentral bedingter Lähmungen (nach Schlaganfällen). Die Inzidenz ist allerdings unterschiedlich: In Dänemark trifft es 9 von einer Million Menschen, in den USA 40 (auch aufgrund des höheren Gebrauchs von Schusswaffen). Neben dem individuellen Leid entstehen hohe Behandlungskosten, welche pro Patient mehrere Millionen Euro erreichen können (ohne Berücksichtigung des Gehaltsverlustes und der Produktivität). Weiterhin ist das Risiko eines frühzeitigen Todes bei ihnen deutlich erhöht.

Zumeist treten Querschnittsverletzungen als Folge von Verkehrsunfällen und Stürzen auf, insbesondere beim Sport. Die Patienten sind daher zumeist jünger oder im mittleren Lebensalter, Männer sind viermal häufiger betroffen als Frauen. Etwa zwei Drittel der traumatischen Rückenmarksläsionen betreffen die Halswirbelsäule. Fast jedes zweite Querschnittssyndrom wird heute aber durch nicht-traumatische Ursachen wie Tumore, Infektionen oder Durchblutungsstörungen ausgelöst, insbesondere bei älteren Patienten.

Die unterschiedlichen Mechanismen einer Querschnittsläsion (Kompression, Einriss oder Überdehnung) sowie die Ausdehnung einer Verletzung haben erheblichen Einfluss auf die Symptomatik. Langfristig entscheidet die Menge des noch intakten Nervengewebes über das endgültige Ergebnis. Aber auch das Ausmaß der Entzündungsreaktion und die durch Glia gebildete Narbe sind von prognostischer Bedeutung.

Diese Variablen sind im Einzelnen schwer oder gar nicht zu bestimmen. Moderne Bildgebungsverfahren, beispielsweise die Kernspin- und Computertomografie, liefern aber wertvolle Beiträge zur Diagnostik und auch zur Prognose einer Rückenmarksverletzung. Daneben lassen sich somatosensibel evozierte Potenziale (SSEPs) ableiten, um die initialen Ausfälle der Empfindungsfähigkeit, den Krankheitsverlauf und mögliche therapeutische Verbesserungen im Rahmen der Rehabilitation abschätzen zu können.

2.2.1　Einteilung und Symptomatik der Querschnittsverletzung

Bei einer Läsion oberhalb von C7 verliert man die Kontrolle über alle vier Gliedmaßen und den Rumpf. Das resultierende Syndrom wird als **Tetraplegie** bezeichnet (griechisch *tetra* für vier und *plegie* für Lähmung). Bei Läsionen unterhalb des Segmentes C8 zeigt sich eine **Paraplegie**, also eine Lähmung der unteren Extremitäten und je nach Höhe auch des Rumpfes. Sie sind mit über 50 % am häufigsten. Fallen alle motorischen und sensiblen Funktionen unterhalb der Läsionsstelle aus, spricht man von einer kompletten Läsion. In diesem Fall ist jede Art neuronaler Konnektivität zwischen den ober- und unterhalb der Verletzungsstelle gelegenen Rückenmarkssegmenten aufgehoben.

Es muss aber betont werden, dass nicht jede funktionell komplett erscheinende Querschnittsläsion auch mit einer anatomisch vollständigen Durchtrennung aller Bahnsysteme einhergeht. Auch bei den inkompletten Querschnittssyndromen, die etwa zwei Drittel aller Fälle ausmachen, können Re-Organisationsprozesse der noch intakten Verbindungen zu einer deutlichen Verbesserung der Symptomatik führen. Dies tritt zumeist spontan auf und zeigt an, dass es auch im Rückenmark des Erwachsenen endogene Reparaturmechanismen gibt, die zu einer gewissen Erholung nach einer Läsion führen können.

Die im akuten Stadium noch vorhandenen Fähigkeiten müssen daher genau dokumentiert werden, um die noch intakten Nervenzellen und Fasersysteme des Rückenmarks identifizieren zu können. Im Rahmen einer neurologischen Untersuchung wird das unterste (kaudalste) noch vollständig intakte Rückenmarkssegment bestimmt. Der Arzt stellt dabei fest, welche Muskeln gelähmt sind und wo sich das „sensible Niveau" befindet. Damit wird das letzte intakte Dermatom bezeichnet, von dem aus noch Schmerz-, Temperatur- und Berührungsreize wahrgenommen werden können (s. Abb. 1.8).

Beispielsweise meint ein Querschnittssyndrom auf Höhe von C5, dass vom Segment C6 an abwärts Lähmungen und Sensibilitätsausfälle nachweisbar sind. Bei einer Verletzung zwischen C5 und Th1 können zumeist die Schultern und vielleicht auch noch die Ober- oder Unterarme bewegt werden. Bei Läsionen unterhalb von Th1 ist der Gebrauch von Armen und Händen noch möglich. Die von der Rücken- und Bauchmuskulatur abhängige Rumpfkontrolle fällt aber aus. Erst bei Läsionen unterhalb von Th6 lässt sich die Bauchmuskulatur noch willkürlich einsetzen. Von L1 bis S5 steuert das Rückenmark über die lumbosakralen Spinalnerven unsere Beine und Beckeneingeweide (Blase, Darm und Genitalien). Die Kontrolle über diese Nerven fällt bei einem Querschnittssyndrom oberhalb von L1 komplett aus, was schon bei einem Schaden auf Höhe des 9. BWK zu erwarten wäre (Tab. 2.1).

Besonders schwerwiegend sind Verletzungen der Halswirbelsäule. Bei Verletzungen auf Höhe des 4. oder 5. HWK ist der gesamte Körper vom Hals

Tab. 2.1 Zusammenfassung der Folgen einer Querschnittsläsion auf Höhe der verschiedenen Rückenmarkssegmente

C3, C4	Oftmals nicht mit dem Leben vereinbar, Vollzeitbetreuung nötig
C5	Bewegungen von Schultern und Ellbogen, Fortbewegung mittels Rollstuhl
C6	Ankleiden nicht möglich, mittels Handorthese Körperhygiene & Essen möglich, Bewegung mittels Rollstuhl
C7 – Th1	Selbstständig essen, Körperhygiene, Anziehen, Autofahren, Katheterismus (mittels intensivem Training)
Th 2–5	Unabhängige Selbstversorgung, Bewegung mittels Rollstuhl
Th 6–12	Hauptfortbewegung mittels Rollstuhl, teilweise Gehen mittels Hüft-Knie-Sprunggelenksorthese bzw. Krücken
L1 – 3	Freies Gehen mittels Hüft-Knie-Sprunggelenksorthese, Rollstuhl für längere Strecken
L4 – S1	Freies Gehen mittels Hüft-Knie-Sprunggelenksorthese bis zu 2 Stockwerken

abwärts komplett oder teilweise gelähmt. Liegt die Verletzung oberhalb des 4. Halswirbels, spricht man von einem hohen Querschnitt. Es tritt dann neben einer vollständigen Körperlähmung auch eine Lähmung des Zwerchfells auf. Dieser kuppelförmige Muskel, der sich zwischen Brustbein, unteren Rippen und der Lendenwirbelsäule aufspannt, wird als Diaphragma bezeichnet und ist unser wichtigster Atemmuskel, da er rund zwei Drittel der Atemleistung übernimmt. Ist das Zwerchfell dauerhaft beeinträchtigt, muss der Patient beatmet werden und ist vollständig auf fremde Hilfe und Pflege angewiesen.

Bei hohen Querschnitten sind die Bewegungsfunktionen und die Sensibilität an Armen und Händen, am Rumpf und an den Beinen eingeschränkt (Abb. 2.1 zeigt vier typische Querschnittssyndrome). Darüber hinaus finden sich Beeinträchtigungen der Darm-, Blasen-, Sexual- und manchmal auch der Schluckfunktion. Liegt die Störung unterhalb von C5, sind das selbstständige Essen und die Körperpflege mit Greifhilfen aber zumeist möglich. Für manche dieser Patienten lässt sich sogar das Fahren in einem angepassten PKW und das Arbeiten mit adaptierten Bürogeräten organisieren, da die Schultern und Oberarme teilweise noch kontrolliert werden können. Bei Verletzungen oberhalb von C5 reicht ein manueller Rollstuhl nicht mehr aus. Dann kommt ein Elektrorollstuhl mit Mund- oder Kinnsteuerung zum Einsatz.

Bei Verletzungen auf Höhe von Th2 bis Th8 sind die Arme nicht betroffen. Es finden sich aber Lähmungen und Sensibilitätsausfälle im Bereich der Brust, des Bauches, der Hüften und der Beine. Daneben werden Störungen der Darm-, Blasen- und Sexualfunktion beobachtet. Obwohl eine Querschnittslähmung die Fruchtbarkeit von Frauen im gebärfähigen Alter grundsätzlich nicht einschränkt, kann bei Schädigungen oberhalb von Th6/7 die Milchproduktion und damit das Stillen des Kindes eingeschränkt sein.

Weiterhin sind oberhalb dieser Läsionshöhe Kreislaufprobleme relativ häufig, die durch plötzliche Blutdruckanstiege, die mit einem Abfall der Herz-

Abb. 2.1 Typische Rückenmarkssyndrome, die primär das Vorderhorn, das Hinterhorn oder die weiße Substanz auf den jeweils angegebenen Höhen betreffen. Eine Analgesie beschreibt die Aufhebung der Schmerzempfindung im entsprechenden Areal, eine Thermanästhesie jene der Temperaturempfindung und eine Hypästhesie eine Verminderung von Druck- und Tastempfindungen. Da in den Hintersträngen auch die tiefensensiblen (propriozeptiven) Informationen geleitet werden, tritt eine Störung der Bewegungskoordination, eine sog. Ataxie, auf. Das Brown-Séquard-Syndrom ist auf eine Rückenmarksseite begrenzt (Halbseitenläsion) und durch „dissoziierte" Sensibilitätsstörungen charakterisiert, d. h. eine getrennt auftretende Störung der Schmerz- und Temperaturempfindung auf der einen sowie der Druck- und Tastempfindung auf der anderen Seite. Auch Muskellähmungen treten nur einseitig auf der betroffenen Seite auf

Syndrom der Vorderhörner (C7/8)

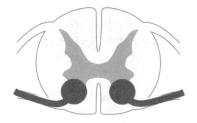
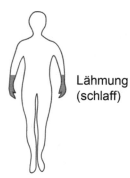

Lähmung
(schlaff)

Syndrom des Hinterhorns (C5-C8)

Analgesie

Thermanästhesie

Syndrom der Hinterstränge (Th10)

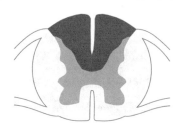

Hypästhesie

Ataxie

Brown-Séquard-Syndrom

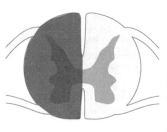

Lähmung
(spastisch)

Analgesie

Thermanästhesie

Hypästhesie

frequenz eingehen, ausgelöst werden. Wir sprechen in diesem Fall von einer **autonomen Dysreflexie**. Bei einer Verletzung oberhalb von Th10 ist außerdem ein erhöhtes Risiko von Erkrankungen der Gallenwege gegeben.

Die *American Spinal Injury Association* (ASIA, https://asia-spinalinjury. org/) hat folgende Klassifikation zur Diagnostik der Querschnittssyndrome festgelegt:

- ASIA A: Keine Muskelfunktion und keine Sensibilität unterhalb der Rückenmarkschädigung
- ASIA B: Keine Muskelfunktion unterhalb der Rückenmarkschädigung, Sensibilität eingeschränkt
- ASIA C: Geringe, nicht relevante Muskelfunktion unterhalb der Lähmungsstelle, Sensibilität aber teilweise noch vorhanden
- ASIA D: Funktionell relevante Muskelfunktionen unterhalb der Rückenmarksschädigungsstelle vorhanden mit teilweiser erhaltener Sensibilität
- ASIA E: Vollständig erhaltene oder wiederhergestellte Funktionen unterhalb der Rückenmarksläsion

Die Muskelkraft wird in sechs verschiedenen Graden angegeben (von 0 = komplette Paralyse bis zu 5 = normale Kraft). Ab Grad 3 sollte zumindest die Bewegung gegen die Schwerkraft möglich sein.

Auf den Punkt gebracht

- Die Querschnittsläsion ist nach dem Schlaganfall die zweithäufigste Ursache zentral bedingter Lähmungen.
- Bei jüngeren Patienten treten Querschnittsverletzungen zumeist in Folge von Verkehrsunfällen und Stürzen auf. Bei Älteren überwiegen nicht-traumatische Ursachen wie Tumore, Infektionen oder Durchblutungsstörungen.
- Bei einer Läsion oberhalb von C7 verliert man die Kontrolle über alle vier Gliedmaßen und den Rumpf (Tetraplegie).
- Bei Läsionen unterhalb des Segmentes C8 liegt eine Paraplegie vor, d. h. eine Lähmung der unteren Extremitäten und je nach Höhe auch des Rumpfes.
- Bei einer kompletten Läsion fallen alle motorischen und sensiblen Funktionen unterhalb der Läsionsstelle aus.
- Das sensible Niveau bezeichnet das letzte intakte Dermatom, von dem aus noch Schmerz-, Temperatur- und Berührungsreize wahrgenommen werden können.
- Eine autonome Dysreflexie geht mit einem Blutdruckanstieg und Abfall der Herzfrequenz einher. Sie wird durch Schmerzreize unterhalb der Verletzung ausgelöst und kann lebensbedrohlich werden.

2.3 Zellbiologische und molekulare Grundlagen

Im Unterschied zu den peripheren Axonen, die – wie wir im ersten Kapitel gesehen haben – nach einer Verletzung prinzipiell bis in das ursprüngliche Zielgewebe hinein regenerieren können, sind die nach einer Querschnittsläsion durchtrennten zentralen Axone beim Erwachsenen praktisch nicht zur Regeneration befähigt. Das gilt auch für traumatische Hirnläsionen oder Schlaganfälle, die daher ebenfalls dauerhafte Schäden zur Folge haben. Wenn zentralnervöse Ausfälle sich dennoch zurückbilden, kann davon ausgegangen werden, dass der initialen Störung nicht eine Axotomie, sondern eine Leitungsstörung (vergleichbar mit einer Neurapraxie im PNS) zugrunde gelegen hat.

Ärzte haben schon vor über 4000 Jahren beobachtet, dass sich das durchtrennte oder gequetschte Rückenmark nicht erholen wird. Durch die Entwicklung von Mikroskopen und histologischen Arbeitsmethoden konnte dann vor etwa 100 Jahren der Begründer der modernen Neuroanatomie, Ramón y Cajal, mit seinen Schülern die zellulären Grundlagen der Pathologie einer Nerven- und Querschnittsläsion erstmals beschreiben. Später wurden im Labor von Albert Aguayo die Arbeiten von Jorge Tello, einem Schüler von Cajal, wiederholt und erweitert. Dabei konnte Aguayo zeigen, dass im Unterschied zum peripheren Nervensystem zentrale Axone primär durch ihre Umgebung an der Regeneration gehemmt werden.

Es muss also ein oder mehrere Stoppsignale im Rückenmark geben, welche das axonale Auswachsen nach Abschluss der Entwicklung blockieren. Es handelt sich dabei insbesondere um Eiweiße, die in der Markscheide sitzen und über axonale Rezeptoren das neuronale Wachstum blockieren. Dieser Wachstumsblock gilt auch für periphere Axone, d. h., die über die hintere Nervenwurzel in das Rückenmark hinein ziehenden Nervenfasern werden nach einer Wurzelläsion im Bereich der Rückenmarksoberfläche von Stoppsignalen am Eintritt gehindert. Abgesehen von lokal begrenzten axonalen Sprossungsphänomenen kommt es also im Gegensatz zum PNS nicht zu einer *Long-distance*-Regeneration von peripheren oder zentralen Axonen innerhalb des Rückenmarks oder des Gehirns.

Ich werde in diesem Abschnitt zuerst die Pathologie der Querschnittsläsion beschreiben und dann auf die wesentlichen Unterschiede zwischen der peripheren und zentralen Axonregeneration eingehen. Es werden diejenigen Moleküle vorgestellt, die insbesondere von Gliazellen hergestellt werden und axonales Wachstum im ZNS blockieren. Darüber hinaus treffen Axone bei ihrem Versuch auszuwachsen aber auch auf rein mechanische Hindernisse, z. B. Narbengewebe und Zysten. Letztere können sich als flüssigkeitsgefüllte

akut   subakut   chronisch

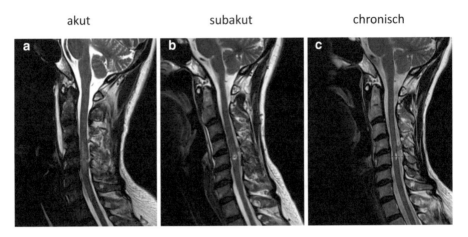

Abb. 2.2 Inkomplette Rückenmarksverletzung mit Gewebeschädigung (Pfeil) bei einer 63-jährigen Patientin (ASIA D) einen Tag **(a)**, einen Monat **(b)** und ein Jahr **(c)** nach dem Trauma (sagittale Kernspintomografie, T2-gewichtet, modifizierte Fig. 1 aus Seif et al., Guidelines for the conduct of clinical trials in spinal cord injury: Neuroimaging biomarkers. Spinal Cord 57, 717, 2019, Springer Nature, CC BY 4.0, http://creativecommons.org/licenses/by/4.0/)

Hohlräume über mehrere Segmente im Rückenmark erstrecken. Daneben stört auch zerfallendes (nekrotisches) Gewebe das axonale Wachstum oder verhindert es komplett.

Allgemein werden die akuten von den spät auftretenden und langfristig anhaltenden (chronischen) Veränderungen unterschieden, denn das Rückenmark wird noch Wochen nach der unmittelbaren Gewebsschädigung teilweise erheblich umgebaut (Abb. 2.2). Die im ersten Kapitel beschriebenen neuroplastischen Phänomene, wie z. B. der Auf- und Abbau von Synapsen, finden sich dabei nicht nur lokal an der Läsionsstelle, sondern auch in den ursprünglich mit dem betroffenen Rückenmarkssegment verbundenen Hirnarealen.

2.3.1 Histopathologie der Rückenmarksverletzung

Bei einem schweren spinalen Trauma werden vier Zeitfenster unterschieden, in denen unterschiedliche zelluläre und molekulare Prozesse ablaufen: An die akute Phase (1–2 Tage) schließt sich eine subakute (2–4 Tage), dann eine intermediäre (4 Tage bis 2 Wochen) und letztlich eine chronische Phase an (2 Wochen bis 6 Monate).

Initial treten bei einer Querschnittsläsion erhebliche Zellschäden auf. Durchtrennte Axone gehen innerhalb von einer halben Stunde sowohl in distaler (weg von der Läsion, s. Abb. 1.13) als auch in proximaler Richtung (hin zum Zellkörper) unter. Der Axonverlust erinnert dabei an die im ersten Kapitel beschriebene Wallersche Degeneration. Der entscheidende Pathomechanismus in der akuten Phase besteht in der erhöhten Durchlässigkeit (Permeabilisierung) von Zellmembranen und den damit einhergehenden Veränderungen. Ein intrazellulärer Kalzium-Anstieg führt zu mitochondrialer Dysfunktion und Aktivierung von Proteasen.

Von großer Bedeutung sind die ebenfalls die akut einsetzenden Durchblutungsstörungen (Einblutungen oder Ischämien). Sie verursachen ein lokales Ödem und eine Entzündungsreaktion (Abb. 2.3). Es kommt innerhalb von Stunden zu einer Freisetzung von Zytokinen aus der ortsständigen Mikroglia, aber auch aus Makrophagen, T-Lymphozyten und neutrophilen

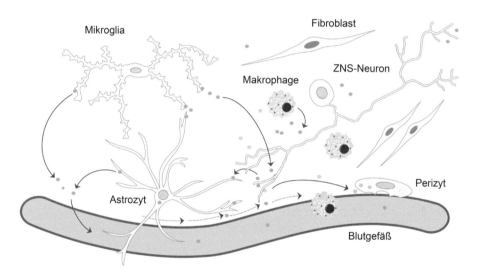

Abb. 2.3 Schematische Darstellung der pathophysiologischen Prozesse in der akuten Phase nach traumatischer Querschnittsläsion (s. Abb. 2.2, gestrichelte Linie in a). Neben einer raschen Aktivierung postsynaptischer Glutamat-Rezeptoren ist ein intrazellulärer Kalzium-Einstrom und die Freisetzung diverser Entzündungsmediatoren zu beobachten (Zytokine, rosa Punkte). Zu nennen sind hier insbesondere TNFα, LIF und die Interleukine IL-1α, IL-1β sowie IL-6, die schon 1–3 h nach der Läsion nachweisbar sind und für mindestens 48 h hoch exprimiert bleiben. Mikroglia und einwandernde Makrophagen tragen wesentlich zum Untergang verletzter Axone in der subakuten und intermediären Phase bei. Freie Hydroxyradikale, Lipidperoxide und Stickstoffmonoxid (grüne Punkte) bewirken eine Schädigung von Markscheiden und Zellen. Durchblutungsstörungen verursachen ein lokales Ödem und verstärken die inflammatorische Reaktion. Später kommt es zur Proliferation von Astrozyten und Fibroblasten, die vermehrt extrazelluläre Matrixmoleküle ablagern. Abbauprodukte der inflammatorischen Reaktion werden über den „glymphatischen Raum" (Virchow-Robin-Raum) zwischen Gefäßen und Astrozytenfortsätzen abgeleitet (Pfeile)

Granulozyten, die durch die aufgehobene Blut-Hirn-Schranke hindurch in das verletzte Nervengewebe eintreten.

Andererseits können Zytokine verletzte Axone auch stabilisieren oder ihr Auswachsen sogar fördern: So geht ein Anstieg von IL-6 im Liquorraum mit einer verstärkten Expression von regenerationsassoziierten Genen (RAGs) und funktioneller Erholung in Tiermodellen der Querschnittsläsion einher. Derzeit befindet sich ein „Designer-Cytokin", das Hyper-IL-6 (hIL-6), in der Entwicklung. Eine Gentherapie, die IL-6 zusammen mit seinem löslichen Rezeptor in die Nervenzellen des sensomotorischen Cortex von Mäusen einbringt, kann die axonale Regeneration in das kaudale Rückenmark hinein und das funktionelle Ergebnis nach einer Querschnittsläsion erheblich verbessern.

Die durch immunkompetente Zellen gestartete Antwort auf eine initiale Schädigung führt in erster Linie aber zu folgenden Problemen: Freie Radikale (O_2^-, H_2O_2 und Peroxynitrit) entstehen und Markscheiden werden geschädigt (Abb. 2.3). Weiterhin werden erregende (exzitatorische) Transmitter wie Glutamat, Aspartat oder ATP vermehrt freigesetzt. Sie tragen zur Zytotoxizität wesentlich bei, da nun auch anfangs nicht geschädigte Neurone und Gliazellen zugrunde gehen. Besonders deutlich werden die oxidativen Schäden an DNA, Proteinen und Lipiden in der chronischen Phase einer Rückenmarksläsion. Am Ende dieses über Wochen andauernden Prozesses bilden sich dann die erwähnten Zysten und Narben.

Eine Narbenbildung geht von hypertrophierenden Astrozyten aus. Bestehende Astrozyten wandeln sich dabei in reaktive Glia um und grenzen den zentralen Teil einer Läsion vom noch intakten Nervengewebe ab. Neue Astrozyten werden aus Stammzellen, die sich im Epithel des Zentralkanals befinden, gebildet. Weiterhin nehmen die den Gefäßwänden anliegenden Perizyten an der Narbenbildung teil, da sie ähnlich wie Stammzellen proliferieren und zu Fibroblasten konvertieren können. Hier finden sich auch die Vorläuferzellen der Oligodendrozyten (Progenitorzellen), die für den Wiederaufbau der Markscheide um regenerierende Axone herum notwendig sind. Zusammen setzen die genannten Zellen große Mengen inhibitorischer Matrix-Moleküle frei, insbesondere CSPGs (Aggrecan, Brevican, Neurocan, Versican, Phosphacan, NG2), Ephrine und Semaphorine.

Die Forschungsarbeiten der letzten Jahre zu diesem Thema zeigen aber, dass Narbengewebe nicht nur als Barriere für regenerierende Axone aufzufassen ist, sondern durch Bereitstellung von wachstumsfördernden Faktoren die axonale Regeneration sogar fördern kann. Diese überraschende Feststellung basiert auf Tiermodellen der Querschnittsläsion, in denen axonale Wachstumsprozesse ausblieben, wenn durch genetische Manipulation das Narbengewebe sich nicht bilden konnte (die Funktionsausfälle dieser Tiere verschlechterten sich sogar noch).

Es muss aber klar gesagt werden, dass in diversen Studien durch eine therapeutische Reduktion der Narbenbildung, beispielsweise nach Gabe eines Hemmers (SU16f) des *platelet-derived growth factor receptor* (PDGFRβ) auf Fibroblasten, die Läsionsgröße und entzündlichen Veränderungen nach Rückenmarksläsion abnahmen. Die genaue pathomechanistische Bedeutung der Astrozytennarbe bleibt derzeit also eine offene Frage.

Bisher haben wir die protektive Funktion von Astrozyten offenbar unterschätzt. Sie absorbieren nämlich nach einer Verletzung die in hohen Konzentrationen vorhandenen Transmitter und toxischen Sauerstoffradikale, bremsen überschießende Immunreaktionen und stellen Energieträger (ATP) und eine Reihe von neurotrophen Faktoren zur Verfügung. Durch Hemmung der Glykogen-Synthase-Kinase 3 (GSK-3) lassen sich diese positiven Effekte sogar noch verstärken (vermutlich über eine beschleunigte Migration der Zellen).

Zusammengenommen sollte das therapeutische Vorgehen im Rahmen einer Querschnittsverletzung also nicht nur die Förderung axonaler Regeneration im Blick haben, sondern auch den Schutz von noch intakten Nervenzellen im Läsionsbereich (neuronale Protektion), die Gefäßneubildung (Angiogenese) und die Auflösung hemmender, extrazellulärer Matrixmoleküle, um Axonen die Möglichkeit zur Regeneration zu geben (Neurolyse). Außerdem müssen inflammatorische Prozesse in der Spätphase eingedämmt werden. Es ist allerdings zu bedenken, dass entzündliche Reaktionen in der Anfangsphase nach einer Läsion für die Entfernung nekrotischen Gewebes und die zelluläre Reorganisation essenziell sind.

Eingewanderte Makrophagen setzen auch regenerationsfördernde Substanzen frei, z. B. Oncomodulin, die Axone im läsionierten Sehnerven auswachsen lassen. Anti-entzündlich wirksame Zytokine wie das Interleukin (IL)-10 können ebenfalls therapeutisch eingesetzt werden. In der frühen Phase nach einer Verletzung ist in jedem Fall eine operative Revision der Läsionsstelle zu erwägen, insbesondere bei mechanischer Kompression des Rückenmarks. Auch nach einer peripheren Nervenverletzung wird ja versucht, durch eine operative Sanierung der Läsionsstelle die sekundären Gewebszerstörungen zu minimieren. Damit soll es durchtrennten Axonen ermöglicht werden, wieder in die Peripherie auszuwachsen.

Auf den Punkt gebracht

- Unmittelbar nach einer Rückenmarksverletzung führt die Permeabilisierung von Zellmembranen zu einem Anstieg des intrazellulären Kalzium-Spiegels, zu mitochondrialer Dysfunktion und zur Aktivierung von Proteasen.
- Einblutungen und Ischämien verursachen ein lokales Ödem und eine Entzündungsreaktion.
- Innerhalb von Stunden werden Zytokine (u. a. TNFα, LIF, IL-1α, IL-1β und IL-6) aus immunkompetenten Zellen freigesetzt. Sie sind über mehrere Tage vermehrt nachweisbar.
- Freie Radikale und exzitatorische Transmitter wirken zytotoxisch und lassen initial nicht geschädigte Neurone und Gliazellen absterben.
- Reaktive Astrozyten und Fibroblasten bilden in der chronischen Phase eine Narbe, die läsionierte Areale von noch intaktem Nervengewebe abgrenzt.
- Astrozyten haben aber auch protektive Funktionen: Sie absorbieren neben überschüssigen Transmittern Sauerstoff-Radikale und stellen ATP sowie neurotrophe Faktoren bereit.

2.3.2 Unterschiede zwischen peripherer und zentraler Axonregeneration

In Abwesenheit der oben genannten Stoppsignale sind Axone im ZNS grundsätzlich zur Regeneration befähigt, genauso wie periphere Axone. Schon im Labor des spanischen Nobelpreisträgers Cajal konnte gezeigt werden, dass ZNS-Axone über mehrere Zentimeter hinweg in ein peripheres Nerventransplantat hineinwachsen können. Periphere und zentrale Nervenzellen haben also beide einen intrinsischen „Regenerationsmotor", der durch eine Axotomie angeschaltet wird; und auch für ZNS-Neurone gilt, dass Zellextrakte aus peripheren Nerven schon ausreichen, um die axonale Regeneration anzuregen. Der entscheidende Unterschied zwischen ZNS und PNS betrifft daher das Verhältnis von regenerationsfördernden zu wachstumshemmenden Molekülen in der Umgebung läsionierter Axone.

Interessanterweise wachsen unter ganz bestimmten Bedingungen periphere Axone, z. B. durchtrennte Hinterwurzelfasern, wieder in das Rückenmark hinein. Dazu müssen die entsprechenden Spinalganglienneurone schon vor der Axotomie vom Transmissions- in den Regenerationsmodus wechseln. Das lässt sich dadurch erreichen, dass vor der Läsion der zentralen Fortsätze die peripheren Fortsätze ebenfalls durchtrennt werden. Die verstärkte Regeneration nach einer zweiten Axotomie, die etwa eine Woche nach einer ersten Läsion stattfindet, ist in der Literatur als Konditionierungseffekt bekannt geworden (*conditioning lesion*).

Bei der konditionierten Verletzung aktivieren also im PNS gelegene Neurone durch eine erste Axotomie ihr intrinsisches Regenerationsprogramm, sodass bei einer später auftretenden, zweiten Läsion der axonale Wachstumsmotor schon auf Hochtouren läuft und sogar in der Lage ist, die hemmenden Mechanismen im ZNS zu überwinden. Es stehen einige der durch Regenerations-assoziierte Gene (RAGs) kodierten Proteine also schon zur Verfügung, wenn die zweite axonale Läsion erfolgt. Daneben wird der Transport von Zytoskelettbestandteilen und Mitochondrien angekurbelt, was ein beschleunigtes Auswachsen des Axons ermöglicht.

Welche molekularen Mechanismen liegen dem Konditionierungseffekt zugrunde? Offenbar sind die durch den intrazellulären Botenstoff cAMP und die cAMP-abhängige *dual leucine zipper*-Kinase 1 (DLK-1) aktivierten Signalwege hier von entscheidender Bedeutung. Bei gentechnisch veränderten Mäusen (*knock-outs*), die DLK-1 nicht exprimieren können, tritt nämlich eine solche Konditionierungsreaktion nicht auf. Die Aminosäuren-Sequenz von DLK ist zwischen verschiedenen Tieren (Spezies) fast gleich, was seine biologische Bedeutung in der Regeneration von Säugern unterstreicht. DLK spielt also eine wichtige Rolle als Vermittler des axonalen Alarmsignals nach peripherer Nervenläsion, u. a. durch Aktivierung von JUN Kinase (JNK).

Die molekulare Analyse erfolgreicher axonaler Regeneration im Rahmen der Konditionierungsreaktion und im Rückenmark von einigen Tierarten (z. B. im Zebrafisch) zeigt auf, unter welchen Bedingungen das intrinsische Regenerationsprogramm aktiviert werden kann, um Axone auch in einer an sich wachstumsfeindlichen Umgebung stimulieren zu können. Solche Erkenntnisse haben auch hohe Relevanz für die Entwicklung möglicher Therapien beim Menschen. Dabei ist von Bedeutung, dass das genannte Konditionierungsparadigma sogar noch bis zu einem Jahr nach einer Nervenverletzung funktioniert, d. h., läsionierte Axone können auch in der chronischen Phase noch zur Regeneration angeregt werden.

Es sollen zu Beginn dieses Abschnitts daher neben den zellulären auch die molekularen Mechanismen vorgestellt werden, die Axone insbesondere bei Säugern von einer Regeneration im Rückenmark aktiv abhalten. In diesem Zusammenhang sind völlig unterschiedliche Zelltypen von Interesse, die nicht nur dem Nervengewebe zugerechnet werden, sondern auch im Bindegewebe oder lymphatischen Gewebe ihren Ursprung haben können. Für das Verständnis ausbleibender Regeneration nach Querschnittsläsion sind also die oben genannten Fibroblasten, Perizyten, Makrophagen und Lymphozyten ebenso wichtig wie die zentralnervöse Glia.

2.3.3   Die neuronale Antwort auf eine Axotomie im ZNS

Obwohl zentralnervöse Neurone ein axonales Regenerationsprogramm starten können, muss es im Vergleich zum PNS molekulare Differenzen in den betroffenen Nervenzellen und in verletzten Axonen selbst geben. Anders als nach peripherer Nervenläsion ziehen sich nämlich die allermeisten der axotomierten Fasern nach ihrer Durchtrennung von der Läsionsstelle im Rückenmark vollständig zurück. Die Endigungen (*retraction bulbs*) dieser retrahierten Axone sind als Auftreibungen im Mikroskop gut erkennbar und werden als dystrophe Endkolben bezeichnet.

Endkolben bilden keinen Wachstumskegel mehr aus und können über Monate bis Jahre im Gewebe einfach liegen bleiben. Mikroskopisch findet sich ein instabiles Zytoskelett mit vielen unorganisierten Mikrotubuli, das mit axonalem Wachstum nicht vereinbar ist. Wie im ersten Kapitel geschildert, sind demgegenüber in den meisten peripheren Axonen schon früh geordnete und korrekt orientierte, d. h. mit dem Plus-Ende nach distal zeigende Mikrotubuli zu erkennen. Diese werden durch Polymerisation kontinuierlich verlängert und in die neu gebildeten Wachstumskegel hinein vorgeschoben (s. Abb. 1.17).

Ein weiterer Unterschied zwischen verletzten zentralen und peripheren Nervenfasern betrifft die axonale Protein- und Lipidsynthese sowie die Energieversorgung. Neben der Versorgung mit dem in Mitochondrien hergestellten Energieträger ATP ist die lokale Produktion von Eiweißen und Phospholipiden für die axonale Regeneration von zentraler Bedeutung. Letztere werden für den Membranaufbau auswachsender Fortsätze in großer Zahl benötigt. Enzyme, die im Fettstoffwechsel eine Rolle spielen (Lipin1, DGAT), sind daher auch in Axonen und Dendriten zu finden.

Interessanterweise ist die Produktion der für Plasmamembranen so wichtigen Phospholipide zugunsten der Triglyceride in axotomierten ZNS-Neuronen reduziert. Nur im PNS wird die für die Triglyceridherstellung notwendige neuronale Diglycerid-Acyltransferase (DGAT) nach einer Verletzung herunterreguliert, sodass mehr Phospholipide und damit schneller Membranen gebildet werden können, um die Regeneration von Axonen zu unterstützen.

In Bezug auf die lokale Proteinsynthese stehen im ZNS deutlich weniger axonale Ribosomen zur Verfügung als im PNS. Weiterhin ist der Transport RNA-bindender Proteine, die für die Regeneration erforderlichen mRNAs vom Zellkörper in die axonalen Endigungen bringen (z. B. die für Aktin kodierende mRNA), nach einer zentralen Läsion nur noch vermindert nachweisbar.

Auch finden sich im Unterschied zur peripheren Nervenläsion nur wenige Mitochondrien in den Endigungen verletzter Axone im Rückenmark. Die Induktion der Eiweiße ARMCX1 und PAK5, die den mitochondrialen Transport steigern, könnte daher einen therapeutischen Ansatz darstellen. Darüber hinaus lässt sich die Energieproduktion durch eine NAD^+-abhängige Deacetylase, Sirtuin 2 (SIRT2), erhöhen. SIRT2 wird von Axonen über Vesikel (Exosomen), die von Oligodendrozyten freigesetzt werden, aufgenommen und steigert die Produktion von ATP in den Mitochondrien.

Es ist also festzuhalten, dass neben den Stoppsignalen in der Umgebung von verletzten Axonen auch eine mangelhafte Protein-, Lipid- und ATP-Synthese die Ausführung eines effektiven Regenerationsprogramms im ZNS beeinträchtigt. Die von der Läsionsstelle zum Zellkörper geschickten Alarmsignale sind gegenüber dem PNS reduziert. Eine Folge davon ist, dass neuronale Perikaryen im ZNS eher als die Nervenzellkörper im PNS nach Durchtrennung ihrer Axone kollabieren und in einen *Stand-by*-Modus wechseln.

Wichtige Erkenntnisse zu einer möglichen therapeutischen Überwindung dieser Situation kommen regelmäßig aus der Entwicklungsbiologie. So sind beispielsweise hohe Spiegel des Signaltransduktionsmoleküls cAMP nur während der Entstehung des Nervensystems vorhanden. Dieser von der Adenylatcyclase hergestellte *second messenger* verhindert die Hemmung axonalen Wachstums durch das sich bildende Myelin.

Interessanterweise helfen im ausgereiften Nervensystem die nicht-hydrolysierbaren cAMP-Analoga (z. B. Dibutyryl-cAMP) verletzten peripheren Wurzelfasern, den Weg zurück in das Rückenmark zu finden (ähnlich zur beschriebenen Präkonditionierung durch distale Axotomie). Die so stimulierten Axone gelangen sogar über die Hinterstränge hinauf zum Hirnstamm. Leider reicht für die axonale Regeneration der im ZNS lokalisierten Neurone aber ein alleiniger Anstieg von cAMP nicht aus (s. Abb. 1.21).

Vermutlich geht der wachstumsfördernde Effekt der cAMP-Analoga auf eine Veränderung der neuronalen Genexpression zurück, da diverse RAGs (u. a. Arginase I und Interleukin-6) durch die cAMP-vermittelte Aktivierung des Transkriptionsfaktors CREB vermehrt transkribiert werden. Sie sind übrigens auch das Ziel von G-Protein-gekoppelten Membranrezeptoren, die beispielsweise durch Neuropeptide oder den inhibitorischen Neurotransmitter GABA aktiviert werden können. Neuere Befunde zeigen, dass neuronale GABA-B-Rezeptoren durch eine gesteigerte Glykolyse in Gliazellen stimulierbar sind, da Glucose hier zu Laktat abgebaut wird und dieses an GABA-Rezeptoren bindet.

2.3.4 Transkriptionsfaktoren und epigenetische Regulatoren im verletzten ZNS

Die notwendige Umstellung des neuronalen Stoffwechsels von Transmission auf Regeneration setzt, wenn überhaupt, nach einer Gehirn- oder Rückenmarksschädigung nur verzögert ein. Die für axonales Wachstum kritischen Signalwege werden nach zentraler Axotomie also weniger stark aktiviert als nach einer peripheren Nervenläsion. In der Folge werden diverse RAGs, wie z. B. GAP43 oder CAP23, gar nicht oder nur wenig hochreguliert. Eine erzwungene Überexpression, also ein exogen induzierter starker Anstieg von RAGs, fördert zumindest die Regeneration aufsteigender Fasertrakte innerhalb des Rückenmarks, also von Axonen, die ihren Ursprung in den peripher gelegenen Spinalganglien haben.

Darüber hinaus bleibt in axotomierten ZNS-Neuronen eine Aktivierung regenerationsrelevanter Transkriptionsfaktoren (TFs) aus. Insbesondere fehlt die Induktion der für die Regeneration notwendigen TFs (u. a. JUN, STAT3, ATF3 und SMAD1), die für die Initiation oder Aufrechterhaltung von axonalem Wachstum durch Bindung an DNA und Regulation der Genexpression wichtig sind.

Außerdem finden sich Unterschiede zwischen axotomierten ZNS- und PNS-Neuronen auf epigenetischer Ebene. So fehlt im ZNS der in peripheren Axonen wichtige Transport von HDAC5, einer zum Aufbau von Mikrotubuli notwendigen Histon-Deacetylase, aus dem Zellkern in das Zytoplasma und weiter in die Axone. Der peripher nachgewiesene Transport einer Histon-Acetyltransferase (KAT2B) vom Zytoplasma zurück in den Zellkern ist ebenfalls in axotomierten ZNS-Neuronen nicht nachweisbar (KAT2B spielt eine wichtige Rolle bei der Förderung der peripheren Axonregeneration). Schließlich sind bestimmte DNA-Methylierungen (5hmC) nur in peripheren, nicht aber in zentralen Neuronen nach einer Läsion nachweisbar.

Weitere epigenetische Inhibitoren der axonalen Regeneration finden sich unter den im ersten Kapitel vorgestellten miRNAs. So fördert beispielsweise ein Ausschalten (*knock-out*) von miR-155 spontanes Axonwachstum in der Zellkultur und zeigt positive Effekte auf die axonale Regeneration sensibler Nervenfasern in den Hintersträngen des Rückenmarks. Die Ausdehnung einer zentralen Läsion ist in diesen Tieren geringer und es sind weniger inflammatorische Makrophagen nachweisbar. Die lokomotorischen Funktionen der Mäuse verbessern sich in Abwesenheit von miR-155 jedenfalls deutlich. Umgekehrt können miRNAs, wie z. B. miR-132, miR-222 und miR-431, aber auch positive Effekte auf die axonale Regeneration entfalten.

Interessante, indirekte Effekte lassen sich nach Gabe von miR-126 oder miR-544 in Tiermodellen der Querschnittsläsion feststellen. So werden eine Zunahme von Blutgefäßen durch Stimulation der Angiogenese und anti-inflammatorische Effekte beobachtet. Darüber hinaus sind miR-124 und miR-9 an der Bildung von Neuronen aus Fibroblasten beteiligt, was für die Stammzellforschung von großer Bedeutung ist (und später diskutiert wird). Möglicherweise werden zukünftig auch die im ersten Kapitel vorgestellten *long non-coding* RNAs (lncRNAs) eine wichtige Rolle bei der Therapie der Querschnittsläsion spielen. Die lncRNA Vof-16 wird beispielsweise nach ZNS-Läsionen hochreguliert und ihre gentherapeutische Verminderung verbessert die axonale Regeneration und funktionelle Erholung nach traumatischer Rückenmarksverletzung in Ratten.

Auf den Punkt gebracht

- Im Unterschied zur peripheren Nervenläsion ziehen sich verletzte Axone von einer Rückenmarksläsion zurück. Ihre Endigungen bilden dystrophe Endkolben, aber keinen Wachstumskegel aus.
- Obwohl ZNS-Neurone prinzipiell zur Regeneration befähigt sind, lassen sich deutliche Unterschiede zwischen axotomierten peripheren und zentralen Neuronen feststellen: Die Herstellung von Membranlipiden, die axonale Protein- und ATP-Synthese sowie die Induktion von TFs und RAGs sind deutlich vermindert.
- Ebenso sind die der axonalen Regeneration zugrunde liegenden epigenetischen Veränderungen (z. B. Histon-Acetylierung, DNA-Methylierung und miRNA-Induktion) nach Rückenmarksverletzung im Vergleich zur peripheren Nervenläsion gar nicht oder nur deutlich reduziert nachweisbar.
- Ein Anstieg von cAMP in Spinalganglien führt zur Regeneration von Wurzelfasern durch die Hinterstränge des Rückenmarks bis zum Hirnstamm. In ZNS-Neuronen wirkt cAMP überlebensfördernd, ermöglicht aber kein elongatives Axonwachstum.

2.3.5 Einschränkung der axonalen ZNS-Regeneration im Alter

Wie oben diskutiert, ist nach einer Verletzung von Nervenfasern die Bereitstellung von Membranlipiden eine notwendige Voraussetzung für erfolgreiche axonale Regeneration. Im Alter werden nun insbesondere in ZNS-Neuronen generell weniger Phospholipide hergestellt, insbesondere das an Plasmamembranen gebundene PIP_3. Dieser Befund geht auf eine reduzierte Aktivität der PI3-Kinase zurück, der ja eine Schlüsselrolle bei der Axonregeneration in reifen Nervenzellen zukommt (s. Abb. 1.20).

PI3-Kinase wird durch diverse Wachstumsfaktor-Rezeptoren stimuliert, deren Aktivität im Alter generell abnimmt. Nur beim Rezeptor für das Zuckerhormon Insulin und Insulin-ähnlichem Wachstumsfaktor (*insulin-like growth factor* 1, IGF-1) verhält es sich anders, da der IGF-1-Rezeptor axonales Wachstum im Alter überraschenderweise sogar hemmt. Daher führt die genetische Reduktion des Insulin-Rezeptors oder seine Blockade mittels Antikörpern zu einer verbesserten Nervenregeneration im Alter (und auch zu Langlebigkeit, insbesondere bei weiblichen Individuen).

Neben der verminderten Aktivität der PI3-Kinase aktivierenden RTKs sind in alternden ZNS-Neuronen viele RAGs nur noch eingeschränkt ablesbar. Vermutlich sind ihre Promotoren, also diejenigen DNA-Abschnitte, von denen aus die Expression der jeweiligen mRNAs gesteuert wird, im Alter weniger zugänglich als in der Embryonalentwicklung. Hier lassen sich möglicherweise durch Reprogrammierungsmaßnahmen, z. B. durch Überexpression von TFs wie Oct4, Sox2, Klf4, c-Myc, Nanog oder Lin28, alternde Neurone in juvenile, regenerationsfähige Nervenzellen überführen. Aber das ist derzeit noch Zukunftsmusik.

Eine weitere Ursache der eingeschränkten Axonregeneration im Alter scheint auch etwas mit der Steifigkeit von Axonen zu tun zu haben. Sie verdreifacht sich im Vergleich zu jungen Axonen und geht mit einer verminderten Produktion von Mikrotubuli und einem reduziertem axonalen Transport einher. Es überwiegen die Intermediärfilamente, insbesondere die Neurofilamente, die ein Axon steifer machen. Weiterhin zeigt das alternde ZNS insgesamt eine höhere Reaktivität in Bezug auf Astrozyten, Mikroglia oder Makrophagen und verstärkt damit die hemmenden Einflüsse auf die axonale Regeneration.

2.3.6 Extrinsische Hemmer axonaler Regeneration im ZNS

Bevor wir auf die spezifischen Eigenschaften der Stoppsignale im ZNS eingehen, sollen in der folgenden Abbildung die zwei Formen axonalen Wachstums im Rückenmark skizziert werden, die beide unter dem Begriff Axonregeneration zusammengefasst, aber nicht auf die gleiche Art und Weise gehemmt werden (Abb. 2.4).

Die Herstellung längerer Verbindungen bis in das untere, kaudale Rückenmark hinein ist in der Regel nicht möglich, da das *Long-distance*-Wachstum von verletzten Axonen, aber auch von Kollateralen intakter Axone durch die inhibitorische Umgebung im ZNS aktiv und nahezu vollständig gehemmt

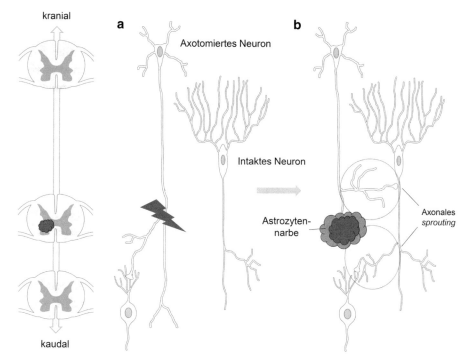

kranial

a Axotomiertes Neuron **b**

Intaktes Neuron

Astrozyten-
narbe

Axonales *sprouting*

kaudal

Abb. 2.4 Umgehungen einer Rückenmarksläsion durch Kollateralen intakter Axone und Verzweigungen verletzter Axone oberhalb der Läsion. Auf diese Art können oberhalb (kranial) oder unterhalb (kaudal) der Verletzung ausgefallene Funktionen wiederhergestellt werden, da über intakte Verbindungen diejenigen Neurone, die ihre ursprüngliche Innervation verloren haben, mitversorgt werden. Vergleich der Situation vor einem Trauma **(a)** mit der späten Phase danach **(b)**

wird. Hierfür sind die oben genannten Stoppsignale, also die von Glia und Fibroblasten freigesetzten extrazellulären Matrixmoleküle und insbesondere die Myelin-assoziierten Inhibitoren (MAIs) verantwortlich. Die Konzentration dieser Moleküle ist im ZNS deutlich höher als im PNS.

Andererseits sind wachstumsfördernde Substanzen, wie z. B. Laminine, aber auch einige der neurotrophen Faktoren im verletzten ZNS reduziert. Damit sind nicht nur die oben genannten intrinsisch-neuronalen, sondern auch die äußeren Bedingungen für eine erfolgreiche Regeneration axotomierter Nervenfasern im Rückenmark generell ungünstiger als in der Peripherie.

MAIs sitzen in der Plasmamembran von Oligodendrozyten, den markscheidenbildenden Zellen im ZNS. Ihre primäre Funktion ist die Wachstumshemmung von Axonen, wenn diese ihre Entwicklung abgeschlossen und Synapsen ausgebildet haben. Insbesondere das NOGO-Protein (nomen est omen!) sowie OMgp und MAG werden zu den MAIs gerechnet (s. Abb. 1.22).

Darüber hinaus ist Netrin-1 als Richtungsmolekül für auswachsende Axone inhibitorisch im ZNS (aber nicht im PNS).

Normalerweise spielen NOGO, OMgp und MAG eine wichtige Rolle beim Aufbau und Erhalt der Markscheide. Außerdem sind sie an den vielfältigen Interaktionen des Myelins mit dem Axon beteiligt. Zusammen mit den oben erwähnten extrazellulären Matrixmolekülen (u. a. CSPGs) stabilisieren sie nach Abschluss der Entwicklung des Nervensystems die synaptischen Kontakte zwischen Axonen und Dendriten. Sie fixieren damit die neuronalen Verbindungen, die unseren angeborenen und angelernten Fähigkeiten zugrunde liegen, und konsolidieren die nach Abschluss der Entwicklung fertig gestellte Netzwerkarchitektur.

Die Bindungspartner der MAIs stellen axonale Transmembran-Rezeptoren dar. MAG, OMgp und NOGO besitzen mindestens zwei Bindungsstellen auf Axonen, den NOGO-Rezeptor (NgR, s. Abb. 1.22) und das Protein PirB (*paired immunoglobulin-like receptor B*). Letzteres wird nach einer axonalen Läsion in betroffenen Neuronen hochreguliert und trägt entscheidend zur Wachstumshemmung bei, denn Antagonisten oder *knock-out* von PirB sowie die kombinierte Blockade, nicht aber die Ausschaltung von NgR allein, erlauben axonale Regeneration im ZNS (zumindest im Kleinhirn und im optischen Nerv). Weitere in diesem Zusammenhang untersuchte Rezeptoren von Stoppsignalen sind die Rezeptor-Protein-Tyrosin-Phosphatasen (PTPσ), Ganglioside (GD1a und GT1b) und Lipoprotein-Rezeptor-verwandte Proteine (LRP1). Nach Aktivierung durch CSPGs und andere Matrixmoleküle werden in Axonen dann bestimmte Signaltransduktionsketten aktiviert, die insbesondere zu einer Störung im Aufbau des Zytoskeletts führen und damit axonales Wachstum verhindern.

2.3.7 Wirkungsmechanismen extrazellulärer Wachstumshemmer

Ein Schlüsselenzym in der Weiterleitung der Signale, die durch exogene Inhibitoren im Axon aktiviert werden, ist die im ersten Kapitel schon vorgestellte RhoA-GTPase. Sie reguliert das für die axonale Regeneration notwendige Aktin-Zytoskelett und reduziert die Aktivität Mikrotubulus-schneidender Enzyme (Katanin, Spastin). Andere GTPasen hemmen ebenfalls die Axonregeneration, darunter die am Membran- und Integrin-Transport beteiligte Rab27b-GTPase. Schaltet man diese in Mäusen aus, zeigt sich in den Tieren eine verstärkte axonale Sprossungsreaktion nach einer Läsion. Umgekehrt ist eine weitere GTPase (Rab11) für das Recycling von Wachstumsfaktorrezeptoren notwendig und stimuliert auf diese Art das Neuritenwachstum (da sich mehr Rezeptoren für trophe Faktoren in der Plasmamembran befinden).

Ebenso fördern Adapter-Moleküle für Rab11 in den endosomalen Membranen, wie z. B. das Protrudin, den anterograden Transport von Vesikeln in Axonen und damit auch die axonale Regeneration. Eine weitere, in diesem Zusammenhang relevante intrinsische Bremse des Axonwachstums ist der Guanin-Nukleotid-Austausch-Faktor für den ADP-Ribosylierungs-Faktor 6 (EFA6), der im Anfangsteil von ZNS-Axonen (Initialsegment) lokalisiert ist. EFA6 ist ebenfalls in den anterograden Transport involviert. Es verhindert, dass endosomale Vesikel mit Integrin-Membranproteinen in distale Axonabschnitte gelangen. Dadurch fehlen die für eine Interaktion mit der extrazellulären Matrix notwendigen Andockungsmoleküle in der Axonmembran, und die Regeneration bleibt aus. Schließlich wird durch Myelin-Inhibitoren auch ein DNA-Reparatur-Enzym (PARP1) aktiviert, das über eine Akkumulation von poly-ADP-Ribose axonales Wachstum hemmt.

MAIs, ihre Rezeptoren und die intrazellulären Mechanismen der Weiterleitung von Stoppsignalen standen über viele Jahre im Mittelpunkt des Forschungsinteresses zahlreicher Laboratorien, die sich mit neuen Behandlungsansätzen der Querschnittsläsion beschäftigten. Leider fördert ihre alleinige Blockade aber nicht die gewünschte *Long-distance*-Regeneration im ZNS in einem klinisch relevanten Ausmaß. Dieses aus Sicht von Patienten enttäuschende Ergebnis wurde durch genetische *Knock-out*-Studien bestätigt, die zeigten, dass das Ausschalten jedes einzelnen glialen Inhibitors und sogar der gleichzeitige Verlust aller drei MAIs (MAG, OMgp und NOGO) die axonale Regeneration nicht entscheidend verbessern können. Sie sind also nicht allein für die axonale Wachstumshemmung im ausgereiften ZNS verantwortlich. Interessanterweise hat sich aber gezeigt, dass OMgp und NOGO mit der Bildung axonaler Verzweigungen interferieren, d. h., sie reduzieren axonales *sprouting*.

Es kann nach vielen Jahren experimenteller Forschung daher als gesichert gelten, dass die effektive Förderung axonaler Regeneration im ZNS über größere Distanzen hinweg nicht nur eine, sondern mehrere therapeutische Maßnahmen erfordert. Die Blockade von MAIs und CSPGs oder ihrer Rezeptoren wird neben der Stimulation regenerationsassoziierter Gene (RAGs) und der Steigerung von neuronaler Lipid- und Proteinsynthese im Mittelpunkt einer solchen Behandlung stehen. Zusätzlich wird vermutlich ein Zellersatz erforderlich sein, beispielsweise durch Transplantation neuronaler Stammzellen; dazu mehr im letzten Abschnitt dieses Kapitels.

2.3.8   Ursachen der Blockade axonaler Regeneration im ZNS

Es stellt sich abschließend die Frage, wieso die Umgebung regenerierender Axone im ausgereiften Gehirn und im Rückenmark eigentlich derart wachstumsfeindlich ist. Warum hatten über die Jahrmillionen der Stammesentwicklung nicht gerade solche Individuen einen Fortpflanzungsvorteil, für die eine traumatische Verletzung von Rückenmark oder Gehirn kein dauerhafter Schicksalsschlag war? Warum wachsen axotomierte Fasern im Rückenmark nicht wenigstens ein paar Zentimeter aus, sodass der Patient nach einer Querschnittsläsion wieder selbstständig atmen oder einen Arm bewegen kann? Im peripheren Nervensystem funktioniert es doch grundsätzlich auch.

Für die Beantwortung dieser Fragen ist ein Vergleich mit Organismen interessant, die einen Querschnitt wieder vollständig reparieren können, z. B. Goldfische, Zebrafische oder der Salamander. Auch im Opossum, der Beutelratte, kann ein durchtrenntes Rückenmark noch bis zu einer Woche nach der Geburt vollständig wiederhergestellt werden. Offenbar haben diese einfacheren Organismen einen Überlebensvorteil, denn ihre speziellen zellulären und molekularen Mechanismen ermöglichen eine vollständige Reparatur des ZNS. Aber warum nicht bei uns?

Umgekehrt wird ein durch die Evolutionstheorie geprägter Wissenschaftler fragen, welchen Vorteil es haben könnte, dass Rückenmark und Gehirn nach Abschluss der Entwicklung „fest verdrahtet" sind. Bedeutet die Fähigkeit zu einer Reaktivierung axonaler Wachstumsprozesse möglicherweise, dass einmal gelernte, überlebenswichtige Fähigkeiten wieder verloren gehen können? Oft liegen ja funktionell völlig verschiedene Kerngebiete und Fasertrakte im ZNS räumlich eng beieinander. Wenn axonales Wachstum leicht induzierbar wäre, würden unerwünschte Verbindungen schon bei geringfügigen Pathologien auftreten und damit angeborene oder in der Kindheit erlernte Funktionen wieder verloren gehen.

Im Rahmen der Diskussion solcher Fragen ist noch nicht endgültig entschieden, ob die Evolution in Bezug auf zentrale Axonregeneration überhaupt direkt wirksam wurde. Es ist ja äußerst unwahrscheinlich, dass es in „freier Wildbahn" genügend Zeit gibt, eine Rückenmarksläsion vollständig ausheilen zu lassen, denn man wird zwischenzeitlich ein Opfer von Fressfeinden geworden sein. Die fehlende Regeneration im ZNS stellt unter dieser Annahme also eher ein Nebenprodukt einer immer komplexeren Phylogenese dar, die über Jahrmillionen unsere DNA durch Mutationen und genetische Variabilität verändert hat.

Ein gutes Argument für diese Hypothese findet sich in der Unmöglichkeit, axonale Punkt-zu-Punkt-Verbindungen zwischen weit entfernt liegenden Nervenzellen nach Abschluss der Entwicklung wiederherzustellen. Wie soll ein verletztes Axon seinen ursprünglichen Partner unter tausenden von nahe zusammenliegenden Neuronen überhaupt wiederfinden? Dies ginge nur, wenn wie bei Fischen oder Amphibien das kaudale Rückenmark komplett neu angelegt und alle Funktionen wieder erlernt werden, was bei hochentwickelten Säugern viele Jahre dauern würde. Eine Regeneration von *Long-distance*-Verbindungen würde – anders als im PNS – zwangsläufig zu zahlreichen unerwünschten Verbindungen und damit nicht zu einer Heilung, sondern eher zu einer Zunahme der durch ein zentralnervöses Trauma verursachten Probleme führen.

Ein elegantes Experiment zur Erklärung der ausbleibenden Axonregeneration im ZNS wurde vor einigen Jahren an Spinalganglien durchgeführt. Manche der hier lokalisierten Neurone haben ein Axon, das sich nicht nur in der Nähe des Zellkörpers im peripheren Ganglion, sondern auch noch einmal innerhalb des Rückenmarks T-förmig teilt und damit zwei Regionen im ZNS ansteuert. Wird nun einer der beiden Fortsätze durchtrennt, kommt es nicht zur axonalen Regeneration. Nur wenn beide Verbindungen gleichzeitig unterbrochen werden, lässt sich axonales Wachstum beobachten. Eine einzige noch intakte synaptische Verbindung reicht also aus, um die Regeneration zu verhindern. Diese eine Verbindung ist offenbar so wichtig, dass sie nicht durch Aktivierung von axonalen Wachstumsprozessen gestört werden darf.

Weitere Hinweise in diese Richtung kommen aus der Genetik: Mutationen, die das Axonwachstum fördern, gehen zumeist mit einer Verschlechterung der synaptischen Transmission einher (Beispiele hierfür wären die für Neurofibromin 1, PTEN oder Tsc1 kodierenden Gene). Im ZNS schließen sich axonale Regeneration und effektive Transmitterübertragung also gegenseitig aus. Das axonale Regenerations-Programm stimuliert RAGs (regenerationsassoziierte Gene), führt aber gleichzeitig zu einer Reduktion der für die synaptische Transmission notwendigen Genexpression und in der Folge zu einer verminderten Ausschüttung von Transmittern an der Synapse.

Umgekehrt sind einige der an der Fusion synaptischer Vesikel mit der Axonmembran beteiligten Proteine (RIM, Munc13s) auch Hemmer der axonalen Regeneration. Dazu passt die Beobachtung, dass das als Muskelrelaxans bekannte Medikament Baclofen, ein Agonist (Aktivator) des GABA$_B$-Rezeptors, die axonale Regeneration fördert, durch die Öffnung von Chlorid-Kanälen aber die neuronale Aktivität vermindert.

Zusammengenommen ist daher davon auszugehen, dass durch intrinsische, genetisch programmierte Mechanismen am Ende der Entwicklung des

Nervensystems die Freisetzung aktivierender Botenstoffe an den Synapsen mit einem endgültigen Stopp des axonalen *Long-distance*-Wachstums einhergeht. Da viele ZNS-Neurone hoch verzweigt sind und viele Verbindungen unterhalten, wird bei Auftreten einer Läsion der Wachstumsmotor nicht in der gesamten Zelle angeschaltet. Entweder kann also nach einer Heilungsphase der betroffene Organismus mit den Folgen der Verletzung leben (und sich weiter reproduzieren) oder er scheidet aus dem Genpool aus.

Auf den Punkt gebracht

- Die elongative Axonregeneration wird im Rückenmark durch eine im Vergleich zum PNS hohe Konzentration extrazellulärer Matrixmoleküle und Myelin-assoziierter Inhibitoren (MAIs) gehemmt.
- MAIs blockieren axonales Wachstum, nachdem die Entwicklung des ZNS abgeschlossen ist. Sie fixieren damit die angeborenen und erlernten neuronalen Verbindungen und erhalten die etablierten überlebenswichtigen Funktionen und erworbenen Fähigkeiten.
- Neben den NOGO-Rezeptoren und PirB fungieren Rezeptor-Protein-Tyrosin-Phosphatasen, Ganglioside und Lipoprotein-Rezeptor-verwandte Proteine als Rezeptoren für Stoppsignale in der Axonmembran.
- Die von ihnen aktivierten Signaltransduktionswege umfassen GTPasen der Rho- und der Rab-Familie, die den Aufbau des axonalen Zytoskeletts blockieren und den anterograden Transport von Vesikeln reduzieren.

2.3.9 Neuroplastische Veränderungen finden zeitlebens statt

Trotz der hier ausführlich geschilderten Problematik axonaler Regeneration im ZNS bleibt festzustellen, dass es in Gehirn und Rückenmark eine umschriebene, lokal begrenzte Neuroplastizität in jedem Alter gibt. Sie ist ja für unser Lernen und die Gedächtnisbildung auch unerlässlich. Diese morphologischen Veränderungen betreffen axonale Endigungen und dendritische Fortsätze (die sog. *spines*) und sind in der Regel auf den Mikrometer-Bereich beschränkt. Sie stören daher nicht die Funktionalität von axonalen Fasertrakten und anderen *Long-distance*-Verbindungen. Diese Neuroplastizität trägt auch unterhalb einer Läsionsstelle zu den Erfolgen der später zu besprechenden physiotherapeutischen Ansätze und Stimulationstherapie bei, da noch intakte Neurone in neue Schaltkreise eingebunden und damit „umgeschult" werden können.

Im Rahmen der Diskussion über die zentrale Neuroplastizität nach peripherer Nervenläsion (s. Abschn. 1.4) haben wir schon gesehen, dass durch eine lokal begrenzte Reorganisation neuronaler Verbindungen ausgefallene

Funktionen zumindest teilweise wiederhergestellt werden können. Das schließt auch eine Reaktivierung von synaptischen Kontakten ein, die in der Entwicklung oder frühen Kindheit etabliert, aber beim Erwachsenen nicht mehr benötigt und in der Folge inaktiviert wurden (aber strukturell noch vorhanden sind). Die genetischen und epigenetischen Grundlagen dieser Reparaturvorgänge scheinen im Laufe der Phylogenese der Wirbeltiere positiv selektioniert worden zu sein, denn sie treten in allen untersuchten Säugetieren auf und werden nicht nur nach einer Querschnittsläsion, sondern beispielsweise auch nach einem Schlaganfall beobachtet.

Ein für sensomotorische Regelkreise besonders relevantes Beispiel betrifft die Tiefensensibilität (Propriozeption). Sie ist bekanntermaßen von großer Bedeutung im Rahmen peripherer Nervenregeneration, da sie für die Wiederherstellung normaler Bewegungsfunktionen benötigt wird. Nach Rückenmarksverletzungen kommt es bei Fehlen des propriozeptiven Inputs auf motorische Vorderhorn-Neurone zu neuroplastischen Veränderungen, die sich letztlich auf übergeordneter, supraspinaler Ebene auch auf unsere Körperrepräsentationen auswirken. Diese sind ja nicht nur an eine intakte Oberflächen-, sondern auch an eine funktionierende Tiefensensibilität gebunden. Die Veränderungen in verschiedenen neuronalen Netzen führen sowohl zu einer Abnahme von Verbindungen in abgetrennten (denervierten) Arealen als auch zu einer Zunahme von synaptischen Kontakten zwischen ursprünglich nicht miteinander verbundenen Arealen. Diese sind besonders im somatosensiblen Cortex, aber auch im medialen präfrontalen Cortex, im Thalamus und im Gyrus cinguli zu beobachten und gehen immer mit einer Aktivierung von Gliazellen einher.

Eine Folge pathologischer Neuroplastizität können neuropathische Schmerzen sein. Sie treten Wochen oder Monate nach einer Rückenmarksverletzung zuerst auf Höhe der Läsion auf, werden aber mit zeitlicher Verzögerung oft auch in Dermatomen unterhalb des betroffenen Segmentes diagnostiziert. Leider werden solche zentral entstehenden Schmerzen oft chronisch und sind mit Medikamenten nur schwer zu behandeln; fast die Hälfte der Querschnittspatienten klagt darüber. Auf ihre Therapie wird am Ende des nächsten Abschnitts noch eingegangen.

2.4 Therapie der Querschnittsläsion

Im letzten Abschnitt dieses Kapitels sollen nun die aktuellen therapeutischen Verfahren der traumatischen Rückenmarksverletzung und experimentelle Ansätze vorgestellt werden, die zumindest im Tierversuch vielversprechende Ergebnisse gezeigt haben. Dazu gehören neben neuen pharmakologischen Behandlungen auch die derzeit intensiv beforschten Biopolymere und Stammzell-Transplantate.

Neuronale Stammzellen gelten als besonders vielversprechend, da sie mit regenerierenden Axonen synaptische Kontakte bilden und daher als Umschaltstelle für Impulse aus dem Gehirn bis in tiefe Rückenmarksregionen hinein dienen können. Es handelt sich um unreife Zellen, deren Fortsätze durch das intakte Rückenmark hindurch noch ohne Probleme wachsen können. Sie lassen sich außerdem durch gentechnische Veränderungen dazu bringen, große Mengen regenerationsfördernder Moleküle herzustellen, darunter das im ersten Kapitel angesprochene Adhäsionsmolekül NCAM. NCAM-überexprimierende embryonale Stammzellen haben sich als sehr geeignet erwiesen, die hemmende Umgebung im ZNS zu überwinden.

Darüber hinaus werde ich die bekannten, aber auch aktuelle pharmakologische Entwicklungen besprechen, die neurotrophe und neuroprotektive Substanzen sowie die Blockade der oben diskutierten Stoppsignale und Ansätze zur Auflösung des Narbengewebes umfassen. Frühere therapeutische Ansätze verfolgten schon eine Strategie, das Myelin im Rückenmark ganz zu entfernen, um regenerierenden Axonen den Weg in die unteren Rückenmarkssegmente „freizumachen" (beispielsweise durch Kynurensäure, ein Metabolit der Aminosäure L-Tryptophan). In diesem Zusammenhang sind auch spezielle Tiermodelle von Interesse, beispielsweise die ägyptische Stachelmaus (*Acomys cahirinus*).

In der Stachelmaus reduziert die Aktivierung bestimmter Glycosyltransferasen (z. B. β3gnt7) die Narbenbildung. Die Mäuse entgehen einem Angriff durch Fressfeinde, indem sie ihre Haut abstreifen, die dann ohne Narbenbildung wieder nachwächst. Da die extrazelluläre Matrix erheblich reduziert ist, wird auch die Axonregeneration im ZNS weniger gehemmt. Das macht dieses Tier nicht nur zu einem interessanten Modell für das Studium von Regenerationsprozessen, sondern zeigt auch neue pharmakologische Ziele auf, die sich möglicherweise für eine zukünftige Therapie der Querschnittsläsion eignen.

Die Motivation der Forscher, neue Behandlungsansätze zu finden, wird durch die Beobachtung gesteigert, dass schon wenige regenerierte Axone ausreichen sollten, um sensible Empfindungen oder sogar einfache Bewegungsprogramme zumindest im Ansatz wiederherzustellen. Es wird angenommen, dass die erfolgreiche Regeneration von 1–5 % aller verletzten Axone in einem Fasertrakt schon ausreicht, um bei den betroffenen Patienten spürbare Funktionsverbesserungen zu erreichen.

2.4.1 Vorgehen in der akuten und chronischen Phase einer Rückenmarksverletzung

Noch an der Unfallstelle werden der Blutkreislauf und die Atemfähigkeit überprüft und die Wirbelsäule ruhiggestellt, um Folgeschäden zu verhindern. In der Klinik wird dann die Wirbelsäule nach radiologischen Untersuchungen bei Bedarf operativ stabilisiert. Es sind möglicherweise Bandscheibenvorfälle zu beheben, gebrochene Wirbel zu korrigieren oder Knochenfragmente zu entfernen. Bei mechanischer Kompression des Rückenmarks ist eine Entlastungsoperation durchzuführen, um die Durchblutung des Rückenmarks nicht zu gefährden. Instabile Wirbelfrakturen werden operativ zumeist durch Immobilisierung mittels moderner Schraubstabsysteme versorgt.

Die therapeutische **Hypothermie**, d. h. die Abkühlung des Blutes auf 32–34 °C, hat in präklinischen Studien Erfolge gezeigt, die sich in ersten klinischen Untersuchungen haben bestätigen lassen (Phase-II- und Phase-III-Studien sind in Planung und auf https://clinicaltrials.gov/ct2/home einsehbar). Der schützende Effekt der Kälte basiert offenbar primär auf der Reduktion von Ödemen und Blutungen. Freie Radikale (Hydroxyradikale, Lipidperoxide, Stickstoffmonoxid) und neuronale Apoptose sind daher vermindert. Weiterhin ist die Ausschüttung erregender Transmitter (z. B. Glutamat) reduziert, Entzündungsprozesse und Narbenbildung gehemmt sowie die Angiogenese gefördert, was zusammen zu einer deutlich verminderten Mortalität und besserer Prognose führt.

Die Kombination einer Hypothermie mit N-Acetylcystein (einem Paracetamol-Antidot), Anästhetika (Bupivacain, Ketamin), Antioxidantien oder mit hyperbarer Sauerstoff-Therapie scheint die neuroprotektiven Effekte noch zu fördern. Eine Reihe von Fragen zu diesen innovativen Therapieformen müssen allerdings noch geklärt werden, darunter die Behandlungsdauer, die Geschwindigkeit und Dauer der späteren Erwärmung auf Nor-mothermie sowie mögliche Nebenwirkungen.

Eine intravenöse Behandlung mit Cortisol (Methylprednisolon) unterdrückt ebenfalls die Entzündungsreaktion und Gewebeschwellung, wird aufgrund der teils heftigen Nebenwirkungen allerdings sehr kontrovers diskutiert. Die Fachgesellschaften haben sich vor einigen Jahren auf eine Anwendung innerhalb der ersten 24 h nach einem Querschnittstrauma einigen können (s. *AOSpine* Richtlinie von 2017). Bis zu einem Fünftel der Bewegungsfunktionen kann offenbar durch eine hochdosierte intravenöse Gabe von Steroiden gerettet werden. Die meisten Patienten bekommen also trotz möglicher Komplikationen (Infektionen, Myopathie, gastrointestinale Blutungen) eine erste Dosis (30 mg/kg Körpergewicht) verabreicht, gefolgt von einer Infusion über 24 h (5,4 mg/kg/h).

Andere pharmakologische Ansätze befinden sich noch in klinischen Studien. Glibenclamid, ein Antidiabetikum, das eine Kaliumkanal-Untereinheit (Sur1) hemmt, scheint hier besonders vielversprechend. In Tierversuchen kann diese Substanz, wenn sie innerhalb von 8 h appliziert wird, den Gewebeerhalt und die funktionelle Erholung verbessern. Generell gilt, dass eine ausreichende Versorgung mit Vitaminen (B12, B9 bzw. Folsäure, C, D und E) sowie mit Magnesium sichergestellt sein sollte. Folsäure hat über eine Aktivierung der DNA-Methyltransferase möglicherweise auch einen positiven Effekt auf die axonale Regeneration, indem es die Matrix-Metalloproteasen MMP9 und MMP2, die ihrerseits sekundäre Gewebsschäden im Rückenmark hervorrufen, reduziert.

Der Verlust von Motorik und Sensibilität sowie die Unfähigkeit, Wasser zu lassen, treten üblicherweise sofort nach einem Trauma auf, die betroffene Muskulatur ist in dieser akuten Phase schlaff gelähmt. Oft verschlechtern sich diese Ausfallserscheinungen noch weiter. Ein anfänglich inkomplettes Querschnittssyndrom kann sich zu einem kompletten Syndrom entwickeln, wenn das begleitende Ödem größer wird oder Einblutungen im Bereich der Verletzungsstelle erst verzögert auftreten.

In der Wochen bis Monate nach dem Initialereignis andauernden Phase sprechen wir von einem spinalen Schockzustand, der aber nicht mit dem Schockbegriff in der Notfallmedizin verwechselt werden sollte. Der spinale Schock zeichnet sich immer durch eine schlaffe Lähmung der Muskulatur, eine Abwesenheit von Reflexen und durch Sensibilitätsausfälle aus.

Erst später treten verstärkte unwillkürliche Muskelkontraktionen auf, die bei mehr als 60 % der Patienten mit Querschnittssyndrom zu einer **Spastik** führen. Sie geht in den betroffenen Gelenken mit teils erheblichen Bewegungseinschränkungen (Kontrakturen) einher und betrifft besonders die Extensoren (Strecker) der Beine. Der Wechsel in eine Spastik findet sich nicht bei einer Schädigung unterhalb von LWK1/2, da bei dieser Höhe ausschließlich die Nervenwurzeln betroffen sind, nicht aber das Rückenmark. Damit handelt es sich also um eine periphere Nervenläsion.

Ein neuer Ansatz für die Verringerung der Spastizität nach einem Querschnitt ist die Anwendung eines der bekanntesten und giftigsten Neurotoxine, des Botulinumtoxin (Serotyp A, BoNTA568). Diese Substanz inhibiert nach lokaler Injektion in den Muskel die Verschmelzung der synaptischen Vesikel mit der präsynaptischen Axonmembran und führt damit zur Dauerrelaxation, also zu einer Lösung der Kontraktion. Die oft krampfartigen Schmerzen lassen nach und motorische Restfunktionen verbessern sich. Auch ist eine erleichterte Pflege und Rehabilitation zu erwarten. Leider entwickelt sich nach einigen Wochen eine Resistenz gegen BoNTA und es können Nebenwirkungen auftreten (z. B. eine Hypertonie und eine erhöhte Neigung zu Infekten).

Nicht leicht behandelbar ist die **autonome Dysreflexie**, ein auch als vegetative Dysregulation bezeichnetes Syndrom. Aufgrund des Ausfalls der viszeralen Organ- und Blutgefäßinnervation können die verantwortlichen Zentren im Hirnstamm den Blutdruck nicht mehr korrekt einstellen. Dadurch kollabieren die Patienten beim Aufrichten des Körpers, z. B. beim Wechsel vom Bett in den Rollstuhl. Daneben treten Phasen einer hohen sympathischen Aktivierung auf, die mit Blutdruckspitzen, übermäßiger Schweißsekretion und Kopfschmerzen einhergehen. Diese sehr unangenehmen und potenziell lebensgefährlichen Komplikationen werden beispielsweise durch Manipulationen oder Überdehnungen von Blase oder Enddarm ausgelöst und müssen rasch internistisch behandelt werden.

Entscheidend für den gesamten Verlauf eines Querschnittssyndroms ist die initial auf das Nervengewebe einwirkende Intensität der Verletzung. Da diese nicht genau bestimmt werden kann, ist eine genaue Prognose in den ersten Monaten nach einem Trauma zumeist nicht möglich, diese Zeit ist für die Patienten daher nicht leicht. Viele zeigen neben den somatischen Beschwerden und Komplikationen psychische Beeinträchtigungen unterschiedlicher Dauer und Intensität. Die Behandlung wird daher in spezialisierten Einrichtungen und Rehakliniken weitergeführt. Hier stehen Teams von Ärzten, Krankenpflegern, Physio- und Ergotherapeuten, aber auch von Psychologen, Sozialarbeitern und Ernährungsberatern zur Verfügung.

Mittels spezieller, auf den jeweiligen Patienten zugeschnittener Rehabilitationsprogramme und technischer Unterstützungsmaßnahmen können oft bestimmte Funktionen wiederhergestellt werden. Die beobachteten Effekte sind teils eindrucksvoll und vermutlich durch eine Stimulation der oben beschriebenen lokalen Neuroplastizität zu erklären, die im noch erhaltenen Teil des Rückenmarks und im Gehirn zur Bildung neuer neuronaler Verbindungen führt.

Hoffnungsvolle experimentelle Ansätze aus Tierversuchen, die eine Reaktivierung der Motorik durch gezieltes Lauftraining gezeigt haben, sind bisher leider nicht auf den Menschen übertragbar. Bei uns ist offenbar die Rolle der Pyramidenbahn in ihrer Funktion als supraspinaler Taktgeber für Bewegungsprogramme, die im Rückenmark entstehen, bedeutsamer als bei anderen Säugern. Trotzdem lassen sich durch Bewegungstraining, bei dem das Körpergewicht unterstützt wird, gelegentlich Erfolge erzielen, z. B. eine Verbesserung des Bewegungsablaufs, eine reziproke Aktivierung zwischen Beugern (Flexoren) und Streckern (Extensoren) sowie ein erleichtertes Abwechseln zwischen beiden Beinen. Derzeit wird untersucht, wann genau ein solches Training nach einer Querschnittsverletzung beginnen und wie intensiv es sein sollte.

Christopher Reeve, der als *Superman* bekannt gewordene amerikanische Schauspieler, hatte 1995 einen schweren Reitunfall, bei dem das Rückenmark auf Höhe der ersten beiden Halswirbel verletzt wurde. Dieses Trauma führte zu einer hohen Querschnittslähmung (Tetraplegie), die eine maschinelle Beatmung notwendig machte. Er bekam einen Atemschrittmacher implantiert und lenkte seinen computergesteuerten Rollstuhl mit dem Mund. Er versuchte noch zu seinen Lebzeiten eine ihn rettende Therapie zu erhalten, hielt selbst zahlreiche Vorträge und förderte die Rückenmarksforschung enorm. Einige der in meinem Buch beschriebenen Experimente hätten ohne die von ihm eingeworbenen Spendengelder und Forschungsmittel nicht durchgeführt werden können (zusammen mit seiner Frau gründete er das *Christopher and Dana Reeve Paralysis Resource Center*).

Reeve bleibt in seiner Ausdauer und seinem Engagement ein Vorbild für viele Patienten. Er trainierte täglich Arm- und Beinmuskulatur (mit externer Unterstützung) und konnte nach fünf Jahren sogar einen Zeigefinger bewegen. Außerdem waren Teile seines Körpers wieder spürbar. Jedoch werden selbst bei hervorragender Pflege allen Patienten irgendwann die praktisch unvermeidbaren Infektionen und Druckgeschwüre zum Verhängnis. Letztere sind bei regelmäßiger Umlagerung, auch in der Nacht, kaum vermeidbar. Nach Einweisung in eine Klinik aufgrund eines solchen Geschwürs (Dekubitus) an der Haut bekam Reeve einen Herzinfarkt und verstarb 2004, also neun Jahre nach seiner schweren Verletzung. Längere Verläufe sind bei beatmungspflichtigen Querschnittssyndromen auch nicht zu erwarten.

Im folgenden Abschnitt werde ich auf einige ausgewählte Therapien eingehen, die sich noch im experimentellen Stadium bzw. in klinischen Studien befinden (s. https://inclinicaltrials.com/acute-spinal-cord-injury/). Dazu gehören neben den pharmakologischen und zellulären Therapien auch robotergestützte Gehtrainer oder steuerbare Bioprothesen, die vereinzelt, aber noch nicht flächendeckend im Einsatz sind.

In den vergangenen Jahren sind gerade im Bereich der Rehabilitation von Querschnittspatienten erhebliche Fortschritte erzielt worden, die die Lebensqualität im Alltag entscheidend verbessern können. Außerdem gibt es mehrere Vereine und Verbände, die Rückenmarksverletzte nach Kräften unterstützen. In Deutschland sind dies beispielsweise die Fördergemeinschaft der Querschnittgelähmten (FGQ), in Österreich der Verband der Querschnittgelähmten (VQÖ) und in der Schweiz die Paraplegiker-Vereinigung (SPV).

Auf den Punkt gebracht

- Im Rahmen der Akutversorgung von Querschnittspatienten sollte neben einer Cortisol-Infusion auch eine therapeutische Hypothermie erwogen werden.
- Nach einem spinalen Schock, der durch eine schlaffe Muskellähmung und Reflexausfall gekennzeichnet ist, treten bei der Mehrzahl der Patienten unwillkürliche Muskelkontraktionen (Spastiken) auf. Spastizität kann durch Injektion von Botulinumtoxin reduziert werden.
- Die genaue Prognose des Erkrankungsverlaufes kann in den ersten Wochen und Monaten zumeist nicht gestellt werden.
- Aufgrund der schweren somatischen und psychischen Folgen einer Querschnittsverletzung ist eine umfassende Betreuung durch ein interdisziplinäres Team notwendig.

2.4.2 Neurotrophe Faktoren

Die Möglichkeit, neurotrophisch wirksame Moleküle künstlich (gentechnisch) in großer Menge herzustellen, war die Triebfeder für die in den 1980er-Jahren aufstrebende biotechnologische Industrie, Wachstumsfaktoren bei neurologischen Patienten einzusetzen. Leider blieben praktisch alle diese Behandlungsversuche bisher ohne Erfolg. Es war nämlich noch nicht bekannt, in welcher Dosierung und auf welche Art die Substanzen genau appliziert werden müssen. Man wusste damals auch noch nicht, ob die Faktoren nach intravenöser Gabe überhaupt durch die Blut-Hirn-Schranke in ausreichender Menge in das ZNS gelangen.

Weiterhin fehlten damals noch Untersuchungen zu der Frage, welche Wirkungen durch einen bestimmten Faktor genau auftreten würden. Heute gehen wir davon aus, dass man sie hätte höher dosieren und stereotaktisch (mittels einer Sonde) direkt in diejenigen Gehirnregionen injizieren müssen, die ausreichend Rezeptoren für die verwendete neurotrophe Substanz exprimieren. Bei Gabe in das körperwarme Blut oder in das Nervenwasser, den Liquor, werden diese Proteine rasch verdünnt und normalerweise innerhalb von Stunden oder wenigen Tagen abgebaut, d. h. durch die zahlreichen Eiweiß-spaltenden Enzyme (Peptidasen oder Proteasen) in Blut und Liquor degradiert.

Daher werden heute in der Therapie bevorzugt Pumpensysteme verwendet. Da Pumpen sich aber als fehleranfällig herausgestellt haben und wiederholt befüllt werden müssen, sind Biomaterialien entwickelt worden, die mit neurotrophen Faktoren beladen werden können. Weiterhin werden sie mittels transplantierter Stammzellen eingebracht, die nach gentechnischer Veränderung hohe Konzentrationen der Faktoren herstellen können. Der schon erwähnte basische Fibroblasten-Wachstumsfaktor fördert darüber hinaus die Bildung von Neuronen aus Stammzellen.

Weiterhin können neurotrophe Proteine, aber auch Lipide, mRNAs oder miRNAs mittels Exosomen appliziert werden. Diese kleinen (50–150 nm), per Exozytose freigesetzten Vesikel sind von einer Plasmamembran umgeben. Sie werden normalerweise von Nerven- und Gliazellen gebildet und funktionieren ähnlich wie Liposomen, in denen beispielsweise die mRNA für die Corona-Impfung verpackt wird. In mehreren präklinischen Studien wurden von Glia- oder Stammzellen freigesetzte Exosomen bei der Querschnittsläsion schon erfolgreich eingesetzt.

Mittels Exosomen, gentechnisch manipulierter Zellen oder osmotischer Pumpen können verschiedenste Moleküle in das läsionierte Rückenmark eingebracht werden. Es lassen sich sogar Gradienten, z. B. für den Nervenwachstumsfaktor (NGF) oder das Neurotrophin-3 (NT-3), herstellen, die regenerierende Axone anziehen und in Bereiche höherer Konzentrationen hineinwachsen lassen. Diverse trophe Faktoren können sogar nach Injektion in periphere Nerven retrograd zum Rückenmark transportiert werden und dort das dendritische Wachstum von Motoneuronen und deren synaptische Kontakte verstärken.

Der *brain derived neurotrophic factor* (BDNF) fördert die Regeneration motorischer Vorderhornneurone und axonaler Trakte, die aus dem Hirnstamm in das Rückenmark projizieren. Kombinationen von NT-3 und BDNF führten im Tierversuch zu einer Erholung der Beinmotorik sowie zu Verbesserungen der Blasenfunktion nach Rückenmarkskontusionen (Quetschungen). GDNF ist ebenfalls ein effizienter Wachstumsfaktor im ZNS und stimuliert darüber hinaus auch die Remyelinisierung regenerierter Axone.

Wie vorher erläutert, übernimmt beim Menschen insbesondere die Pyramidenbahn (Tractus corticospinalis) die Steuerung von Arm- und Beinbewegungen. Dieser Trakt wird im Mausmodell durch NT-3 zur axonalen Sprossung angeregt, regeneriert aber nicht durch die Läsionsstelle hindurch weiter nach kaudal. Leider unterstützen weder NGF noch BDNF die Regeneration der Pyramidenbahn.

Die ausbleibenden Effekte von Wachstumsfaktoren auf die axonale Elongation nach Querschnittsläsionen sind möglicherweise dadurch zu erklären, dass in den langen Axonen der Pyramidenbahn nicht genügend Neurotrophin-Rezeptoren (TrkA, TrkB oder TrkC) vorhanden sind. Eine verstärkte Expression von TrkB in corticospinalen Neuronen fördert jedenfalls die axonale Regeneration durch Aktivierung ERK-abhängiger Signalwege.

Allerdings befinden sich zahlreiche TrkA-Rezeptoren auf den Endigungen sensibler Axone im Hinterhorn des Rückenmarks, die durch NGF aktiviert werden und eine ausgeprägte Sprossungsreaktion hervorrufen. Dadurch entstehen neben einer vermehrten Schmerzempfindlichkeit leider auch Bewegungsstörungen. Derartige Effekte einer Behandlung mit Nervenwachstumsfaktoren sind schon bei der Therapie der peripheren Nervenläsion beobachtet worden.

Daher sind neben den Neurotrophinen weitere Faktoren in den Mittelpunkt des Interesses gerückt, unter ihnen die neutrotrophisch wirksamen Fibroblasten-Wachstumsfaktoren (FGFs). Vielversprechende Daten aus Tierversuchen und Berichte über einen 2004 erfolgreich behandelten Querschnitts-Patienten haben zur klinischen Testung von FGFs bei Rückenmarksläsionen geführt. FGFs sind neuroprotektiv, vermindern die Produktion von freien Sauerstoffradikalen und reduzieren die inflammatorischen Prozesse nach einer ZNS-Läsion. Die Ausschaltung von intrinsischen Hemmern der FGF-abhängigen Signalwege (u. a. sind das die in unserem Labor untersuchten Sprouty-Proteine) kann diese Effekte noch verstärken.

Bisher wurde im ZNS zu therapeutischen Zwecken insbesondere die saure Form von FGF angewendet (*acidic* FGF, FGF-1). Es gibt daneben aber auch einen basischen FGF (*basic* FGF, FGF-2). Ein kleines Molekül mit FGF-2 ähnlichen Eigenschaften (SUN13837) war in einer Phase I/II-Studie (NCT01502631) leider nicht erfolgreich. Der primäre Endpunkt dieser Studie (*clinical score*), in diesem Fall die Verbesserung der Symptomatik aufgrund einer klinischen Untersuchung, wurde im Vergleich zur Placebo-Behandlung nicht erreicht. Frühere präklinische Studien legten nahe, dass eine Applikation von FGF per Mikroinfusion direkt in das Zentrum einer spinalen Quetschungsläsion das Ausmaß der Gewebezerstörung um mindestens ein Drittel reduzieren kann. Interessanterweise entfalten mehrfache subkutane Injektionen von FGF-2 gleich nach der Verletzung ebenfalls günstige Effekte (reduzierte Gliose, verminderte Entzündung sowie axonales Wachstum und neuronales Überleben). Bisher gingen wir davon aus, dass Proteine in der Zirkulation die Blut-Hirn-Schranke nicht überwinden können. Es ist aber anscheinend doch möglich, dass unter die Haut injiziertes FGF über das Blut und durch die verletzungsbedingt eröffnete Schranke hindurch das ZNS erreicht.

Aktuelle Daten zur Behandlung von Patienten mit FGF-1 sind jedenfalls vielversprechend. Eine Phase I/II-Studie mit 49 Patienten zeigte, dass eine direkte, lokale Gabe von FGF-1 (zusammen mit einem Fibrinkleber) motorische und sensible Funktionen positiv beeinflussen kann. Um diese Effekte zu erzielen, musste die Injektion aber zweimal wiederholt werden (nach 3 und 6

Monaten, direkt in den Liquorraum). Aufgrund dieser hoffnungsvollen Resultate wird z.Zt. eine Phase-III-Studie an verschiedenen Krankenhäusern in einer doppelt-verblindeten, Placebo-kontrollierten Form durchgeführt, d. h., Arzt und Patient wissen nicht, ob FGF-1 oder eine Kontrollsubstanz (Placebo) gegeben wird (NCT03229031).

Die Ergebnisse weiterer klinischer Studien mit neurotroph wirksamen Zytokinen, u. a. mit Granulozyten-Kolonie-stimulierendem Faktor (G-CSF) oder Hepatozyten-Wachstumsfaktor (HGF, NCT02193334), warten noch auf ihre Veröffentlichung. Diese Moleküle binden an spezifische Rezeptoren auf Nervenzellen, fördern aber primär die Proliferation von nichtneuronalen Zellen. Dadurch werden Gewebedefekte minimiert und die Neubildung von Blutgefäßen, die Angiogenese, stimuliert.

Interessanterweise werden FGFs, G-CSF, HGF, aber auch IGF, VEGF oder TGFβ1 von Stammzellen hergestellt, die ja eine wichtige therapeutische Option zur Behandlung der Rückenmarksverletzung darstellen (s. unten). Es wird daher vermutet, dass es primär dieser Cocktail von Wachstumsfaktoren ist, der für die therapeutischen Effekte nach einer Stammzelltransplantation verantwortlich ist.

Die Regeneration der für den Menschen essenziellen Pyramidenbahn (Tractus corticospinalis) wird im Tiermodell insbesondere durch eine Überexpression von Transkriptionsfaktoren (TFs) gefördert, die unter der Kontrolle von Wachstumsfaktoren stehen. In diesem Zusammenhang sind KLF7, p53, STAT3 oder SOX11 zu nennen. Demgegenüber ist beispielsweise KLF4 ein regenerationshemmender TF. Die Ausschaltung des STAT3-Inhibitors SOCS3 führt zu einer verstärkten axonalen Sprossung intakter Axone nach einseitiger Durchtrennung der Pyramidenbahn. Wird gleichzeitig noch die oben diskutierte Phosphatase PTEN gehemmt, kann das Auswachsen der Nervenfasern im ZNS erheblich beschleunigt werden.

Die alleinige Behandlung mit siRNAs gegen PTEN verbessert aber schon das axonale Wachstum im verletzten Rückenmark (Abb. 2.5). Hier waren erste Versuche mit *self-delivering* RNAi (sdRNAs) im Tierversuch erfolgreich. Bei den sdRNAs handelt es sich um stabile RNA-Duplexe, die mittels eines Triethylen-Glykol-Linker an Cholesterin gebunden werden, um Zellmembranen direkt durchdringen zu können (also ohne Verwendung von Exosomen, Nanopartikeln oder dergleichen). Die sdRNAs stellen eine neue Entwicklung dar und sind nach einmaliger Gabe für ca. 2 Wochen aktiv.

Alternativ kann auch eine spezielle mikro-RNA (miR-21) überexprimiert werden, die an PTEN mRNA bindet und diese reduziert, sodass weniger PTEN-Protein synthetisiert wird. Interessanterweise wird miR-21 in axotomierten Neuronen hochreguliert und führt neben PTEN auch zu einem Ab-

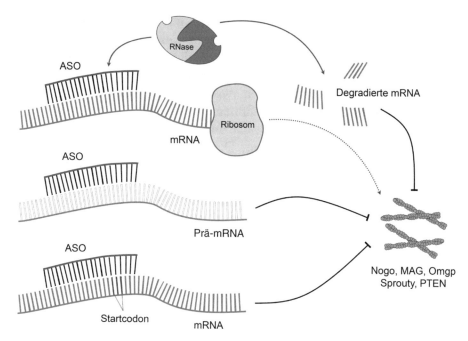

Abb. 2.5 Inhibitorische Myelin-Proteine (NOGO, MAG, Omgp) oder intrinsische Bremsen axonalen Wachstums (Sprouty, PTEN) lassen sich durch siRNAs oder Antisense-Oligonukleotide (ASOs) reduzieren. Sie binden an komplementäre mRNA bzw. Vorläufer von mRNAs (Prä-mRNAs) und führen zum Abbau der mRNA durch RNasen. Dadurch können die entsprechenden Proteine nicht mehr an den Ribosomen hergestellt werden (gestrichelter Pfeil). Die Bindung der ASO an die Prä-mRNA verhindert deren Prozessierung zu reifer mRNA und damit ebenfalls die Proteinsynthese. Die Überlagerung des ASO mit einem Startcodon, an dem das Ribosom die Herstellung des Eiweiß initiieren würde, führt auch zur Reduktion der Proteine (modifizierte Abb. 3.4 aus Klimaschewski, Parkinson und Alzheimer heute, Springer 2021)

bau von Sprouty, einer weiteren endogenen Bremse des Axonwachstums. Neben der Stimulation ERK-abhängiger Prozesse scheint die Aktivierung des von PTEN gehemmten PI3-Kinase/AKT/mTOR-Signalweges oder auch der JAK/STAT3-Achse in Neuronen besonders vielversprechend zu sein (s. Abb. 1.20).

Das kann beispielsweise durch eine kombinierte Behandlung mit Osteopontin, einem Integrin-bindenden Glykoprotein aus dem Knochengewebe, und dem Wachstumsfaktor IGF1 erfolgen. Aber auch eine Gentherapie mit dauernd (konstitutiv) aktiver AKT-Kinase fördert die Regeneration von axonalen Fasern, teilweise sogar über die Läsionsstelle hinweg. Außerdem wird die Sprossung intakter Axone über die Mittellinie des Rückenmarks angeregt. Dadurch verbessert sich die Motorik der behandelten Tiere entscheidend, insbesondere die Präzision von intendierten Bewegungen.

Andererseits müssen bei jeder Interferenz mit intraneuronalen Signal-wirkungen auch mögliche Nebenwirkungen durch Inhibition desselben Signalweges in anderen Zelltypen berücksichtigt werden. So stimuliert der JAK/STAT-Signalweg die Freisetzung proinflammatorischer Cytokine (TNFα, IL-1β) aus Mikrogliazellen, was Neurone weiter schädigen und auch zur Entmarkung von Axonen führen kann.

Darüber hinaus sind Matrixmoleküle und deren Rezeptoren, besonders die Integrine, von besonderer Bedeutung. Das Integrin α9β1, das normalerweise nicht im reifen Nervensystem vorkommt, interagiert mit dem extrazellulären Matrixmolekül Tenascin-C, das inhibitorisch wirkt und nach Läsion erheblich vermehrt ist. Intrazelluläre Integrin-Aktivatoren, z. B. Kindlin-1 oder auch Talin, drehen diesen Effekt in der Gegenwart von Integrin α9β1 nun aber um und stimulieren dadurch den intrinsischen Regenerationsmotor (im Sinne eines *inside-out signalling*). Außerdem hemmen sie die Weiterleitung von inhibitorischen Signalen. Das unterstreicht die Bedeutung von Integrinen für die axonale Regeneration.

Wie zuvor schon angesprochen, ist der Transport von Integrin-Rezeptoren in das regenerierende Axon hinein im PNS möglich, wird aber im ZNS wohl unterdrückt (gleiches gilt offenbar für den Neurotrophin-Rezeptor TrkB oder den IGF-Rezeptor). Die selbst nicht enzymatisch aktiven Integrine verbleiben also nach ihrer Synthese am rauen endoplasmatischen Retikulum (rER) in der Plasmamembran der Dendriten und des Zellkörpers. Nur während der Entwicklung des Nervensystems ist der axonale Transport dieser Membranproteine offenbar möglich. Im ausgereiften Nervensystem hat ein Axon daher nicht genügend Bindungsstellen für regenerationsunterstützende Faktoren (bei topischer Applikation). Ein relativer Mangel an axonalen Integrinen und an RTKs scheint daher ein weiterer Grund dafür zu sein, dass axonale Trakte im adulten Rückenmark nicht regenerieren, periphere Nerven aber schon.

Therapeutisch wäre auch zu berücksichtigen, dass durch eine Erhöhung der Empfindlichkeit für RTKs die klassischen Wachstumsfaktor-abhängigen Signalwege nach zu starker Stimulation teils schwere Nebenwirkungen verursachen können. So wurden in Mäusen mit ständiger Aktivierung von AKT in Pyramidenbahn-Neuronen vermehrt epileptische Anfälle beobachtet. Außerdem vergrößerten sich die betroffenen Nervenzellen und damit auch ganze Hirnareale. Darüber hinaus haben Behandlungen mit neurotrophen Faktoren in verschiedenen Tierversuchen zu einer Verschlechterung der nach zentraler Läsion auftretenden Muskelspastik geführt.

2.4.3 Neuroprotektive Pharmaka

In diese Gruppen fallen in erster Linie die Hemmer von Ionenkanälen. Es ist schon länger bekannt, dass Kalium-Kanal-Blocker, z. B. das 4-Aminopyridin, axonales Wachstum fördern. Es verbessert die Reizweiterleitung und kompensiert dadurch die schwache Bemarkung (Remyelinisierung) regenerierender Axone. Aber auch eine Hemmung von Kalzium-Kanälen (Ca_v2) mit dem Gabapentinoid Pregabalin, einem Antiepileptikum, hat nicht nur im Tierversuch, sondern auch beim Menschen positive Effekte auf die Wiederherstellung motorischer Funktionen bei Querschnittsgelähmten gezeigt.

Eine klinische Studie (Phase III) mit dem Natrium-Kanal-Blocker Riluzol, der für die Behandlung der Degeneration von Motoneuronen bei amyotropher Lateralsklerose (ALS) zugelassen ist, wurde im Oktober 2020 abgeschlossen (NCT01597518). Leider waren nur geringe, statistisch nicht-signifikante Effekte festzustellen. Riluzol hemmt die Freisetzung von Glutamat, welches im Rahmen einer Läsion vermehrt freigesetzt wird, und fördert seine Wiederaufnahme. Außerdem ist es ein Kationen-Kanal-Hemmer und sollte daher die Folgen einer Störung des neuronalen Membranpotenzials reduzieren.

Der läsionsbedingten Öffnung von Natrium-Kanälen versucht das Neuron entgegenzuwirken, indem es Na^+/K^+-ATPasen und Na^+/Ca^{2+}-Austauschpumpen anschaltet, die das Natrium wieder aus der Zelle entfernen. Der damit verbundene Kalzium-Einstrom hat allerdings zur Folge, dass zytoplasmatische Enzyme wie Calpain und Phospholipasen aktiviert werden und damit den Untergang der Zelle befördern können.

Die Resultate klinischer Studien mit Magnesium, das Glutamat-abhängige Ionenkanäle blockiert, mit Minocyclin (NCT01828203), einem neuroprotektiv wirksamen Antibiotikum, oder mit Erythropoietin (EPO) zeigten bisher ebenfalls keine signifikanten Verbesserungen der Symptomatik bei Querschnittslähmungen, obwohl EPO im Tierversuch die „guten" Makrophagen (vom Typ M2) stimuliert, d. h., pro-entzündliche Marker (IL1β, iNOS, CD68) gehen zurück, wohingegen IL10 und CD163 als anti-entzündliche Marker verstärkt nachweisbar sind.

Ergebnisse klinischer Studien mit Rolipram, einem Blut-Hirn-Schranken-gängigen Phosphodiesterase-Inhibitor, der zum Anstieg des *second messengers* cAMP führt, lassen noch auf sich warten. Interessant wären in diesem Zusammenhang auch Studien, die Produkte cAMP-abhängiger Zielgene testen, z. B. die durch Arginase I hergestellten Polyamine. Dazu zählt das im Tierexperiment axonale Regeneration und sogar die Lebensdauer fördernde Spermidin. Unterstützend könnte auch eine zusätzliche Gabe von Vitamin B12 wirken, da das B12-Analogon Methylcobalamin Axonwachstum fördert.

Weitere Entwicklungen mit therapeutischer Relevanz kommen derzeit insbesondere aus der Immunologie. „Gute" Makrophagen vom M2-Typ können durch Interleukine (IL-4, IL-10) oder durch Hemmer des IL-7-Rezeptors aktiviert werden. Neurotoxische Makrophagen vom M1-Typ dominieren jedoch in der akuten und subakuten Phase nach einer Querschnittsläsion und müssten daher gehemmt werden. Interessanterweise verkleinert auch eine Behandlung mit Antikörpern gegen bestimmte Zelladhäsionsmoleküle, die auf immunkompetenten Zellen exprimiert werden (CD11d/CD18-Integrine), den sekundären Gewebedefekt. Darüber hinaus werden die motorischen Fähigkeiten im Tierversuch verbessert und die Häufigkeit von Sensibilitätsstörungen reduziert.

> **Auf den Punkt gebracht**
>
> - Kalium- und Kalzium-Kanal-Blocker (Aminopyridin, Pregabalin) verbessern die Reizweiterleitung und unterstützen die Wiederherstellung motorischer Funktionen bei Querschnittpatienten.
> - Der Phosphodiesterase-Inhibitor Rolipram führt zum Anstieg von cAMP und wird klinisch bei Querschnittpatienten getestet.
> - Neurotrophe und neuroprotektive Substanzen werden heute nicht nur über osmotische Pumpen, sondern auch über Exosomen oder gentechnisch manipulierte Zellen in das läsionierte Rückenmark eingebracht.
> - Eine Gentherapie, die eine erhöhte Expression von Neurotrophin-Rezeptoren (TrkB) in der Pyramidenbahn zum Ziel hat, fördert axonale Regeneration durch Aktivierung ERK-abhängiger Signalwege.
> - Hemmer neurotropher Signaltransduktionswege können mittels spezifischer siRNA, miRNA oder *self-delivering* RNAi ausgeschaltet werden.

2.4.4   Interferenz mit Inhibitoren axonaler Regeneration

Wie vorher besprochen, werden die axonalen Wachstumsbremsen im ZNS durch Oligodendrozyten (Myelin-assoziierte Inhibitoren, MAIs) und Astrozyten bzw. Fibroblasten gebildet (extrazelluläre Matrixmoleküle, u. a. die sulfatierten Chondroitinsulfat-Proteoglykane, CSPGs). Das bakterielle Enzym Chondroitinase (ChABC), das die aus Zuckermolekülen bestehenden Glycosaminoglycan (GAG)-Seitenketten von CSPGs abspaltet, wird schon länger therapeutisch in Tiermodellen der Rückenmarksläsion eingesetzt. Da Chondroitinase bei Körpertemperatur rasch inaktiviert wird, sind derzeit thermo-stabilisierte Varianten in Entwicklung. Außerdem lässt sich ChABC mittels viraler Genfähren in die Läsionsstelle einbringen.

Eine wesentliche Wirkung von ChABC betrifft die Stimulation der synaptischen Plastizität, d.h, lokal begrenzter axonaler und dendritischer Wachstumsprozesse, die zur Lockerung bestehender Kontakte und zur Bildung neuer neuronaler Verbindungen führen. CSPGs spielen dabei eine Schlüsselrolle, da sie sich insbesondere in den perineuronalen Netzen (PNNs) finden, die ein Neuron sowie alle seine Fortsätze und synaptischen Kontakte umgeben. Ein „Aufweichen" dieser extrazellulären Matrixproteine durch ChABC ermöglicht beispielsweise die Sprossung intakter Axone in den Umschaltkernen sensibler Bahnen nach einer Querschnittsläsion, sodass Empfindungen aus denervierten Körperregionen noch wahrgenommen werden können. Es ist daher anzunehmen, dass die funktionellen Verbesserungen in Tiermodellen der Querschnittsläsion nach Inaktivierung von CSPGs auch auf eine Neubildung synaptischer Kontakte in intakten Hirnregionen zurückzuführen ist.

Darüber hinaus sind membrangängige Peptide (ISPs, *intracellular sigma peptides*) entwickelt worden, die die Signalweiterleitung der axonalen Rezeptor-Protein-Tyrosin-Phosphatase Sigma (PTPσ) nach ihrer Stimulation durch CSPGs blockieren. Die Peptide fördern insbesondere das Wachstum von retikulospinalen (extrapyramidalen) Fasertrakten, die in den gängigen Tiermodellen entscheidend an der Ansteuerung motorischer Vorderhornneurone beteiligt sind (beim Menschen übernimmt die Pyramidenbahn diese Funktion). Daher ist es nicht überraschend, dass ISPs nach einer Querschnittsläsion deutliche Verbesserungen im Laufverhalten der behandelten Tiere gezeigt haben.

Vermutlich sind solche Therapien beim Menschen aber nur dann wirksam, wenn gleichzeitig ein spezifisches motorisches Training stattfindet. Das aktive Einüben von bestimmten Bewegungen muss zeitlich mit der Applikation von wachstumsfördernden Therapeutika abgestimmt werden, da ansonsten die Stimulation synaptischer Plastizität zur Bildung unspezifischer Verbindungen und damit zu unerwünschten Bewegungsmustern führen könnte. Aber selbst in Kombination mit gezielten Rehabilitationsmaßnahmen ist die ursprünglich als sehr hoffnungsvoll angekündigte Behandlung mit Antikörpern gegen NOGO-Proteine leider bisher erfolglos geblieben. Es war aufgrund der fehlenden *Long-distance*-Axonregeneration in den NOGO-defizienten Mäusen aber auch nichts anderes zu erwarten.

Demgegenüber scheinen die in der Krebstherapie verwendeten Mikrotubuli-stabilisierenden Substanzen wie Taxol oder Epothilon B vielversprechender zu sein. Sie fördern in niedrigen Dosierungen die Polymerisation und das Vorschieben der Tubuli in die Wachstumskegel hinein, sodass mehr Axone zum Wachstum angeregt werden (s. Abb. 1.17). Möglicherweise beeinflussen sie aber auch die Freisetzung von hemmenden Matrixmolekülen aus Gliazellen oder Fibroblasten und reduzieren damit die Bildung von Narbengewebe, was sich ebenfalls günstig auf die axonale Regeneration auswirken würde.

Der vermehrte Abbau von Mikrotubuli-destabilisierenden Eiweißen, z. B. von SCG10, fördert axonales Wachstum und kann durch Peptide (z. B. Tat-beclin1), die den Protein- und Organellenabbau (**Autophagie**) induzieren, erreicht werden. Wie genau die Autophagie axonale Regeneration beeinflusst, ist Gegenstand der aktuellen Forschung. Es gibt nämlich auch Hinweise darauf, dass die Blockade Autophagie-aktivierender Enzyme, wie z. B. ULK1 (*Unc-51 like autophagy activating kinase 1*), für Axone protektiv ist und ihre Regeneration nach Querschnittsläsion fördern kann. Es kommt offenbar entscheidend auf die jeweiligen Zielproteine an, deren Spiegel durch eine Interferenz mit den Protein-abbauenden zellulären Mechanismen reguliert werden.

Die systemische, intravenöse Gabe von Epothilon B, das von den Zulassungsbehörden schon freigegeben wurde, führt jedenfalls zu einer raschen Neubildung und Stabilisierung von Mikrotubuli und damit zu einer Elongation axonaler Fortsätze. Ähnliche Effekte werden durch Aktivierung der Doublecortin-ähnlichen Kinase (DCLK) erreicht, die ebenso Tubuli stabilisiert und darüber hinaus verhindert, dass das Aktin-Zytoskelett in verletzten Axonen destabilisiert wird. Allerdings fördert Epothilon B auch die Freisetzung von Zytokinen und die Aktivierung von Mikroglia, was zu einer Ausdehnung von ZNS-Läsionen führen könnte.

Zusammenfassend muss festgehalten werden, dass die pharmakologische Behandlung des läsionierten ZNS mit Regulatoren des Zytoskeletts die Frage aufwirft, ob durch die Behandlung wirklich primär Nervenzellen oder nicht auch die Gliazellen beeinflusst werden. Es ist jedenfalls anzunehmen, dass eine Vielzahl von Zelltypen auf die genannten Substanzen reagieren, denn die meisten Signaltransduktions-Enzyme und Aktin/Tubulin-Proteine finden sich ubiquitär und die Folgen ihrer Modifikation können in Neuronen und Glia völlig unterschiedlich sein.

Ein Beispiel für diese Problematik wäre die im ersten Kapitel schon angesprochene GTPase RhoA. Obwohl Hemmer der über RhoA aktivierten Signalwege in Tiermodellen der Querschnittsläsion zu einer axonalen Regeneration und Verbesserungen einzelner motorischer Funktionen geführt haben, konnten sie nicht in allen Laboratorien und leider auch nicht beim Menschen überzeugen. Der Grund dafür scheint eben in ihrer Wirkung auf nichtneuronale Zellen zu liegen. Eine Blockade von RhoA in Astrozyten führt nämlich zu einer schnelleren Narbenbildung und verstärkter Ablagerung von CSPGs nach einem spinalen Trauma. Die positiven Effekte einer RhoA-Hemmung auf die axonale Regeneration, die in Kap. 1 beschrieben wurden, werden dadurch antagonisiert.

Daneben ist RhoA aber auch wichtig für die Neubildung von Synapsen nach Abschluss der axonalen Regeneration. Das wurde in Mäusen, in denen RhoA ausschließlich in Neuronen und nicht in der Glia ausgeschaltet wurde, eindrucksvoll gezeigt. Nach einer Läsion ließ sich keine Erholung in diesen Tieren beobachten. Zusammengenommen war es daher nicht überraschend, dass eine klinische Phase-II/III-Studie mit dem RhoA-Inhibitor VX-210 (Cethrin) bei Querschnittspatienten aufgrund ausbleibender positiver Effekte abgebrochen werden musste (NCT00500812). Das ist leider kein Einzelfall, denn immer wieder haben Probleme in der zellulären Spezifität von anfangs vielversprechenden Substanzen die dann folgenden klinischen Studien bei Patienten zum Scheitern gebracht.

Zusammengenommen ist davon auszugehen, dass zukünftig bioaktive Substanzen in Kombination mit den weiter unten besprochenen Biomaterialien oder Stammzellen gegeben werden müssen. Bisher gibt es jedenfalls kein Medikament, dessen alleinige Gabe axonale Verbindungen und neuronale Funktionen wiederhergestellt hat und seinen Weg durch die Zulassungsbehörden (FDA, EMA) erfolgreich gegangen ist.

2.4.5 Exogene Matrix und Biopolymere

In den regenerativen Neurowissenschaften wird schon lange nach Materialien gesucht, mit denen defektes Gewebe im Rückenmark ersetzt und gleichzeitig das Wachstum von Nervenfasern stimuliert werden könnte. Wie im ersten Kapitel beschrieben, sind extrazelluläre Matrixmoleküle (z. B. Laminin, Kollagen oder Hyaluronsäure) absolut notwendig, um Axonen überhaupt eine Regeneration zu ermöglichen. Fibrin, der „Klebstoff" der plasmatischen Blutgerinnung, spielt in diesem Zusammenhang ebenfalls eine wichtige Rolle und wird heute schon zum Verschluss der verletzten Hirnhaut bei neurochirurgischen Operationen verwendet.

Biomaterialien werden in Form von Konduits, blattartigen Gerüsten (*sheet scaffolds*), Fasern, Nanopartikeln (bis 100 Nanometer Durchmesser) oder mittels Gelen direkt an die Läsionsstelle appliziert. Gele haben als Füllmittel in erster Linie eine mechanische Funktion, um Defekte aufzufüllen. Darüber hinaus begünstigen sie die Anheftung, Proliferation und Differenzierung einwachsender oder transplantierter Zellen.

Hydrogele, die aus PLGA (*poly-lactic-co-glycolic acid*), PLL (*poly*-L-*lysine*) oder Polysacchariden (Glykane) aufgebaut sind, stellen Polymere dar, die 250–500 µm breite Poren bilden. Besonders vielversprechend scheint ein Polyethylen-Glycol-Gelatine-Methacrylat-Gemisch (PEG-GelMA) zu sein. PEG ist ein flexibel einsetzbares Material, das die Läsionsstelle gut ausfüllt, gasdurchlässig ist und keine toxischen Bestandteile enthält. Es wird aktuell mit der *microscale continuous projection printing method* (µCPP) von 3D-Druckern hergestellt. Der Vorteil dieser Produktionstechnik liegt in der nahezu perfekten Anpassung des Implantates an die anatomischen Gegebenheiten des Patienten.

Weiterhin werden synthetisch hergestellte Peptide (z. B. PuraMatrix) als Biopolymere verwendet. Diese Substanzgemische bilden spezielle Netzwerke aus molekularen Untereinheiten, die sich selbstständig über nicht-kovalente Bindungen in Fibrillen (Nanofasern) zusammenlagern, die der extrazellulären Matrix ähneln. Solche Untereinheiten sind oft amphiphil, d. h. sie lösen sich sowohl in polaren (hydrophilen) als auch unpolaren (hydrophoben) Lösungsmitteln und können nach einiger Zeit wieder abgebaut werden. In diesen Molekülen befindet sich ein hydrophobes Segment am Anfang des Proteins (N-terminal), gefolgt von einem gefalteten Zwischenstück (β-Faltblatt) und einem geladenen, hydrophilen Abschnitt. Am Ende, am C-Terminus, ragen dann teils noch bioaktive Peptide aus dem Molekül heraus, die beispielsweise aus der Laminin- oder FGF-2-Sequenz gewonnen werden und damit Axonwachstum zusätzlich fördern können.

Nanopartikel, die mit Kombinationen von Wachstumsfaktoren (z. B. FGF-2, EGF und GDNF) bestückt werden, haben sich in Tierversuchen als sehr erfolgreich herausgestellt. Besonders vielversprechend scheinen Partikel zu sein, die gefäßbildende (angiogenetische) Faktoren enthalten (VEGF, Angiopoietin-1 oder FGF-2). Nach Applikation dieser Moleküle nimmt die Angiogenese an der Läsionsstelle zu und der Verlust an weißer Substanz ab. Es regenerieren auch mehr Axone und die so behandelten Tiere erholen sich schneller.

Die Entwicklung von Nanomaterialien, Dendrimeren (verzweigten Polymeren), Liposomen (Vesikel mit einer Lipiddoppelschicht) und Micellen (Aggregaten aus amphiphilen Molekülen) schreitet daher zügig voran. Sie alle ermöglichen den gezielten Transport verschiedenster Pharmaka und therapeutischer Moleküle an den gewünschten Wirkungsort, an dem sie dann verzögert freigesetzt werden und ihre Wirkung entfalten können. Diverse Präparate befinden sich derzeit in klinischen Studien, z. B. die *Neuro-Spinal-Scaffolds* in der INSPIRE-Studie (NCT02138110).

Daneben können auch Hydrogele mit Stammzellen, Wachstumsfaktoren oder Nukleinsäuren gemischt werden. Eine Kombination aus PEG mit Proteinen oder proteinkodierenden Genfähren wird als besonders vielversprechend angesehen, da durch diese nicht nur die axonale Regeneration, sondern auch die Migration, Proliferation und Differenzierung von nichtneuronalen Zellen und Stammzellen unterstützt wird. Eine Mischung aus Hyaluronsäure und Methylcellulose (HAMC), die mit dem *platelet-derived growth factor* (PDGF) versetzt wird, scheint besonders geeignet zu sein, um das Überleben von Markscheiden bildenden Oligodendrozyten zu fördern und motorische Funktionen wiederherzustellen.

Magnetische Nanopartikel ermöglichen darüber hinaus gerichtetes Axonwachstum, das aber auch durch Gradienten wachstumsfördernder Komponenten in Gelen, Konduits oder in Fasergerüsten erreicht werden kann. Wie im ersten Kapitel erläutert, binden regenerierende Axone an diese Biomaterialien (ähnlich wie an die Basallamina im PNS) und überbrücken einen Defekt, indem sie über die Nanopartikel in Richtung einer magnetischen Kraft geleitet werden. Interessant sind daneben auch magnetische, membranumhüllte Bakterienbestandteile (Magnetosomen). Diese Eisenoxidkristalle können sich an magnetischen Feldlinien ausrichten und innerhalb von Tagen wieder abgebaut werden. Da Nervenzellen mechanosensitiv sind, lässt sich in ihnen daher mittels internalisierten Magnetosomen und einem magnetischen Feld axonales Längenwachstum induzieren. Magnetische Nanopartikel und magnetische Felder werden in diversen medizinischen Bereichen heute schon angewendet.

Leider wird aber trotz der Förderung ihres Wachstums die axonale Regeneration in das kaudale, intakte Rückenmark hinein durch die oben beschriebenen MAIs verhindert. Daher können selbst bei optimaler Reparatur der Läsionsstelle die regenerierenden motorischen Axone nicht ohne Entfernung oder Blockade von Myelin ihre Zielneurone in tieferen Rückenmarkssegmenten erreichen. Umgekehrt gelangen die von kaudal kommenden sensiblen Axone nicht durch die oberen Segmente hindurch zum Hirnstamm. Ohne Blockade der myelinabhängigen Hemmer axonalen Wachstums wird also eine effektive Therapie der Querschnittsläsion nicht auskommen.

Auf den Punkt gebracht

- Axonale Regeneration und synaptische Plastizität im ZNS werden durch Chondroitinase (ChABC) stimuliert. Thermostabile Varianten dieses bakteriellen Enzyms sind derzeit in Entwicklung.
- Eine Therapie mit Antikörpern gegen MAIs (NOGO) oder mit Rho-Inhibitoren (VX-210, Cethrin) blieb bisher leider erfolglos.
- Vielversprechender scheinen Ansätze mit Mikrotubulus-stabilisierenden Substanzen wie Taxol oder Epothilon B zu sein.
- Biopolymere werden in Form von Hydrogelen, Konduits, blattartigen Gerüsten, Nanofasern oder Nanopartikeln in das verletzte Rückenmarkssegment eingebracht. Sie fördern axonales Wachstum und die Anheftung einwachsender oder transplantierter Zellen.
- Nanopartikel können mit Wachstumsfaktoren (FGF, EGF, GDNF) oder angiogenetischen Molekülen (VEGF, FGF, Angiopoietin) beschichtet werden.

2.4.6 Zelluläre Transplantate und Stammzellen

Da eine Querschnittsläsion zu einem Verlust von Neuronen und Gliazellen führt, hat die Wissenschaft große Hoffnung in die Entwicklung von Stammzellen gesetzt, die diesen Verlust kompensieren können (s. Abb. 1.24). Der embryonale Charakter von neuralen Stammzellen könnte darüber hinaus bewirken, dass die MAIs und andere inhibitorische Signale ignoriert und damit axonale Wachstumsprozesse ermöglicht werden.

Interessanterweise gibt es noch ganz vereinzelt endogene Stammzellen im Bereich des Zentralkanals im adulten Rückenmark. Neben der Transplantation exogener Stammzellen ist daher eine induzierte Proliferation dieser endogenen Stammzellen eine Option. Unabhängig von ihrer Herkunft könnte mit einer Stammzell-Therapie aber auch die Angiogenese gefördert und die überschießende Immunreaktion kontrolliert werden. Wie im ersten Kapitel diskutiert, ist es aber nicht einfach, ausreichende Mengen an Stammzellen zu erzeugen.

Weiterhin ist der optimale Zeitpunkt, zu dem diese transplantiert werden, nicht leicht festzulegen. In der akuten Phase einer Rückenmarksverletzung sterben nämlich aufgrund der entzündlichen Umgebung die meisten der injizierten Zellen wieder ab. Später sind dann schon die genannten Hindernisse wie Zysten und Narben vorhanden. Außerdem ist in der chronischen Phase die für eine Integration der Stammzellen notwendige Neuroplastizität reduziert. Daher wird der Zellersatz heute bevorzugt in der intermediären Phase angestrebt, also drei bis vier Wochen nach dem Trauma.

In experimentellen und klinischen Studien wurden bisher insbesondere *neural stem cells* (NSCs) und mesenchymale Stammzellen (MSCs) eingesetzt (als Mesenchym bezeichnen wir das embryonale Bindegewebe). Aus embryonalen Stammzellen (ES) kann sich jeder Zelltyp entwickeln, adulte Stammzellen sind hingegen schon auf ein bestimmtes Gewebe festgelegt. Allerdings ist die Gewinnung embryonaler menschlicher Stammzellen mit ethischen Problemen verbunden, da sie abgetriebenen Feten entnommen werden müssen. Alternativ wird daher versucht, differenzierte Körperzellen in Gliazellen oder Neurone „umzuprogrammieren". Dadurch entstehen die heute intensiv beforschten induzierten, pluripotenten Stammzellen (iPSZ bzw. iPSCs).

Zu ihrer Herstellung eignen sich insbesondere Fibroblasten, die relativ einfach in größeren Mengen aus Hautbiopsien, aber auch aus dem Riechepithel der Nasenschleimhaut oder aus dem Blut von Patienten gewonnen werden können. Für eine direkte Veränderung eines schon differenzierten Zelltyps in einen anderen sind aufwändige genetische Umstellungen erforderlich. Es werden dafür neben Wachstumsfaktoren eine Reihe von Transkriptionsfaktoren (TFs) benötigt, die die Genexpression verändern und spezifisch für einen bestimmten Zelltyp sind.

Die ersten solcher Umprogrammierungen fanden im Labor von Takahashi und Yamanaka in Kyoto (Japan) statt. Sie konvertierten 2006 erstmals Fibroblasten in iPS-Zellen mittels der vier „Yamanaka-Transkriptionsfaktoren" (c-MYC, KLF4, SOX2, OCT4). Die von ihnen entwickelte Methode hat die Stammzellforschung revolutioniert und damit völlig neue diagnostische und therapeutische Möglichkeiten eröffnet.

Humane iPSZ (hiPSZ) werden heute durch Rückprogrammierung aus erwachsenen, somatischen Körperzellen gewonnen und danach für Transplantationszwecke in der Zellkultur vermehrt. Das Einschleusen einiger spezifischer Gene und die folgende Behandlung mit Wachstumsfaktoren lässt sie in funktionsfähige Nerven- oder Gliazellen ausdifferenzieren (NeuroD1 kann beispielsweise aus reaktiven Astrozyten glutamaterge Neurone bilden). Transplantate genetisch veränderter hiPSZ, die zusätzlich große Mengen tropher Faktoren produzieren, scheinen besonders wirkungsvoll zu sein. In Tierversuchen der Querschnittsläsion wurden jedenfalls neuroprotektive Effekte, eine Zunahme axonaler Verzweigungen und auch eine schnellere Erholung motorischer Funktionen nachgewiesen.

Induzierte Zellen liefern aber schon vor der Transplantation wertvolle Resultate. So wurden in Screening-Untersuchungen menschlicher Motoneurone, die aus hiPSZ gewonnen wurden, eine Reihe von Genen identifiziert, die das

Axonwachstum auf inhibierenden Substraten fördern. Dabei wurde mit Blebbistatin ein Protein gefunden, das die axonale Regeneration deutlich stärker stimuliert als beispielsweise die zuvor beschriebenen Rho/ROCK-Inhibitoren (C3-Transferase, Fasudil). Blebbistatin ist ein Myosin-Inhibitor, der aber nicht nur in Muskelzellen, sondern auch in nichtmuskulären Zellen eine wichtige Rolle als Regulator der zellulären Migration spielt. Interessanterweise ist nichtmuskuläres Myosin II auch ein Zielprotein von RhoA, sodass Rho/ROCK-Inhibitoren möglicherweise über eine Hemmung von Myosin II in regenerierenden Axonen wirksam werden.

Da es sich bei iPS-Zellen um sich selbst erneuernde, potenziell tumorigene Zellen handelt, wird heutzutage versucht, unter Umgehung des pluripotenten Stadiums auf direktem Weg Neurone, Oligodendrozyten oder auch periphere Schwann-Zellen herzustellen. Für die Konversion von Fibroblasten in Neuralleisten-Progenitoren (NPCs) sind der Transkriptionsfaktor (TF) SOX10, Agonisten des Wnt-Signalweges und Inhibitoren der DNA-Methylierung erforderlich. Letztere werden benötigt, um das Chromatin (spiralisierte DNA) im Zellkern freizulegen und damit den TFs die Bindung an die DNA zu ermöglichen.

Sind die Zellen in ihrer Erneuerungsfähigkeit schon eingeschränkt, werden sie als Progenitoren bezeichnet. Vorläuferzellen von Oligodendrozyten (OPCs), Schwann-Zellen (SCs) oder auch von Hüllzellen des Riechepithels (*olfactory ensheathing cells*, OECs) werden heute schon in Tiermodellen der Querschnittsläsion verwendet. Letztere sind Abkömmlinge des ZNS selbst, ähneln aber Schwann-Zellen (SCs), da sie teilungsfähig sind und das Axonwachstum nicht hemmen. Bei SCs handelt es sich um periphere Gliazellen, denen vor der Transplantation neurotrophe Faktoren zugesetzt werden müssen, damit die verletzten ZNS-Axone überhaupt in Schwann-Zell-Transplantate hineinwachsen können. Demgegenüber fördern OPCs als Vorstufe von Oligodendrozyten die Remyelinisierung regenerierender Axone direkt.

In mehreren Hundert Operationen, insbesondere in China und Kolumbien, wurden Zellen des Riechepithels oder auch des Bulbus olfactorius (Riechkolbens) in das verletzte Rückenmark eingebracht. Bis auf Einzelfälle, bei denen über eine Verbesserung in der ASIA-Klassifikation berichtet wurde, trat in der großen Mehrheit der Patienten aber keine Besserung oder gar Heilung ein. Die Behandlung mit diesen Zellen wird daher nicht empfohlen.

Mesenchymale Stammzellen (MSCs) bilden Muskel-, Knochen- und Fettgewebe. Sie werden daher aus dem Knochenmark, bei Neugeborenen aus der

Nabelschnur, aber auch aus Fett- oder Muskelgewebe isoliert. Die von ihnen freigesetzten Exosomen fördern besonders die Phagozytose von Myelinresten durch Makrophagen. Wichtig ist, dass MSCs oder SCs, anders als embryonale oder Stammzellen des ZNS, direkt vom betroffenen Patienten mittels einer Biopsie gewonnen werden können. Damit lassen sich mögliche Abstoßungsreaktionen eines Transplantates und in der Folge immunsuppressive Zusatztherapien verhindern, die erhebliche Nebenwirkungen haben können.

SCs werden zumeist aus einem kleinen Stück eines peripheren Nerven und OECs aus abgeschabtem Riechepithel kultiviert. Allerdings ist der Aufwand erheblich, da die wenigen aus einer Biopsie gewonnenen Zellen im Labor vermehrt und vor der Injektion in das Rückenmark genau charakterisiert werden müssen. NSCs und OPCs werden demgegenüber aus pluripotenten, embryonalen Stammzellen gewonnen, die unbegrenzt vermehrbar und in jede Richtung ausdifferenzierbar sind.

Aus NSCs können neben Nervenzellen auch Astro- und Oligodendrozyten hervorgehen. Sie werden aus multipotenten Zellen gewonnen, die sich im Unterschied zu pluripotenen Zellen nur zu Zelltypen innerhalb eines Gewebetyps entwickeln. Transplantierte NSCs differenzieren zum größten Teil in Gliazellen aus, obwohl sie in der Zellkultur unter wohldefinierten Bedingungen auch Neurone bilden. Die über 70 vorklinischen Studien mit NSCs deuten auf eine Verbesserung motorischer Funktionen in Tiermodellen der Querschnittsläsion hin (Tab. 2.2).

Im Jahr 2018 erschien eine aufwändige Studie mit neun erwachsenen Rhesus-Affen, denen zwei Wochen nach einer spinalen Halbseitenläsion jeweils 20 Mio. humane NSCs in den Defekt hinein gespritzt wurden. Neun Monate später waren noch rund 150.000 Zellen vorhanden, die gliale und neuronale Marker exprimierten. Pyramidenbahn-Axone regenerierten über einen halben Millimeter in das Transplantat hinein und mehr als 100.000 menschliche Axone waren 2 mm distal der Läsionsstelle in der weißen Substanz nachweisbar (manche waren sogar bis zu 5 cm weit gekommen). Die Axone wurden also nicht durch Myelin-Proteine am Auswachsen gehindert. Sie kontaktierten Nervenzellen in der grauen Substanz, bildeten neue Synapsen und ermöglichten funktionelle Verbesserungen. Tatsächlich waren in denjenigen Affen, in denen die Transplantate langfristig überlebten, nach mehreren Monaten Greifbewegungen der Hand feststellbar.

Wie zuvor erwähnt, finden sich endogene NSCs im Rückenmark in der Auskleidung des Zentralkanals. Diese besteht aus speziellen Gliazellen, die als Ependym bezeichnet werden. Aus den dortigen NSCs gehen demnach primär

Tab. 2.2 Zusammenfassende Darstellung der Vor- und Nachteile möglicher Stammzell-Therapien bei Querschnittsläsionen auf Basis zahlreicher vorklinischer Studien

Stammzellart	Beschreibung	Effekte	Vorteile	Limitationen
embryonal (ESCs)	Differenzierung in alle Zelltypen möglich	Ausschüttung aktiver Faktoren, um weitere Schäden zu verhindern, fördern axonales Wachstum	pluripotente Zellen, die sich in alle Gewebezellen differenzieren können	immunogen, Tumorrisiko, ethische Problematik
induziert pluripotent (iPSCs, hiPSCs)	effektive Alternative zu ESCs	Induzieren axonale Regeneration und Remyelinisierung, sezernieren neurotrophe Faktoren, anti-inflammatorisch	Selbsterneuerung und Differenzierung in verschiedene Arten von neuralen Zellen, ethisch unproblematisch, autologe Entnahme möglich	Risiko für Tumorentstehung (z. B. Teratome)
neural (NSCs)	Entnahme aus Ventrikelwand, Zentralkanal des Rückenmarks oder aus dem Hippocampus	Differenzierung in Gliazellen (besonders Oligodendrozyten) und in wenige Neurone, produzieren wachstumsfördernde Faktoren, immunmodulatorische Wirkungen	geringes Neoplasierisiko bei Reifung in gliale und neuronale Subtypen, können aus Rückenmarksgewebe entnommen werden	limitierte Mengen
determiniert (NPCs)	Stammzellen des adulten Nervensystems	Differenzierung zu Astrozyten und Oligodendrozyten	nicht-invasive Zelltherapie, keine traumatische Transplantation erforderlich	begrenzte Fähigkeit, sich in Neurone zu differenzieren
mesenchymal (MSCs)	Ursprunggewebe: Nabelschnurblut, Amnion, Plazenta, Fettgewebe	immunmodulatorisch, neurotrophisch, anti-apoptotisch, anti-inflammatorisch, Wachstumsfaktoren und Adhäsionsfaktoren freisetzend	hohe Differenzierung möglich, leicht zu isolieren und zu transplantieren, ethisch unbedenklich, geringes Risiko für Neoplasien, gering immunogen	funktionelle Wiederherstellung neuronaler Schaltkreise bisher noch nicht möglich

Gliazellen hervor. Endogene NSCs werden auch im Bereich der Glianarbe beobachtet und sind daher vermutlich an Reparaturvorgängen im ZNS beteiligt. Da es aber nur sehr wenige Zellen sind, wird an ihrer Stimulation gearbeitet (sie teilen sich normalerweise nur sehr langsam). Interessanterweise lässt sich der kleine Pool endogener NSCs durch das Immunsuppressivum Cyclosporin oder auch durch Metformin, ein Medikament zur Behandlung des Diabetes, vergrößern.

Wie entfalten Stammzellen nun genau ihre Wirkung? Vermutlich handelt es sich um einen Mix aus verschiedenen Effekten, die denen nach einer Wachstumsfaktorbehandlung entsprechen. In erster Linie scheint die akute Entzündungsreaktion beeinflusst zu werden. Die Anzahl der M1-Makrophagen, die für die axonale Degeneration verantwortlich sind, wird jedenfalls reduziert, axonales Wachstum gefördert und die Remyelinisierung verbessert. Die Applikation von Stammzellen hilft weiterhin, axotomierte Nervenzellen über viele Wochen in einem aktivierten Zustand zu halten, der einem frühen Entwicklungszustand entspricht.

Viele Fragen bleiben aber dennoch offen. Es ist insbesondere noch zu klären, ob Stammzellen direkt in das Rückenmark transplantiert werden müssen oder ob es vielleicht schon ausreicht, sie in den Liquorraum zu injizieren (s. Abb. 1.24). Auf jeden Fall fördert eine zusätzliche Behandlung mit Wachstumsfaktoren ihr Überleben und ihre Differenzierung. Leider gehen die meisten Zellen eines Transplantates innerhalb kurzer Zeit zugrunde. Daher scheint eine Kombination aus NSCs, Biomaterialien (insbesondere Fibrin) und Wachstumsfaktoren bei Rückenmarksläsionen in Nagetieren und nichthumanen Primaten am vielversprechendsten zu sein.

Generell gilt, dass die im ersten Kapitel schon angesprochenen Vorsichtsmaßnahmen bei der Implantation von Stammzellen auch im ZNS einzuhalten sind. Sie können ansonsten zu stark proliferieren, in unerwünschte Zelltypen ausdifferenzieren oder funktionell sinnloses Axonwachstum stimulieren. Auch aus diesen Gründen ist bisher keine der erwähnten klinischen Stammzell-Studien bei Querschnittsgelähmten über ein frühes Stadium (Phase I/IIa) hinausgekommen. Es ist in diesen Studien allerdings auch nicht leicht, geeignete Kontrollen durchzuführen. Bisher gibt es jedenfalls keine Übereinstimmung darüber, welche Zellen dafür verwendet werden sollten.

Außerdem sind die mit klinischen Studien einhergehenden Kosten sehr hoch, da spezielle Vorsichtsmaßnahmen zu berücksichtigen sind, die sich durch die Arbeit mit Menschen ergeben. Bei der Vorbereitung der Zelltransplantate dürfen beispielsweise keine tierischen Produkte verwendet werden und alle Reagenzien müssen frei von Viren, Bakterien, Pilzen und Endotoxinen sein. Dieses erfordert strenge und regelmäßige Testverfahren, deren korrekte Durchführung extern überprüft wird. Dieser Aufwand ist für Krankenhäuser nur mit erheblicher finanzieller Unterstützung durch Sponsoren zu stemmen, die zumeist aus der Pharmaindustrie kommen.

Die klinischen Studien mit den unterschiedlichen Zelltypen lassen sich auf https://www.clinicaltrials.gov/ einsehen (nach Eingabe von ‚spinal cord injury‘ im Suchfeld ‚Condition or disease‘ und ‚stem cells‘ im Feld ‚Other terms‘). Eine dieser Studien (NCT02302157) wurde 2019 fertiggestellt (Phase I/II, d. h. initiale Untersuchungen an wenigen Patienten). Dafür wurden aus humanen embryonalen Stammzellen gewonnene OPCs drei bis sechs Wochen nach einer Querschnittsverletzung im Bereich der Halswirbelsäule transplantiert. In der durchgeführten Bildgebung (MRI) konnten nach einem Jahr tatsächlich positive Effekte auf die Regeneration festgestellt werden. Bei 95 % der Patienten war eine funktionelle Verbesserung um zumindest eine ASIA-Stufe (s. Abschn. 2.2.1) und bei 32 % sogar um zwei ASIA-Stufen festzustellen (und dies ohne erhebliche Nebenwirkungen). Weitere wichtige Studien zur Behandlung der Querschnittsläsion, aber auch von schweren peripheren Nervenläsionen werden derzeit im Rahmen des *Miami Project to Cure Paralysis* durchgeführt (NCT02354625). Die Resultate dieser Versuche stehen noch aus.

Die bisher vorliegenden Daten lassen uns leider nicht sehr optimistisch in die Zukunft schauen, denn in allen bisher publizierten Studienergebnissen regenerierten keine oder nur sehr wenige Axone über die Läsion hinaus bis in das untere Rückenmark, um dort Kontakte mit Ziel-Neuronen aufzunehmen. Wenn überhaupt, zeigten nur die Hirnstamm-Projektionen (raphespinale, rubospinale und reticulospinale Nervenfasern), nicht aber die für den Menschen so wichtige Pyramidenbahn einige auswachsende Axone. Eine solche *Long-distance*-Regeneration corticospinaler Axone wäre aber unbedingt nötig, um Pyramidenbahnfasern wieder zu den motorischen Vorderhorn-Neuronen zurückzuführen. Bisher wurde dieses Ziel mit bescheidenem Erfolg nur über transplantiertes fetales Rückenmark im Tierversuch erreicht.

Es ist allerdings für die zukünftigen Querschnittspatienten von größter Bedeutung, dass experimentelle und klinische Studien weitergeführt werden, denn schon geringe Effekte können das Leben für Betroffene sehr viel einfacher gestalten. Das zeigt sich beispielsweise an einem geringfügig verbesserten Griff der Finger einer Hand oder eine erhöhte Beweglichkeit im Ellbogen- oder Schultergelenk, die es möglich macht, sich selbstständig wieder ein Getränk aus dem Kühlschrank zu nehmen. Eines der wichtigsten therapeutischen Ziele ist ja, dass Betroffene im Alltag weniger auf fremde Hilfe angewiesen sind.

Auf den Punkt gebracht

- Die induzierte Proliferation endogener Stammzellen oder die Transplantation exogener Stammzellen stimuliert axonales Wachstum, fördert die Angiogenese und reguliert überschießende Entzündungsreaktionen.
- Neuronale Stammzellen bilden mit regenerierenden Nervenfasern Synapsen und dienen daher als Umschaltstelle für Impulse aus dem Gehirn bis in das kaudale Rückenmark hinein.
- Neben neuralen (NSCs) und mesenchymalen Stammzellen (MSCs) werden Neuralleisten-Progenitoren (NPCs), Vorläuferzellen von Oligodendrozyten (OPCs), Schwann-Zellen (SCs) oder Hüllzellen des Riechepithels (OECs) verwendet.
- Während adulte Stammzellen schon auf ein bestimmtes Gewebe festgelegt sind, kann sich aus embryonalen Stammzellen (ES) noch jeder Zelltyp entwickeln.
- Humane, induzierte und pluripotente Stammzellen (hiPSZ) werden durch Rückprogrammierung aus erwachsenen somatischen Körperzellen (z. B. Fibroblasten) gewonnen und in der Zellkultur vermehrt.

2.4.7 Elektrische und nichtelektrische Stimulation (Neuromodulation)

Während bei peripheren Nervenläsionen die Stimulationsverfahren auch zur Förderung axonaler Regeneration eingesetzt werden, lassen sich mit der funktionellen elektrischen Stimulation (FES) oder mit der epiduralen elektrischen Stimulation (EES) des Rückenmarks und seiner Wurzeln primär die im Zusammenhang mit einem Querschnitt auftretenden chronischen Schmerzsyndrome behandeln. Diese auch als **Galvanotaxis** bezeichneten Verfahren fördern die Durchblutung und zelluläre Migration im Läsionsgebiet. In Kombination mit einer Transplantation von undifferenzierten Zellen, beispielsweise NSCs oder reaktiven SCs, werden die Effekte daher besonders deutlich. Es werden nicht nur Verbesserungen der Somatomotorik, sondern auch des kardiopulmonalen Systems und der Harnblasen-Kontrolle beobachtet. Noch stehen aber die notwendigen Begutachtungen seitens der Zulassungsbehörden (FDA, EMA) aus.

Einige Patienten profitieren von einer elektrischen Stimulationsbehandlung, wenn gleichzeitig rehabilitative Maßnahmen durchgeführt werden. Dabei wird Strom beispielsweise während eines Laufbandtrainings (mit äußerer Unterstützung des eigenen Körpergewichts) oder beim Radfahren direkt auf das Rückenmark appliziert (epidural). Derzeit werden elektrische Stimulations-

programme für das lumbale Rückenmark entwickelt, die definierte Schritt-
abfolgen und das Gehen in natürlicher Umgehung wiederherstellen sollen.
Daneben lassen sich auch periphere Nerven oder die Muskulatur direkt (oder
über die Haut) aktivieren, um die noch vorhandene Muskelkraft zu steigern
und die Spastik zu lindern. Die Aktivierung eines Nerven ist dabei einer
Muskelstimulation vorzuziehen, da geringere Stromstärken benötigt und weniger Gewebeschäden erzeugt werden.

Eine Neurostimulation über implantierte Elektroden-Arrays erfolgt direkt
im Bereich motorischer Areale der Hirnrinde, um die noch erhaltenen Bewegungsprogramme zu aktivieren. Daneben können auch extrapyramidal-
motorische Kerngebiete des Hirnstamms stimuliert werden, die wiederum auf
Vorderhorn-Neurone im Rückenmark einwirken. Vermutlich werden
normalerweise nicht genutzte Verbindungen durch neuroplastische Veränderungen im Cortex reaktiviert und bestimmte Bewegungsdefizite verbessert. Dabei wird insbesondere darauf geachtet, die elektrischen Impulse
genau an den zeitlichen Verlauf beabsichtigter Streck- und Beugebewegungen
der Extremitäten anzupassen, was phasenkohärente Stimulation genannt
wird. Hier schreiten die technischen Entwicklungen rasch voran und haben
schon zu klinischen Versuchen geführt (NCT03053791, NCT02936453).

Eine Modulation der kortikospinalen Erregbarkeit kann auch mittels
transkranieller Gleichstromstimulation (tDCS) nichtinvasiv durchgeführt
werden. Besonders in Kombination mit der robotergestützten Neurorehabilitation (s. unten) wurden mit diesem Ansatz in doppelt verblindeten,
randomisierten Vergleichsstudien deutliche Verbesserungen erzielt, d. h., die
Patienten wurden zufällig einer Behandlungsgruppe zugeordnet und es blieb
unklar, ob stimuliert wurde oder nicht. Aber auch durch die repetitive trans-
kranielle Magnetstimulation (rTMS) erhofft man sich eine Steigerung der
Neuroplastizität, Erholungen von Bewegungsfunktionen und eine Verminderung der Spastik, besonders in Kombination mit Massagetherapien.

Weitere Anwendungsfelder der elektrischen Stimulationstherapie betreffen
die im Zusammenhang mit einer Querschnittsläsion oft auftretenden Störungen der Blutdruckanpassung, aber auch der Entleerungs- und Sexualfunktionen.
Eine erektile Dysfunktion kann bei Männern nicht nur pharmakologisch unterstützt, sondern auch durch Konstriktionsringe, Vakuumpumpen oder Penis-
implantate behoben werden (am erfolgversprechendsten ist allerdings die
Elektroejakulation). Weiterhin stehen verschiedene Verfahren der assistierten
Reproduktion zur Verfügung (In-vitro-Fertilisation, intrauterine Insemination).
Durch die verbesserte medizinische Versorgung konnte die Rate von Schwanger-
schaften in den letzten Jahren bei gelähmten Patientinnen deutlich verbessert
werden (30–50 % haben sogar spontan vaginal entbunden).

Eine neurogene Blasenfunktionsstörung wird durch den Verlust der Verbindungen zwischen dem Miktionszentrum und dem unteren Harntrakt als besonders einschränkend empfunden, da sie mit Harnverhalt einhergeht. Daher ist die Wiederherstellung der Blasenfunktion ein vordringliches Ziel jeder Therapie von Querschnittsgelähmten. Da eine Katheterisierung der Blase durch die andauernde Verbindung der Außenwelt mit dem Urogenitaltrakt zu Harnwegsinfektionen und in der Folge zu vermehrter Einnahme von Antibiotika führt, wird versucht, die Harnkontrolle über das schon erwähnte Botulinumtoxin oder mittels anticholinerger Medikamente zu verbessern. Es wurden aber auch schon lumbosakrale Nervenwurzeln elektrisch stimuliert, sodass es zu einer regelmäßigen Blasenentleerung oder auch zu einer Stimulation der Darmfunktion kommt.

Die transkutane elektrische Nervenstimulation (TESCoN) ermöglicht eine aktive Kontrolle über die Ausscheidungsorgane. Hierbei werden Impulse durch einen externen Stimulator induziert und über Elektroden auf Höhe von Th11–L1 oder im sakralen Bereich in die vegetativen Nerven zu den Beckenorganen geleitet. In ersten Anwendungen dieser Methode konnten eine reduzierte Überaktivität des Harnblasenmuskels (Detrusor), eine gesteigerte Blasenkapazität, verbesserte Funktion des externen Harnschließmuskels und eine erhöhte Entleerungseffizienz festgestellt werden. Die Patienten berichteten auch über eine geringere Obstipationsrate, eine schnellere Darmentleerung und deutliche Reduktion der Einnahme von Laxantien. Kontrollierte klinische Studien stehen aber noch aus.

2.4.8 Bioprothesen

Die Bewältigung des alltäglichen Lebens wird Patienten mit Amputationen oder Rückenmarksläsionen erheblich erleichtert durch die schon im ersten Kapitel vorgestellten Neuroprothesen. Es lassen sich heute über spezielle Sensoren von der Körperoberfläche oder durch Messung von zentral erzeugten Signalen intakte Muskeln oder Orthesen (Schienen, Bandagen) stimulieren und steuern. Damit kann der Patient einfache Greif-, Halte- und Schrittbewegungen ausführen oder seine Blasen-, Darm- und Sexualfunktionen verbessern.

Für sensorgesteuerte Prothesen werden die Elektroden oberflächlich oder invasiv angebracht, wobei die Implantation zu bevorzugen ist. Die Muskelkontraktion erfolgt dann über eine kontrollierte Stromabgabe mit definierter Impulsdauer bzw. Impulsamplitude (die Frequenz liegt meist bei 12–20 Hz und die Ladungsdichte bei 10–100 $\mu C/cm^2$ pro Phase, was sowohl für das

Gehirn als auch für periphere Nerven unbedenklich ist). Bei niedrigeren Stimulationsfrequenzen treten nur einzelne Zuckungen auf, während bei mehr als 25 Hz eine rasche Ermüdung des Muskels zu beobachten ist.

Daneben ist auf die Qualität der aus Platin oder Titan bestehenden Elektroden zu achten, da sie eine schonende Oberfläche haben und bei der Implantation keinen Abrieb, Kompression oder Verrutschen zulassen sollten.

Der Patient aktiviert derartige Prothesen über externe Schalter. Es kommt dann zur Auslösung eines installierten Stimulationsprogramms an einem Nerv, der beispielsweise für den Husten- oder Blasenreflex zuständig ist. An den Extremitäten wird eine zielgerichtete Bewegungskontrolle über myoelektrische Schnittstellen ermöglicht, die heute auch unter Einsatz der BCI (*Brain Computer Interface*)-Technologie gesteuert werden. Diese registriert fortlaufend Gehirnaktivitäten, sodass eine Neuroprothese allein durch Gedanken gesteuert werden kann. Das ist keine Zukunftsmusik mehr, sondern in den vergangenen Jahren tatsächlich Realität geworden.

Die erste Neuroprothese (mit dem Namen „Freihand") wurde schon 1997 in den USA und 1999 in Deutschland zugelassen. Es werden hierbei acht intramuskuläre Elektroden an den gelähmten Muskeln der oberen Extremität platziert und an eine externe Steuerung gekoppelt, die für die Signalverarbeitung zuständig ist. Der Auslöser kann beispielsweise die willkürliche Anspannung der Schultermuskeln bei einem Querschnittspatienten sein. Die Bewegung wird also von einem externen Messfühler auf dem Schultergelenk registriert und an einen Computer weitergegeben, der die Steuerimpulse für Handbewegungen erzeugt. Heute gibt es implantierbare Stimulations-Telemeter mit mehr als 10 intramuskulären Kanälen, die über einen myoelektrischen Feedback-Mechanismus auch Pronations- und Extensionsbewegungen im Ellenbogengelenk ermöglichen. Dadurch kann Tetraplegikern beim Essen, Schreiben, Handygebrauch oder bei Büroarbeiten entscheidend geholfen werden.

Wie zuvor erwähnt, treten bei Querschnittsgelähmten mit Verletzungen der oberen Halswirbelsäule Probleme mit der Atmung auf, da es zu einem Funktionsverlust des Zwerchfells kommt. Die mangelnde Ventilation der Lunge führt dann zum Auftreten von Atemwegsinfektionen und Schwierigkeiten beim Sprechen. Für solche Fälle wurde eine externe Zwerchfellstimulation entwickelt, die durch regelmäßige Impulse einen konstanten Atemantrieb von 8–14 Atemzügen pro Minute schafft. Diese schon seit über 20 Jahren verfügbaren Geräte führen zu einer deutlichen Verbesserung der Lebensqualität.

Andere Systeme zur myoelektrischen Stimulation ermöglichen eine aufrechte Rumpfhaltung und Stabilisierung der Lendenwirbelsäule durch Einsatz intramuskulärer Elektroden und Stimulation der Spinalwurzeln auf Höhe

T12–L2, die für den lumbalen Musculus erector spinae, den Rückenstrecker, zuständig sind. Das verbessert die Sitzhaltung, die Stehzeit beim Verlassen des Rollstuhls und die Atemfunktionen. Es ist diesen Patienten dadurch möglich, das Lungensekret besser abzuhusten, sodass seltener Lungenentzündungen (Pneumonien) auftreten.

Weiterhin sind heute Exoskelette im Einsatz, die motorgesteuerte Gelenkbewegungen erlauben und somit die Gehfähigkeit wiederherstellen. Allgemein ermöglicht die Unterstützung durch externe motorisierte Geräte und Roboter-Endeffektoren, die selbst Greifer oder Werkzeuge darstellen, eine deutliche Steigerung der Mobilität. Nichtrobotergesteuerte Exoskelette sind besonders geeignet, um Restfunktionen der Extremitäten zu unterstützen, indem sie beispielsweise das Gewicht des Armes auffangen (https://www.hocoma.com/solutions/armeo-spring/).

Zur Rehabilitation der oberen Extremität kann auch der „In-Motion Roboter" aus Kanada verwendet werden (Bionic Laboratories Corp., Toronto, Canada, https://bioniklabs.com/inmotion-arm-hand/), der die vom Patienten initiierten Bewegungen durch visuelle Feedback-Komponenten unterstützt. Die von der Rehab-Robotics Company in Hongkong gebaute „Hand of Hope" wird demgegenüber wie ein Handschuh über die Hand angelegt. Elektroden detektieren die elektromyografischen Impulse auf der Hautoberfläche und leiten diese an die Roboterhand weiter, die die geplante Bewegung dann ausführt. Dadurch wird der Griff verstärkt und die Ausführungsgeschwindigkeit erhöht. Aber auch im Bereich der unteren Extremität können elektronisch angetriebene Exoskelette von großem Nutzen sein.

Vollmotorisierte Exoskelette verbessern die Gehgeschwindigkeit, steigern die Muskelmasse und reduzieren sekundäre Komplikationen. Hier kommen die wesentlichen Entwicklungen aus den USA, z. B. der „ReWalk", „Ekso", „Indego", „Exo-H2", „Arke" und „X1 Mina", die alle als klinisch geeignet eingestuft werden. Dabei wird die Lebensqualität so stark gesteigert, dass sie zur Wiederherstellung der Gehfähigkeit im Rahmen der Neurorehabilitation allgemein empfohlen werden. Die Geschwindigkeiten beim Gehen können bis zu 0,5 m/s betragen (um eine Straße sicher überqueren zu können, ist allerdings eine Geschwindigkeit von 1 m/s nötig).

Die Implantation einer kortikospinalen Neuroprothese stellt einen weiteren innovativen Ansatz dar, um Bewegungsfunktionen wiederherzustellen und die neurologische Rehabilitation zu fördern. Hierbei werden noch erhaltene neuronale Schaltkreise im Rückenmark stimuliert, um nach Registrierung von Bewegungsintentionen das Gehen oder Stehen zu ermöglichen. Allerdings muss die motorische Steuerung im Kortex nach einer Rückenmarksverletzung noch gegeben sein. Die entschlüsselten Signale werden dann in Befehlssignale umkodiert, um eine externe Steuerung von Prothesen, Rollstühlen und Muskeln zu ermöglichen.

Weiterhin sind in den vergangenen Jahren spezielle Mikroelektroden-Arrays (MEAs) entwickelt worden, die aus dehnbaren, von einer dünnen Elastomerschicht umgebenen Elektroden bestehen. Sie passen sich aufgrund ihrer hohen Flexibilität und Dehnbarkeit gut an das Rückenmark an. Das Zentrum für Neuroprothetik, die eidgenössische technische Hochschule in Lausanne (EPFL) oder auch die technische Hochschule in Zürich (ETHZ) sind bei diesen Technologien derzeit führend.

Um koordinierte und intuitive Bewegungen durchführen zu können, muss die Neuroprothese eine Vielzahl von Informationen aus motorischen Hirnrindenarealen über eine bidirektionale Hirn-Rückenmarks-Schnittstelle erhalten. Im Idealfall werden darüber hinaus tiefensensible (propriozeptive) Informationen integriert, um die Genauigkeit der motorischen Leistung weiter zu fördern. Die sensorische Rückkoppelung aus Muskelspindel- und Sehnen-Rezeptoren ist für die Motorik ja von großer Bedeutung (s. Abschn. 1.5.7).

Die BCI-Technologie hat heute das größte Potenzial bei Patienten, die durch Trauma oder Schlaganfall gelähmt sind. Dabei werden Gehirnsignale invasiv oder nichtinvasiv abgeleitet, beispielsweise über ein EEG (Elektroenzephalografie). Oberflächensensoren auf der Kopfhaut erkennen Gehirnaktivitätsmuster, die dekodiert, in Computerbefehle umgewandelt und dann an Roboter oder Orthesen weitergegeben werden.

Der im EEG sichtbare sensomotorische Rhythmus (SMR) entspricht einem bestimmten Frequenzband (μ oder β), das auftritt, wenn eine Bewegung entweder gerade durchgeführt wird oder der Patient sich diese Bewegung nur vor Augen führt. Neuroanatomisch lassen sich besonders im somatosensiblen Cortex (S1), im Gyrus supramarginalis (im Parietallappen), aber auch vom ventralen prämotorischen Cortex aus imaginierte Bewegungsmuster mittels Elektroden-Arrays direkt ableiten.

Um letztlich eine Prothese oder einen Roboterarm nur mittels Vorstellungskraft in Bewegung zu setzen, muss der Patient vorher allerdings sehr genaue Anweisungen erhalten und die Bewegung im Detail visualisieren (Abb. 2.6). Dieses Training dauert viele Monate. Interessanterweise wird es deutlich verbessert, wenn mittels BCI während der Bewegungen neuronale Aktivität in den korrespondierenden somatosensorischen Cortex (S1) geleitet wird. Dadurch wird die sensomotorische Komponente einer Bewegung verstärkt (NCT01894802).

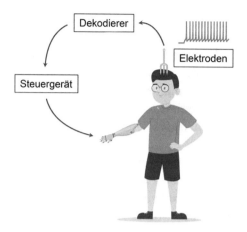

Abb. 2.6 Selbstständige Steuerung einer Unterarm-/Handprothese. Ein Dekodier-gerät erkennt die beabsichtigte Bewegung auf Basis neuronaler Aktivitäten, die über invasive oder oberflächliche Elektroden aufgenommen wurden (Symbolzeichnung von Gleb Kosarenko, Lizenz iStock-ID 1325368551)

Mithilfe neuer Technologien, die heute beispielsweise an der technischen Universität in Graz entwickelt werden, lassen sich Hirnsignale in Echtzeit de-chiffrieren und eindrucksvolle Erfolge erzielen. Manche Patienten können schon ein Jahr, nachdem die Elektroden in den motorischen Kortex und in einen Arm implantiert wurden, selbstständig aus einem Glas trinken und nach zwei Jahren feste Nahrung zu sich nehmen.

Eines der bekanntesten Projekte im Bereich dieses *Neuroengineerings* ist das Start-Up-Unternehmen Neuralink, das von Elon Musk 2016 mit dem Ziel gegründet wurde, ausgewählte neurologische Erkrankungen zu analysieren und zu behandeln. Bei Neuralink werden die Elektroden invasiv angelegt und arbeiten bidirektional, d. h., es werden über dieselben Drähte motorische und sensible Impulse mit hoher Genauigkeit erzeugt und wahrgenommen. Dafür wurde eigens ein neurochirurgischer Roboter konzipiert, um die über 3000 Elektroden, die auf mehr als 90 flexiblen Drähten befestigt sind, mit einer hohen Präzision (von wenigen Mikrometern) in definierte Cortexareale ober-flächlich einzubringen, ohne hirnversorgende Blutgefäße zu verletzen. Die Drähte werden anschließend mit einem Chip verbunden, über den mittels eines einzigen USB-Kabels die Daten exportiert werden. Tieferliegende Struk-turen, wie die Basalganglien, lassen sich auf diese Art aber noch nicht stimu-lieren (das Risiko einer Gefäßschädigung wäre zu hoch).

Um die enorme Menge an Informationen gleichzeitig aus einem Gehirn zu erhalten, ist die gesamte Elektronik von Neuralink in einer speziellen Schaltung integriert, die auch als *application-specific integrated circuit* (ASIC) bezeichnet wird. Es enthält eine periphere Steuerschaltung, einen On-Chip-Converter von analog auf digital und 256 einzeln programmierbare Verstärker. Die Software analysiert in Echtzeit die Signale und lernt, zwischen echten Aktionspotenzialen (*spikes*) und falsch-positiven Ereignissen zu unterscheiden.

Bisher wurde diese neuartige Technologie nur an Tieren erprobt. Beispielsweise war ein Affe durch einen zuvor implantierten Chip im Gehirn in der Lage, allein durch seine Gedankenkraft das bekannte Spiel „Pong" an einem Bildschirm zu spielen. Dafür wurden die für Handbewegungen zuständigen motorischen Areale beidseits abgeleitet und die Impulse in eine reale Bewegung im Computerspiel umgewandelt. Studien an Patienten sind für Mitte 2023 geplant.

Weiterhin wurde schon im Rahmen einer klinischen Studie (SWITCH, NCT03834857), die im Mai 2019 begann, an fünf Probanden die BCI-Technologie ohne einen neurochirurgischen Eingriff getestet. Die Elektroden wurden wie Stents als sog. „Stentrodes" (*stent-electrode recording arrays*) in die venösen Blutleiter (Sinus) eingebracht. In den Gittergerüsten, den Stents, wurden dafür Mini-Sensoren eingebaut, die motorische Signale empfangen und an ein Exoskelett oder an Roboter-Prothesen weiterleiten.

Mit der repetitiven transkraniellen Magnetstimulation (rTMS) steht außerdem eine Therapie für neuropathische Schmerzsyndrome zur Verfügung. Besonders vielversprechend scheint die Kombination der rTMS mit peripherer Nervenstimulation zu sein. Diese muss allerdings zeitlich genau auf die kortikospinale Stimulation abgestimmt sein, um eine funktionell sinnvolle Neuroplastizität zu erreichen, die als *spike-timing dependent plasticity* bezeichnet wird.

Schließlich wird ein BCI auch schon verwendet, um Phantomschmerzen zu behandeln. Bei Patienten mit amputierter Hand muss dafür eine Trennung der kortikalen Verarbeitung von Phantom- und Bioprothesen-Hand erreicht werden. Erst dann lassen die Schmerzen nach. Früher wurde angenommen, dass Phantomschmerzen verschwinden, wenn das Schmerz erzeugende Areal in der Hirnrinde mit dem für die Prothesensteuerung zuständigen Areal gekoppelt wird.

Auf den Punkt gebracht

- Chronische Schmerzsyndrome lassen sich bei Querschnittspatienten mit der repetitiven transkraniellen Magnetstimulation oder der funktionellen elektrischen Stimulation des Rückenmarks und seiner Wurzeln behandeln.
- Eine elektrische Stimulationstherapie kann auch zur Behandlung der autonomen Dysreflexie sowie bei Entleerungs- und Sexualfunktionsstörungen zur Anwendung kommen.
- Eventuell noch erhaltene Bewegungsprogramme werden mittels Neurostimulation über implantierte Elektroden-Arrays in den motorischen Arealen der Hirnrinde aktiviert.
- Neuroprothesen oder noch intakte Muskeln werden über spezielle Sensoren von der Körperoberfläche oder durch Messung von zentral erzeugten Signalen angesteuert.
- Exoskelette erlauben motorgesteuerte Gelenkbewegungen und können somit die Gehfähigkeit wiederherstellen.
- Mittels BCI-Technologie werden Gehirnsignale abgeleitet, dekodiert und in Computerbefehle umgewandelt, die dann an Roboter oder Orthesen weitergegeben werden.

Weiterführende Literatur

Ahuja CS, Mothe A, Khazaei M et al (2020) The leading edge: emerging neuroprotective and neuroregenerative cell-based therapies for spinal cord injury. Stem Cells Transl Med 9:1509

Álvarez Z, Kolberg-Edelbrock AN, Sasselli IR et al (2021) Bioactive scaffolds with enhanced supramolecular motion promote recovery from spinal cord injury. Science 374:848

Anderson MA, O'Shea TM, Burda JE et al (2018) Required growth facilitators propel axon regeneration across complete spinal cord injury. Nature 561:396

Ashammakhi N (2019) Regenerative therapies for spinal cord injury. Tissue Eng Part B Rev 25:471

Badhiwala JH, Ahuja CS, Fehlings MG (2019) Time is spine: a review of translational advances in spinal cord injury. J Neurosurg Spine 30:1

Baldwin KT, Giger RJ (2015) Insights into the physiological role of CNS regeneration inhibitors. Front Mol Neurosci 8:23

Bellák T, Fekécs Z, Török D et al (2020) Grafted human induced pluripotent stem cells improve the outcome of spinal cord injury: modulation of the lesion microenvironment. Sci Rep 10:22414

Bonizzato M, Martinez M (2021) An intracortical neuroprosthesis immediately alleviates walking deficits and improves recovery of leg control after spinal cord injury. Sci Transl Med 13:eabb4422

Campion TJ, Sheikh IS, Smit RD et al (2022) Viral expression of constitutively active AKT3 induces CST axonal sprouting and regeneration, but also promotes seizures. Exp Neurol 349:113961

Chen X, Li H (2022) Neuronal reprogramming in treating spinal cord injury. Neural Regen Res 17:1440

Christiansen L, Perez MA (2018) Targeted-plasticity in the corticospinal tract after human spinal cord injury. Neurotherapeutics 15:618

Curcio M, Bradke F (2018) Axon regeneration in the central nervous system: facing the challenges from the inside. Annu Rev Cell Dev Biol 34:495

Fischer I, Dulin JN, Lane MA (2020) Transplanting neural progenitor cells to restore connectivity after spinal cord injury. Nat Rev Neurosci 21:366

Flack J, Sharma K, Xie J (2022) Delving into the recent advancements of spinal cord injury treatment: a review of recent progress. Neural Regen Res 17:283

Flesher SN, Downey JE, Weiss JM et al (2021) A brain-computer interface that evokes tactile sensations improves robotic arm control. Science 372:831

Gallego JA, Makin TR, McDougle SD (2022) Going beyond primary motor cortex to improve brain-computer interfaces. Trends Neurosci 45:176

Gaudet AD, Mandrekar-Colucci S, Hall JCE et al (2016) miR-155 deletion in mice overcomes neuron-intrinsic and neuron-extrinsic barriers to spinal cord repair. J Neurosci 36:8516

Gazdic M, Volarevic V, Harrell CR et al (2018) Stem cells therapy for spinal cord injury. Int J Mol Sci 19:1039

Gomez-Amaya SM, Barbe MF, de Groat WC et al (2015) Neural reconstruction methods of restoring bladder function. Nat Rev Urol 12:100

Graczyk EL, Resnik L, Schiefer MA, Schmitt MS, Tyler DJ (2018) Home use of a neural-connected sensory prosthesis provides the functional and psychosocial experience of having a hand again. Sci Rep 8:9866

Han Q, Ordaz JD, Liu NK et al (2019) Descending motor circuitry required for NT-3 mediated locomotor recovery after spinal cord injury in mice. Nat Commun 10:5815

Han Q, Xie Y, Ordaz JD et al (2020) Restoring cellular energetics promotes axonal regeneration and functional recovery after spinal cord injury. Cell Metab 31:623

Hilton BJ, Bradke F (2017) Can injured adult CNS axons regenerate by recapitulating development? Development 144:3417

Hilton BJ, Husch A, Schaffran B et al (2021) An active vesicle priming machinery suppresses axon regeneration upon adult CNS injury. Neuron 110:51

Hintermayer MA, Drake SS, Fournier AE (2021) To grow and to stay, both controlled by RhoA: opposing cellular effects on axon regeneration. Neuron 109:3395

Höltje M, Boato F (2020) Neuroprotektion und Regeneration im Zentralnervensystem. Klin Monatsbl Augenheilkd 237:128

Huang N, Li S, Xie Y, Han Q, Xu XM, Sheng ZH (2021) Reprogramming an energetic AKT-PAK5 axis boosts axon energy supply and facilitates neuron survival and regeneration after injury and ischemia. Curr Biol 31:3098

Ishmael MK, Archangeli D, Lenzi T (2021) Powered hip exoskeleton improves walking economy in individuals with above-knee amputation. Nat Med 27:1783

Kathe C, Skinnider MA, Hutson TH et al (2022) The neurons that restore walking after paralysis. Nature 611:540

Kerschensteiner M, Misgeld T (2022) A less painful transfer of power. Neuron 110:559

Koffler J, Zhu W, Qu X et al (2019) Biomimetic 3D-printed scaffolds for spinal cord injury repair. Nat Med 25:263

Krämer-Albers EM (2021) Superfood for axons: glial exosomes boost axonal energetics by delivery of SIRT2. Neuron 109:3397

Kreydin E, Zhong H, Latack K, Ye S, Edgerton VR, Gad P (2020) Transcutaneous electrical spinal cord neuromodulator (TESCoN) improves symptoms of overactive bladder. Front Syst Neurosci 14:1

Kwiecien J (2022) Barriers to axonal regeneration after spinal cord injury: a current perspective. Neural Regen Res 17:85

La Rosa C, Bonfanti L (2021) Searching for alternatives to brain regeneration. Neural Regen Res 16:2198

Luo S, Xu H, Zuo Y, Liu X, All AH (2020) A review of functional electrical stimulation treatment in spinal cord injury. Neuromolecular Med 22:447

Lv B, Zhang X, Yuan J, Chen Y, Ding H, Cao X, Huang A (2021) Biomaterial-supported MSC transplantation enhances cell-cell communication for spinal cord injury. Stem Cell Res Ther 12:36

Martinez M (2022) Targeting the motor cortex to restore walking after incomplete spinal cord injury. Neural Regen Res 17:1489

Mekki M, Delgado AD, Fry A, Putrino D, Huang V (2018) Robotic rehabilitation and spinal cord injury: a narrative review. Neurotherapeutics 15:604

Merante A, Zhang Y, Kumar S, Nam CS (2020) Brain-computer interfaces for spinal cord injury rehabilitation. In: Neuroergonomics. Springer, 315–328

Monje PV, Deng L, Xu X-M (2021) Human Schwann cell transplantation for spinal cord injury: prospects and challenges in translational medicine. Front Cell Neurosci 15:224

Nalam V, Huang H (2021) Empowering prosthesis users with a hip exoskeleton. Nat Med 27:1677–1678

Nieuwenhuis B, Eva R (2022) Promoting axon regeneration in the central nervous system by increasing PI3-kinase signaling. Neural Regen Res 17:1172

Nogueira-Rodrigues J, Leite SC, Pinto-Costa R et al (2022) Rewired glycosylation activity promotes scarless regeneration and functional recovery in spiny mice after complete spinal cord transection. Dev Cell 57:440

Okawara H, Tashiro S, Sawada T et al (2022) Neurorehabilitation using a voluntary driven exoskeletal robot improves trunk function in patients with chronic spinal cord injury: a single-arm study. Neural Regen Res 17:427

Pan D, Liu W, Zhu S, Fan B, Yu N, Ning G, Feng S (2021) Potential of different cells-derived exosomal microRNA cargos for treating spinal cord injury. J Orthop Translat 31:33

Petrova V, Hakim S (2022) CELSR2, a new player in motor neuron axon growth and regeneration. Brain 145:420

Petrova V, Pearson CS, Ching J et al (2020) Protrudin functions from the endoplasmic reticulum to support axon regeneration in the adult CNS. Nat Commun 11:5614

Poplawski GHD, Kawaguchi R, Van Niekerk E et al (2020) Injured adult neurons regress to an embryonic transcriptional growth state. Nature 581:77

Preatoni G, Valle G, Petrini FM, Raspopovic S (2021) Lightening the perceived prosthesis weight with neural embodiment promoted by sensory feedback. Curr Biol 31:1065

Ramakonar H, Fehlings MG (2021) 'Time is spine': new evidence supports decompression within 24 h for acute spinal cord injury. Spinal Cord 59:933

Raspopovic S (2020) Advancing limb neural prostheses. Science 370:290

Raspopovic S, Valle G, Petrini FM (2021) Sensory feedback for limb prostheses in amputees. Nat Mater 20:925

Ribas VT, Vahsen BF, Tatenhorst L et al (2021) AAV-mediated inhibition of ULK1 promotes axonal regeneration in the central nervous system in vitro and in vivo. Cell Death Dis 12:213

Rosenzweig ES, Brock JH, Lu P et al (2018) Restorative effects of human neural stem cell grafts on the primate spinal cord. Nat Med 24:484

Schaeffer J, Belin S (2022) Axonal protein synthesis in central nervous system regeneration: is building an axon a local matter? Neural Regen Res 17:987

Sekine Y, Lin-Moore A et al (2018) Functional genome-wide screen identifies pathways restricting central nervous system axonal regeneration. Cell Rep 23:415

Servick K (2021) Brain signals 'speak' for person with paralysis. Science 373:263

Shahriari D, Rosenfeld D, Anikeeva P (2020) Emerging frontier of peripheral nerve and organ interfaces. Neuron 108:270

Sheng X, Zhao J, Li M et al (2021) Bone marrow mesenchymal stem cell-derived exosomes accelerate functional recovery after spinal cord injury by promoting the phagocytosis of macrophages to clean myelin debris. Front Cell Dev Biol 9:772205

Silva NA, Sousa N, Reis RL, Salgado AJ (2014) From basics to clinical: a comprehensive review on spinal cord injury. Prog Neurobiol 114:25

Silvestro S, Mazzon E (2022) MiRNAs as promising translational strategies for neuronal repair and regeneration in spinal cord injury. Cells 11:2177

Sofroniew MV (2018) Dissecting spinal cord regeneration. Nature 557:343

Song YH, Agrawal NK, Griffin JM, Schmidt CE (2018) Recent advances in nanotherapeutic strategies for spinal cord injury repair. Adv Drug Deliv Rev 148:38

Stern S, Hilton BJ, Burnside ER et al (2021) RhoA drives actin compaction to restrict axon regeneration and astrocyte reactivity after CNS injury. Neuron 109:3436

Tornero D (2022) Neuronal circuitry reconstruction after stem cell therapy in damaged brain. Neural Regen Res 17:1959

Vastano R, Costantini M, Widerstrom-Noga E (2022) Maladaptive reorganization following SCI: the role of body representation and multisensory integration. Prog Neurobiol 208:102179

Vose AK, Welch JF, Nair J, Dale EA, Fox EJ, Muir GD, Trumbower RD, Mitchell GS (2022) Therapeutic acute intermittent hypoxia: a translational roadmap for spinal cord injury and neuromuscular disease. Exp Neurol 347:113891

Walden E, Li S (2022) Metabolic reprogramming of glial cells as a new target for central nervous system axon regeneration. Neural Regen Res 17:997

Wang HD, Wei ZJ, Li JJ, Feng SQ (2022) Application value of biofluid-based biomarkers for the diagnosis and treatment of spinal cord injury. Neural Regen Res 17:963

Whalley K (2021) Neuroprosthetic control of blood pressure. Nat Rev Neurosci 22:193

Wirth F, Schempf G, Stein G et al (2013) Whole-body vibration improves functional recovery in spinal cord-injured rats. J Neurotrauma 30:453

Yamazaki K, Kawabori M, Seki T, Houkin K (2020) Clinical trials of stem cell treatment for spinal cord injury. Int J Mol Sci 21:3994

Yang C, Wang X, Wang J et al (2020) Rewiring neuronal glycerolipid metabolism determines the extent of axon regeneration. Neuron 105:276

Yang M, Jian L, Fan W et al (2021) Axon regeneration after optic nerve injury in rats can be improved via PirB knockdown in the retina. Cell Biosci 11:158

Zhang XM, Zeng LN, Yang WY et al (2022) Inhibition of LncRNA Vof-16 expression promotes nerve regeneration and functional recovery after spinal cord injury. Neural Regen Res 17:217

Zhou Y, Wang Z, Li J, Li X, Xiao J (2018) Fibroblast growth factors in the management of spinal cord injury. J Cell Mol Med 22:25

3

Axonale Regeneration im Nervensystem – Quo vadis?

Die Schwierigkeiten bei der Behandlung von Querschnittsläsionen stellen eine der größten Herausforderungen der Neurologie dar. Die Situation ist für die meisten Patienten trotz intensiver Bemühungen in der Grundlagenforschung und im klinischen Bereich immer noch äußerst unbefriedigend. Wie in diesem Buch dargestellt wurde, ist aber auch die periphere Nervenregeneration mit erheblichen Problemen behaftet, die eine vollständige Erholung nach Nervenläsion nur selten erwarten lassen.

Die wesentlichen Ursachen, die diesen Schwierigkeiten zugrunde liegen, sollen hier noch einmal genannt werden: Im peripheren Nervensystem ist nicht nur der Weg von der Läsionsstelle bis zum Ziel oft zu weit, sondern die spezifische Reinnervation, d. h. eine funktionell genau passende Ansteuerung von Zielzellen, ist in der Regel nicht gegeben. Es fehlt uns einfach noch das Wissen, wie überhaupt motorische Axone den Weg zurück zu den von ihnen ursprünglich innervierten Muskeln und sensible Axone wieder zu ihren spezifischen Rezeptoren finden können. Obwohl auf höherer Ebene (im ZNS) bis zu einem gewissen Grad umgelernt werden kann („falsche" Information aus der Peripherie wird durch Training in die „richtige" umgedeutet), wartet hier noch eine Menge Arbeit auf die Regenerationsforscher.

In den Laboren, die sich mit der Querschnittsläsion beschäftigen, ist die Lage noch dramatischer: Hier geht es darum, wie *Long-distance*-Axonwachstum überhaupt induziert und zerstörtes Gewebe im Rückenmark wieder aufgebaut werden kann. Nervenzellen im Läsionsbereich müssten gerettet oder ersetzt und chronisch-entzündliche Prozesse, die zur Narbenbildung führen, besser

L. P. Klimaschewski, *Die Regeneration von Nerven und Rückenmark*, https://doi.org/10.1007/978-3-662-66330-1_3

verstanden werden. Ob die Wiederherstellung der neuronalen Konnektivität nach einem ZNS-Trauma beim Menschen jemals möglich sein wird, ist derzeit nicht seriös zu beantworten.

Es gibt aber auch Lichtblicke. Die in der klinischen Forschung erzielten Fortschritte bei den operativen und rehabilitativen Maßnahmen haben zu einer deutlich erhöhten Lebensqualität bei Patienten mit Nerven- und Rückenmarksverletzungen geführt. Insbesondere die sich rasch entwickelnde Bioprothetik sowie die Neuro- und Mikrochiptechnologie eröffnen heute schon völlig neue Möglichkeiten einer Therapie bei Amputationen und Querschnittsläsionen.

Im Bereich der experimentellen Grundlagenforschung haben uns die zelluläre und molekulare Neurobiologie entscheidend weitergebracht. Ein Beispiel hierfür wäre unser vertieftes Verständnis über axonales *sprouting*, also über die Bildung axonaler Verzweigungen nach einer Axotomie. Trotz des Ausbleibens eines elongativen Axonwachstums werden heute verschiedene therapeutische Ansätze verfolgt, die neuronale Verbindungen zumindest teilweise wiederherstellen können, indem Axone aus noch intakten Fortsätzen bzw. aus den verletzten Axonen proximal der Läsionsstelle zum Wachstum angeregt werden.

Dieses „regenerative Sprossen" lässt sich nach einer Querschnittsläsion möglicherweise gezielt fördern und kann damit zu einer funktionellen Erholung führen. Dazu tragen auch die in diesem Buch vorgestellten Verfahren zur Nerven- und Stammzelltransplantation, aber auch die Verwendung von Konduits, Biopolymeren und die verschiedenen Stimulationsverfahren bei. Dabei kann es zu neuen neuronalen Verbindungen kommen, die sich nach Injektion von Markierungsstoffen (*tracern*) jedenfalls im Tierversuch haben eindeutig nachweisen lassen.

Demgegenüber wird nach peripheren Nervenverletzungen versucht, zur Erhöhung der Spezifität das axonale Sprossen zu hemmen, da mehrfaches Verzweigen eines regenerierenden peripheren Axons zu Fehlsteuerungen führt. Es ist offensichtlich, dass verschiedene Ziele, z. B. Muskulatur und Haut, nicht von ein und derselben Nervenzelle angesteuert werden dürfen. Wenn das regenerierende Axon im Zielgewebe angekommen ist, wäre allerdings weiterhin ein „terminales Sprossen" zuzulassen, um möglichst viele Zielzellen innervieren zu können.

In diesem dritten und letzten Kapitel möchte ich schließlich noch auf begriffliche, methodische und ethische Aspekte der neurowissenschaftlichen Regenerationsforschung eingehen. Es müssen die in den ersten beiden Kapiteln vorgestellten Befunde nämlich auch hinterfragt werden, da sich gerade unser Forschungsfeld in einer relativ schweren Glaubwürdigkeitskrise befindet.

3.1 Begriffliche Probleme

Ein Problem in unserem Bereich ist zuerst einmal ein terminologisches. Es wird bei der Benennung eines Axons als „sprossend" nämlich selten unterschieden, ob es sich um ein tatsächlich läsioniertes oder um ein benachbartes, intaktes Axon handelt, das eine oder mehrfache Verzweigungen bildet. Axonale Verzweigungen dürfen aber nicht mit originären Axonen verwechselt werden, die eine Fortsetzung des ursprünglich axotomierten Fortsatzes bilden. Der Begriff der „Axonregeneration" im engeren Sinn trifft also nur auf solche Axone zu, die nach ihrer Quetschung oder Durchtrennung bis über die Läsionsstelle hinaus wieder ausgewachsen sind.

Schon der Begründer der zellulären Neuroanatomie, Ramón y Cajal, hat vor über 100 Jahren eine eindeutige Unterscheidung zwischen „Axonregeneration", „Axonsprossung" und „Axonkollateralisierung" angemahnt. Die Axonsprossung hat er auf die zahlreichen, bis zu 20 Verzweigungen beschränkt, die sich am Ende (oder kurz davor) eines verletzten Axons im Mikroskop zeigen. Erst später wurde der Begriff auf Verzweigungen nichtverletzter Axone beschränkt. Kollateralen wären dann nur solche Verzweigungen, die sich weit vor dem Ende eines intakten oder verletzten Axons bilden.

Leider geht die Begrifflichkeit in der Literatur auch heute noch durcheinander. Es fehlt in den Arbeiten zur Axonregeneration oft die genaue Beschreibung der anatomischen Situation, die einem Experiment zugrunde liegt. Aus meiner Sicht wäre es jedenfalls sinnvoll, das „regenerative Sprossen" läsionierter oder intakter Axone von der eigentlichen „Axonregeneration", des Auswachsens läsionierter Axone bis über die Läsionsstelle hinaus, klar zu unterscheiden.

Ein anderes sprachliches Missverständnis, das regelmäßig auftritt, betrifft die Unterscheidung von Nerven- und Axonregeneration auf der einen Seite und Neubildung von Nervenzellen auf der anderen, die von manchen Autoren auch als Regeneration bezeichnet wird. Gemeint ist in diesem Fall aber nicht axonales oder dendritisches Wachstum von Nervenzellen, sondern der Ersatz verloren gegangener Neurone durch im ZNS neu gebildete oder transplantierte Zellen.

Nach Abschluss der Entwicklung finden sich noch teilungsfähige Zellen im Bereich der Wand der Liquorräume (in der Wand der Ventrikel oder im Spinalkanal des Rückenmarks) und im Gehirn selbst (hier insbesondere im Gyrus dentatus des Hippocampus). Diese können unter bestimmten Bedingungen nach einer Läsion proliferieren und stellen damit eine endogene Ersatzpopulation für Nervenzellen dar. Aufgrund der fast nicht mehr vorhandenen neuronalen Stammzellen beim Menschen ist die Transplantation von exogenen Stammzellen allerdings vielversprechender, da sie in größerer Zahl außerhalb des Körpers erzeugt werden und sich nach Injektion in das Nervengewebe in bestehende neuronale Netzwerke einbauen können. In jedem Fall ist diese Art der Regeneration von der in diesem Buch besprochenen Axonregeneration aber klar zu unterscheiden.

3.2   Die experimentellen Modelle zur Untersuchung axonaler Regeneration

Wie im zweiten Kapitel diskutiert, werden auch ohne Behandlung regelmäßig funktionelle Verbesserungen nach Rückenmarksverletzung beobachtet, die auf erhaltene, noch intakte Axone (*spared axons*) zurückgeführt werden müssen. Diese leiten unmittelbar nach einem Trauma keine Signale, da durch die ödematöse und akut entzündliche Umgebung ein elektrisches Membranpotenzial nicht gebildet oder weitergeleitet werden kann. Nach Tagen bis Wochen gehen die pathologischen Prozesse im Bereich der Läsion dann zurück und die Neurone nehmen ihre Arbeit wieder auf, sodass eine scheinbare „Heilung" stattgefunden hat.

Es kann darüber hinaus auch zu den beschriebenen axonalen Sprossungsvorgängen kommen, die bei den zumeist unvollständigen Rückenmarksläsionen für eine Wiederherstellung motorischer und sensibler Funktionen sorgen. Eine vermeintliche, echte Axonregeneration hat sich bei genauer Analyse im Nachhinein oft als Sprossungsreaktion intakter, d. h. nicht axotomierter Nervenfasern herausgestellt.

Die Sprossung intakter Axone würde sich im Rahmen von Tierversuchen durch eine vollständige Durchtrennung des Rückenmarks verhindern lassen, was aber zu erheblichen Komplikationen führt. Daher können solche Versuche aus Tierschutzgründen nur unter allerstrengsten Kriterien, z. B. für eine Testung eines wirklich vielversprechenden Medikamentes, zugelassen werden. Allerdings werden bei solch schwer betroffenen Tieren nur geringfügige, aber für den Menschen möglicherweise bedeutsame Effekte nur selten nachgewiesen. Die Versuche unterbleiben daher in der Regel.

In Tiermodellen werden zumeist weniger beeinträchtigende Quetschungs- oder Teilläsionen des Rückenmarks durchgeführt, die auch eher den allermeisten Verletzungsarten beim Menschen entsprechen und damit näher an der Realität sind. Im peripheren Nervensystem sind die Folgen einer kompletten Nervenläsion deutlich weniger dramatisch. Hier werden Nervendurchtrennungen und Quetschungsläsionen etwa gleich häufig verwendet.

In beiden Systemen, PNS und ZNS, wäre bei Teilläsionen eine genaue Feststellung noch intakter Nervenfasern erforderlich, da diese sich vollständig erholen oder der Ursprung von axonalen Verzweigungen sein können. Im Rückenmark sind bei Halbseitenläsionen auch „rückkreuzende" Nervenfasern der Pyramidenbahn zu berücksichtigen, die in Mäusen und Primaten nachgewiesen wurden. Es finden sich dann unterhalb der Läsion noch eine Reihe von Axonkollateralen von der (intakten) Gegenseite, die durch Aktivierung und Verstärkung eine funktionelle Erholung im Verlauf des Heilungsprozesses bewirken könnten.

Darüber hinaus darf nicht vergessen werden, dass im vordersten (ventralsten) Teil der weißen Substanz des Rückenmarks Teile des Tractus corticospinalis, also der Pyramidenbahn, verlaufen. Diese bleiben nach einer Läsion oft intakt und können daher zum Ausgangspunkt einer Sprossungsreaktion werden. Zum Nachweis einer tatsächlichen Regeneration verletzter Axone müssten also die relevanten Nervenfasern in ihrer ganzen Länge mittels eines Farb- oder Markierungsstoffes dargestellt werden, was zum Nachweis einer echten *Long-distance*-Regeneration eigentlich erforderlich wäre, aber aus technischen und zeitlichen Gründen zumeist unterbleibt.

Im Idealfall werden histologische Darstellungen von Axonen zu verschiedenen Zeitpunkten im Regenerationsgeschehen durchgeführt. Das würde auch den Nachweis vermeintlich regenerierter Axone ermöglichen, die sich nicht von der Läsionsstelle zurückgezogen haben oder aber verlagert wurden. Letzteres kann durch eine Ausdehnung der Läsion im Verlauf auftreten. In beiden Fällen läge also keine wahre Axonregeneration vor, denn im ersten Fall würde es sich um ein Ausbleiben der normalerweise vorhandenen Axonretraktion und im zweiten Fall um eine passive Dehnung handeln (z. B. durch Erweiterung intraspinaler Zysten). Eine vermutete Axonregeneration im Mikro- und Millimeter-Bereich muss also hinsichtlich ihrer Entstehung immer genau überprüft werden.

Schließlich ist es wichtig, mehr Aufmerksamkeit auf die bei der Axonsprossung und -regeneration beteiligten nichtneuronalen Zellen zu richten. Die Tiermodelle sollten die gliale und immunologische Reaktion auf eine Nerven- und Rückenmarksläsion beim Menschen jedenfalls möglichst genau widerspiegeln. Dabei sind auch Fibroblasten und gefäßassoziierte Endothelzellen sowie Perizyten zu berücksichtigen.

Astroglia und Oligodendrozyten im ZNS, die Schwann-Zellen im PNS sowie Makrophagen und Lymphozyten des Immunsystems interagieren alle nicht nur miteinander, sondern auch mit Nervenzellen und ihren Axonen, sodass hier komplexe Wechselwirkungen zu erwarten sind. Die vorwärts gerichtete (anterograde), aber auch die rückwärts (retrograd) ablaufende Axondegeneration, die jeder Regeneration vorausgeht, werden maßgeblich durch diese Zelltypen beeinflusst. Die Einwanderung und Aktivierung immunkompetenter Zellen sowie der Verlust des normalen Axon-Glia-Kontaktes nach einer Verletzung spielen hierbei eine entscheidende Rolle.

Die intrinsische Axotomie-induzierte Antwort peripherer Neurone ist im Wesentlichen in den sensiblen Neuronen von Spinalganglien erforscht worden, da diese, in jeder Hinsicht gut untersuchten Ansammlungen von Nervenzellen relativ leicht operativ erreichbar sind. Außerdem lassen sie sich nicht nur im Entwicklungsstadium, sondern auch bei ausgewachsenen Tieren kultivieren, d. h. entnehmen und außerhalb des Körpers in einer Plastikschale anzüchten.

Motorische Neurone aus dem Vorderhorn des Rückenmarks müssen demgegenüber aus frühen embryologischen Stadien gewonnen werden, um sie erfolgreich im Labor am Leben erhalten zu können. Nach der Geburt ist ihre Isolation aus dem zentralnervösen Gewebe und ihre Aufrechterhaltung in einer Zellkulturschale zwar prinzipiell möglich, aber technisch sehr anspruchsvoll. Auch lassen sich kaum größere Mengen motorischer Neurone in der Kultur erzeugen, die für biochemische und genetische Analysen aber oft notwendig wären. Daher werden für solche Versuche zumeist sensible Ganglien verwendet, obwohl auch die Ganglien des autonomen Nervensystems für die Zellkultur geeignet wären (sie sind aber weniger leicht zu präparieren).

Viele der in diesem Buch dargestellten Befunde sind daher an Spinalganglien-Neuronen erhoben worden, die mit ihrem T-förmig verzweigten Axon ein geeignetes Modell darstellen, um eine periphere, am distalen Fortsatz stattfindende Axotomie von einer zentralen, also die hintere Nervenwurzel des Rückenmarks betreffende Axotomie am proximalen Fortsatz zu unterscheiden. Die sensiblen Neurone der Spinalganglien eignen sich deshalb auch besonders gut, um die sog. Konditionierungseffekte zu untersuchen.

Hierfür wird das periphere Axon durchtrennt und eine Woche später die Regeneration des zentralen Fortsatzes nach einer Wurzelläsion beobachtet. In diesem Fall regeneriert der zentrale Fortsatz wieder in das Rückenmark hinein (was er ohne vorhergehende Läsion nicht tun würde). Diese „Konditionierung" des Neurons versetzt bei einer wiederholten peripheren Axotomie die Nervenzellen in den elongativen Wachstumsmodus, d. h., die Axone zeigen eine *Long-distance*-Regeneration, den *elongation mode*, und nicht primär den verzweigenden Wachstumsmodus, den *branching mode*. Daher eignen sich die sensiblen Nervenzellen im PNS besonders gut zur Untersuchung der molekularen Grundlagen axonaler Elongation.

Da die zentralen und peripheren Axone sensibler Neurone ähnlich aufgebaut sind, wird der Unterschied zwischen peripherer Konditionierung und zentraler Axotomie nicht in der Nervenzelle selbst, sondern in ihrer

Umgebung vermutet, z. B. in der Qualität und Menge der verschiedenen, vom Zielgebiet freigesetzten Faktoren (*target-derived-factors*). Motorische und sensible Neurone nehmen aus dem Zielgewebe (Haut und Muskulatur) mehr neurotrophe Faktoren auf als aus dem Rückenmark. Diese retrograd transportierten Faktoren bzw. die von ihnen ausgelösten Signaltransduktions-Kaskaden beeinflussen den neuronalen Stoffwechsel entscheidend.

Deshalb spielt ihr Fehlen eine entscheidende Rolle bei der Umstellung der Genexpression axotomierter Neurone von Transmission auf Regeneration, d. h. bei dem vom Zellkern aus gesteuerten Abschalten der für die synaptische Übertragung notwendigen Gene und Anschalten der für den Aufbau eines Axons und neuer synaptischer Verbindungen erforderlichen Gene. Darüber hinaus scheinen die gliale Reaktion an der Läsionsstelle und eine veränderte Durchblutung der Ganglien nach einer zentralen Nervenläsion von Bedeutung zu sein, da bestimmte Peptide, wie z. B. das vasodilatierende (gefäßerweiternde) Apelin, besonders nach einer Wurzelläsion hochreguliert werden, nicht aber nach peripherer Nervenquetschung.

Derartige Erkenntnisse wurden in meinem Labor und in vielen anderen Laboratorien im Rahmen von experimentellen Studien gewonnen, die das Transkriptom (alle exprimierten mRNAs) und das Proteom (alle hergestellten Proteine) in Spinalganglien nach den verschiedenen Läsionsformen in *Screening*-Untersuchungen analysierten (also nach Wurzelläsion und peripherer Nervenläsion, mit und ohne Konditionierungsläsion).

Die im zellulären Stoffwechsel eigentlich wirksam werdenden Moleküle, die Proteine, sind dabei von größerer Bedeutung als die mRNAs, da eine erhöhte oder erniedrigte mRNA-Menge nicht immer mit einer erhöhten oder erniedrigten Eiweiß-Menge korrelieren muss. Anders als die mRNA, die im Experiment in komplementäre DNA (cDNA) umgeschrieben und mittels PCR vermehrt werden kann, lassen sich die von ihnen kodierten Proteine aber nur in geringen Mengen isolieren. Daher werden für ihre Quantifizierung deutlich mehr Spinalganglien benötigt als für die Analyse der Gentranskripte.

In diesem Zusammenhang sollte auch auf die posttranslationale Modifizierbarkeit von Eiweißen hingewiesen werden. Sie werden in der Regel nach ihrer Herstellung am Ribosom noch verändert (z. B. phosphoryliert, nitriert oder ubiquitiniert). Die Detektion solcher Proteinveränderungen, die nach einer Axotomie besonders zahlreich sind, erfordert ebenfalls relativ große Mengen Ausgangsmaterial und ist technisch anspruchsvoll. Leider gibt es bisher keine Zelllinien, die Primärneuronen vollständig gleichwertig sind und so in der Zellkultur unbegrenzt vermehrt werden könnten.

Eine neue Entwicklung zielt daher auf die erwähnten induzierbaren, pluripotenten Stammzellen, die in der Kultur in sensible Neurone ausdifferenziert werden können. Obwohl sie sich ähnlich verhalten, ist eine komplette Vergleichbarkeit mit den aus Ganglien gewonnenen primären Nervenzellen aber auch noch nicht gegeben.

Schließlich müssen wir bei allen biochemischen und molekularbiologischen Untersuchungen, die keine reinen Zellkulturen, sondern aus dem Körper von Tieren (ex vivo) entnommenes Gewebe verwenden, berücksichtigen, dass immer verschiedene Zelltypen gemeinsam analysiert werden. In unseren Proben befinden sich also Neurone und Gliazellen, aber auch Zellen der Blutgefäße und des Bindegewebes gleichzeitig.

Es ist daher unbedingt notwendig, derartigen Analysen histomorphologische Untersuchungen anzuschließen, z. B. eine Immunhistochemie für die Proteinlokalisation oder eine In-situ-Hybridisierung für die Lokalisation der mRNA. Mit diesen Methoden kann dann die genaue zelluläre Herkunft derjenigen Proteine und mRNAs ermittelt werden, die nach einer Läsion hoch- oder herunterreguliert werden. Die Millionen von Daten, die im Rahmen derartiger Studien über die Jahre im Tierversuch gewonnen wurden, sind heute teilweise im Internet abrufbar. Die umfassendste Seite, die neben wissenschaftlichen Ergebnissen auch Grundlagen zur Methodik und Ontologie zur Verfügung stellt, ist das englischsprachige Netzwerk NIF (Neuroscience Information Framework, https://neuinfo.org/).

3.3   Ethik und Sinnhaftigkeit der Tierversuche

Die in diesem Buch vorgestellten Experimente sind hauptsächlich an Nagetieren (Ratten und Mäusen) durchgeführt worden (Ratten sind aufgrund ihrer Größe leichter zu operieren als Mäuse). Daneben werden gelegentlich auch Minischweine und Hunde verwendet. Letztere erleiden manchmal Rückenmarksverletzungen aufgrund ihrer allgemeinen Neigung zu Bandscheibenvorfällen. Nichthumane Primaten werden aus nachvollziehbaren Gründen nur noch in wenigen Schwerpunktzentren weltweit verwendet. Neben Säugern stellen aber auch Fadenwürmer (Caenorhabditis elegans mit nur 302 Neuronen) oder Zebrafische beliebte Tiermodelle zur Untersuchung axonaler Regeneration dar. Eine mögliche Erholung von sensiblen oder motorischen Funktionen mit entsprechenden Änderungen im Verhalten lässt sich offensichtlich nur in lebenden Tieren untersuchen, die daher nicht vollständig durch neuronale Zellkulturen oder die derzeit intensiv beforschten Organoide ersetzt werden können.

Trotz bedeutender Unterschiede in der Anzahl und Verschaltung von Nervenzellen untereinander sind die Organisation und der Grundaufbau peripherer Nerven und des Rückenmarks bei allen Säugetieren ähnlich. Allerdings gibt es deutliche Unterschiede zwischen den Vierbeinern (Quadrupeden) und Zweibeinern (Bipeden), also Affen und Menschen als einzige genuin bipede Säugetierspezies. Es ist offenkundig, dass Gleichgewicht und Körperhaltung bei Quadrupeden einfacher zu regulieren sind, was in der Evolution des Menschen dazu geführt hat, dass die supraspinale Bewegungskontrolle durch Cortex und Hirnstamm über die im Rückenmark lokalisierten motorischen Netzwerke bei Bipeden klar dominiert.

Werden bei uns alle absteigenden Fasern durch einen Querschnitt unterbrochen, verlieren die spinalen Schaltkreise (*central pattern generators*) ihre Funktionalität, d. h., im Gegensatz zu den im Labor verwendeten Nagetieren besitzen wir keine motorische Restfunktionalität mehr; eine nur an den Hinterbeinen gelähmte Maus wird nie so gelähmt sein wie ein parapleger Mensch. Auch nach vollständiger Durchtrennung des Rückenmarks beginnen bei Quadrupeden nach ein paar Wochen wieder spontane Schrittbewegungen, die gut trainierbar sind. Dadurch lassen sich sogar Hindernisse, die auf einem Laufband erkannt werden, überwinden, ohne dass Input aus dem Gehirn benötigt wird. Beim Menschen ist dies bekanntlich nicht der Fall.

Aber auch innerhalb der Primaten lassen sich Unterschiede in der axonalen Regeneration beobachten. Beispielsweise wird bei Rhesusaffen, deren Rückenmark halbseitig durchtrennt wurde, eine Wiederherstellung der Beweglichkeit ohne irgendeine Behandlung beobachtet. Über die Hälfte der läsionierten Axone in der Pyramidenbahn kann in dieser Tierart durch kreuzende Fasern von der intakten, gegenüberliegenden Seite ersetzt werden. Eine derart ausgeprägte, über mehrere Monate anhaltende Sprossungsreaktion lässt sich in Nagetieren nicht feststellen.

Bei der Verwendung von Tieren als Modell für die humane Querschnittsläsion ist daher besonders relevant, welches Läsionsmodell gewählt wird und ob ohne Therapie schon von einer Erholung auszugehen ist. Nichthumane Primaten bleiben aber das wichtigste Tiermodell zur Bestätigung von neuen pharmakologischen oder anderweitigen Ansätzen. Nur bei ihnen lassen sich mögliche Effekte auf Handbewegungen, den Stand, das Gehen oder auf autonome Funktionen (insbesondere Blasen- und Mastdarmkontrolle) genau analysieren. Das ist bei Nagetieren nur im Ansatz möglich.

Die ethischen Aspekte der experimentellen Forschung an Tieren und klinischer Studien am Menschen stehen heute im Mittelpunkt der Diskussion vieler Institutionen, die eigene Laboratorien im Bereich neuronaler Regeneration unterhalten. Obwohl es Unterschiede zwischen den Ländern gibt, muss sich das hier aktive Personal zu Recht strengen Regularien zum Schutz der Tiere und der Patienten unterwerfen. Um das Leid von Tieren auf ein Minimum zu reduzieren, wurden weitere Anforderungen an uns Forscher gestellt, die als 3R-Regel bekannt geworden sind und den Ersatz (*replace*), die Reduktion (*reduce*) und die Verfeinerung (*refine*) von Tierversuchen zum Ziel haben.

Es darf auch nicht vergessen werden, dass die Behandlung von Tieren, beispielsweise aufgrund ausgeprägter sensomotorischer Feedbacks, zu Verbesserungen führen kann, obwohl die gleiche Therapie bei einem querschnittsgelähmten Patienten nicht anspringt. Wie oben erläutert, weist der Mensch im Unterschied zu allen Tieren, auch zu nichthumanen Primaten, die stärkste supraspinale Kontrolle motorischer Vorderhornneurone auf. Die aus dem Hirnstamm und höheren Arealen kommenden Aktivitäten spielen bei vielen Tierarten aber nur eine untergeordnete Rolle. Es ist davon auszugehen, dass viele der in Tierversuchen als erfolgreich erkannten Therapien, beispielsweise mit Neurotrophinen, Pharmaka oder zellulären Transplantaten, primär aus diesem Grund die Erwartungen an die klinischen Studien nicht erfüllen konnten.

Ein weiteres Problem besteht in der Tatsache, dass tierexperimentelle Studien zumeist sehr genau standardisiert sind, d. h., an genetisch und vom Alter bzw. Geschlecht her gleichen Tieren werden möglichst identische Verletzungen gesetzt. Eine möglicherweise in dieser Situation gut funktionierende Therapie wird später aber an Patienten getestet, die höchst unterschiedliche Verletzungsarten und -schweregrade aufweisen. Außerdem sind die zeitlichen Intervalle bis zum Einsetzen der Therapie und die anfängliche Versorgung der Patienten oft unterschiedlich, sodass ein direkter Transfer der vorklinischen Versuchsergebnisse vom Tier auf die klinische Situation beim Menschen kaum erwartet werden kann.

Zudem ist es aus ethischen Gründen bei klinischen Studien schwierig, eine korrekte Kontrollgruppe aufzustellen. Ist es vertretbar, einigen Patienten nur ein Placebo zu geben? Soll bei einer neuen invasiven Therapie wirklich eine Injektion unwirksamer Substanzen oder bei Operationen nur ein Einschnitt, der sog. Schein-Eingriff (*sham-operation*) erfolgen, um eine möglichst wirklichkeitsnahe Vergleichssituation herzustellen? Gerade bei Querschnittspatienten wäre ein solches Vorgehen auch mit einem nicht unerheblichen Risiko behaftet (nicht nur aufgrund der notwendigen Narkose). Es ist daher zu erwarten, dass sich kaum ein Patient freiwillig findet, der in eine Kontrollgruppe hinein randomisiert, also zufällig hineingelost werden möchte. Selbst wenn es wissenschaftlich gut begründbar wäre, könnte das Vorenthalten einer potenziell wirksamen Therapie bei einer schweren Erkrankung auch eine Verletzung moralischer Prinzipien darstellen. Schließlich kann ein Therapieansatz als solcher ethische Bedenken hervorrufen, wenn beispielsweise menschliche Embryonen verwendet werden sollen, um Stammzellen zu Transplantationszwecken zu gewinnen.

3.4 Das Problem der Übertragbarkeit von Tierversuchen auf den Menschen

Häufig wird auch die Frage gestellt, warum viele therapeutische Versuche im Labortier erfolgreich abgelaufen sind, aber in den dann folgenden klinischen Studien nicht auf Patienten übertragen werden konnten. Immer wieder hört man, dass Menschen nicht mit Nagetieren oder nichthumanen Primaten vergleichbar sind („Eine Maus ist eben kein Mensch"). Aber warum kommen eigentlich etablierte und gut wirksame Therapien in anderen Bereichen der Medizin, wie z. B. Antibiotika oder viele Tumormedikamente, gleichermaßen bei Mensch und Tier zur Anwendung?

Wie ich im Folgenden ausführen möchte, scheint mir hier weniger das Problem zu sein, dass bei Verletzungen des Rückenmarks oder von peripheren Nerven Tiere ganz anders auf eine Behandlung reagieren als Menschen, sondern dass die neurologische Regenerationsforschung in den letzten Jahrzehnten zu sehr von *wishful thinking* angetrieben war.

Es wurde nämlich eine Vielzahl von Experimenten und therapeutischen Eingriffen durchgeführt, die nicht den notwendigen Standards genügten und daher zumindest teilweise nicht gültig (valide) waren. Auf Kongressen hörte man auch oft die Frage: „Wir haben immer wieder versucht, Ihr Experiment zu wiederholen, aber es hat nie funktioniert." Wenn der angesprochene Forscher dann antwortet: „Wir haben die Studie publiziert, nachdem wir es sechsmal probiert haben und es einmal geklappt hat", weiß man, dass entweder betrogen oder die Experimente nicht stringent durchgeführt wurden.

Es ist inzwischen allgemein anerkannt, dass die Mehrzahl der als wirksam deklarierten Behandlungsversuche in der Neurotraumatologie nicht reproduzierbar sind. Eine systematisch in den USA durchgeführte Wiederholung von 11 präklinischen Studien aus den 1990er-Jahren verlief sehr enttäuschend, obwohl ein praktisch identischer Versuchsaufbau verwendet und mit gleichen Tieren und Materialien gearbeitet wurde. Wenn ein therapeutischer Versuch im Tier aber schon nicht wiederholbar ist, dann wird eine neuartige Behandlung beim Menschen natürlich erst recht nicht funktionieren!

Dieses Problem zeigte sich leider bei 80–90 % der therapeutischen Tierexperimente nach Querschnittsläsion und wird unter dem Begriff „Reproduktionskrise" derzeit intensiv im Feld diskutiert. Auch die in diesem Buch zusammengefassten präklinischen Studien sind teilweise noch nicht bestätigt worden und daher mit einer gewissen Unsicherheit belastet. Ich habe daher versucht, die aus solchen Arbeiten gezogenen Schlussfolgerungen entsprechend vorsichtig zu formulieren.

Die Situation hat sich aber gebessert: Heutzutage werden einige vielversprechende Resultate, auch wenn sie aus einem sehr anerkannten Labor stammen, von einem zweiten, unabhängigen Labor bestätigt, bevor die Arbeit bei einem Journal zur Publikation eingereicht wird. Die Ergebnisse werden also vor Veröffentlichung an einem anderen Ort durch andere Forscher erneut erhoben. Auch wenn die meisten wissenschaftlichen Magazine eine solche Replikation der Versuche nicht zur Voraussetzung für eine Annahme eines eingereichten Manuskriptes machen, so ist doch die Akzeptanz der Arbeit deutlich höher, wenn eine Wiederholung bereits stattgefunden hat.

Darüber hinaus wird von Wissenschaftlern heute vermehrt von der Möglichkeit Gebrauch gemacht, ihren Versuch vor der Durchführung zu registrieren, d. h., das geplante Experiment wird vorher auf speziell dafür eingerichteten Websites (z. B. https://aspredicted.org/) oder direkt bei einem Wissenschaftsmagazin angemeldet, das sich nach genauer Prüfung der Fragestellung, Methodik und geplanten Datenanalyse bereit erklärt, die auf die vorgeschlagene Art erhobenen und ausgewerteten Daten dann später auch zu publizieren (ohne dass diese einen bestimmten Neuheitswert haben müssen). Immer wieder verlangen auch Zulassungsbehörden und Ethikkommissionen die Replikation von Tierversuchsdaten. Daneben schauen diese genau auf die Wirksamkeit und Sicherheit einer neuen Therapie, die in mehr als einem Tiermodell, bevorzugt auch in den Menschen am nächsten stehenden Primaten, nachgewiesen worden sein sollten. Eine solche Bestätigung müsste eigentlich zur Vorbedingung werden, um überhaupt in eine Begutachtung für eine Anwendung beim Menschen zu kommen. Schließlich sollten die Effekte einer potenziell pro-regenerativen Therapie auf die Schmerzwahrnehmung, das vegetative Nervensystem oder auf die Spastizität rigoros in Tiermodellen getestet werden, um unerwünschte Nebenwirkungen, z. B. nach einer Stammzelltransplantation, bei Anwendung der Therapie am Patienten zu verhindern.

In diesem Zusammenhang sollte man sich aber auch klarmachen, dass eine komplette und exakte Replikation einer Arbeit in den Lebenswissenschaften oft unmöglich ist. Die Versuchstiere der Wiederholungsstudie haben praktisch immer einen anderen genetischen Hintergrund, die verwendeten Reagenzien kommen nicht aus derselben Produktion, die Fähigkeiten der Operateure sind nicht genau die gleichen, und viele weitere Gründe wären dafür verantwortlich zu machen. Trotzdem sollte immer eine Versuchswiederholung angestrebt werden, denn eine neue, robuste Therapie wird auch bei unterschiedlichen Gegebenheiten anschlagen. Nur dann wird sie vermutlich später auch den Sprung zum Menschen schaffen. Die von uns Forschern angestrebte Standardisierung von experimentellen Gruppen hat ja auch erhebliche Nachteile, denn tatsächlich vorhandene Effekte könnten übersehen werden, beispielsweise durch Einengung auf ein bestimmtes Geschlecht oder einen bestimmten Genotyp des Versuchstieres.

Aber warum gibt es diesen Drang zur Wiederholung eigentlich? Sollte nicht jede experimentelle oder klinische Studie höchsten Anforderungen genügen, unter strenger Supervision gut ausgebildeter Fachleute durchgeführt und genauestens von unabhängigen Gutachtern geprüft worden sein? Dann können doch die meisten Forschungsergebnisse nicht falsch sein. Sie sind es leider doch. Aber warum?

Der Epidemiologe John Ioannidis hat 2005 erstmals auf Probleme in der Anwendung biostatistischer Methoden, z. B. durch fehlende *Power* (zu geringe Fallzahlen), in den experimentellen Gruppen einer Studie aufmerksam gemacht (www.gpower.hhu.de/ für alle, die eine Power-Analyse machen wollen). Weiterhin führte er uns den sog. *Bias* in der Wissenschaft vor Augen, d. h. das alleinige Suchen nach einer Bestätigung der aufgestellten Hypothese und Ignorieren aller Aspekte, die der Hypothese widersprechen. Es ist leider eher die Regel als die Ausnahme, dass nach Abschluss der Versuche und Analyse der Daten solche Ergebnisse, die nicht zu den erwünschten Resultaten passen, weggelassen werden, ohne dass ein im Vorhinein festgelegtes Kriterium zum Ausschluss dieser Ergebnisse existieren würde (z. B. durch technische Fehler oder Aussortieren kranker Tiere).

Ebenso oft bleibt eine „Verblindung" der Untersucher aus, d. h., die Experimentatoren wissen, ob sie eine wirksame Substanz (Verum) oder ein Placebo gegeben haben. Nach Durchsicht und Wiederholung zahlreicher Untersuchungen wurde festgestellt, dass bei korrekter Verblindung der ermittelte Effekt einer Behandlung im Schnitt nur etwa halb so groß ist wie ohne Verblindung der Mitarbeiter.

Ein besonders schwerwiegender Fehler entsteht auch dann, wenn Hypothesen erst nach Erhebung der Daten aufgestellt werden (*post-hoc*). Es werden also zuerst die Experimente gemacht, Daten erhoben und danach Hypothesen aufgestellt, die zu zufällig gefundenen statistischen Unterschieden zwischen den experimentellen Gruppen passen. Ein solches Vorgehen wird auch als *HARKing* (*Hypothesizing After the Results are Known*) bezeichnet. Zusammengenommen führen alle diese Fehler zu einer Vielzahl falsch-positiver Befunde oder, wenn sich doch ein Trend in die gewünschte Richtung zeigt, zu einer deutlichen Überschätzung der Effektgröße einer Behandlung.

Die statistischen Unterschiede, nach denen in biowissenschaftlichen Analysen gesucht wird, beruhen ja in den meisten Fällen auf der Definition eines sog. p-Wertes, der normalerweise willkürlich auf 0,05 festgesetzt wird. Dabei handelt es sich um eine Irrtumswahrscheinlichkeit, d. h., in 5 % der Fälle wird die „Nullhypothese" abgelehnt, obwohl sie zutrifft (die Nullhypothese ist in der Regel als Annahme über die Grundgesamtheit definiert, die man widerlegen möchte). Interessanterweise sagt nun ein p-Wert von 0,05 aber gerade nicht aus, dass eine Theorie in nur 5 % der Fälle falsch sein kann.

Um dies zu verstehen, müssen wir uns klarmachen, dass die Interpretation des p-Wertes entscheidend von der Wahrscheinlichkeit abhängt, ob eine Hypothese richtig ist. Hypothesen wie ‚Globuli heilen COVID-19' sind selten oder nie wahr, während ‚COVID-19 verursacht Husten' meistens zutrifft. Nun kann ausgerechnet werden, dass unter der Annahme, dass eine Hypothese mit einer Wahrscheinlichkeit von 20 % tatsächlich richtig ist, bei einem p-Wert von 0,05 etwa 25 % der erhaltenen Ergebnisse falsch sein müssen (und nicht 5 %).

Es wäre daher ratsam, insbesondere bei kleineren Stichproben (geringer Anzahl von Tieren, Probanden oder Zellen), statt des p-Wertes die Bayes'sche Statistik zu verwenden. Sie liefert zuverlässigere Ergebnisse und hat eine höhere Aussagekraft als der p-Wert der klassischen Statistik, insbesondere dann, wenn eine Aussage darüber getroffen werden soll, ob eine Behandlung möglicherweise *keinen* Effekt hat.

Probleme bei der Anwendung der Biostatistik, bei der Datenerhebung und bei der Dateninterpretation haben etwas mit dem enormen Publikationsdruck zu tun, der auf uns Wissenschaftlern lastet. Es ist für die eigene Karriere oft nicht hilfreich, sehr viel Zeit in aufwändige Untersuchungen mit hoher Fallzahl (also großer *Power*) und strengsten Anforderungen (also wenig *Bias*) zu investieren, da dann am Ende möglicherweise wissenschaftlich sehr „saubere", aber keine konsistenten oder gar negative (nicht der Erwartung entsprechende) Daten generiert werden.

Solche Resultate wären zwar wissenschaftlich korrekt, aber nicht bzw. nicht gut publizierbar, d. h., die anerkanntesten Journale, die in der Regel nur Überraschendes und komplett neues Wissen veröffentlichen wollen, nehmen das Manuskript gar nicht erst zur Begutachtung an. Oft fehlt es in den Arbeitsgruppen auch einfach an Personal und Geld. Dieses Problem ist in den USA noch ausgeprägter als bei uns in Europa, da dort mehr Wissenschaftler in kündbaren Verhältnissen arbeiten als hier. Deren Job steht also eher auf der Kippe, wenn die Forschung keine aufregenden Ergebnisse abwirft.

Es lastet daher auf vielen Forschern ein enormer Druck, ihre Resultate nicht nur zu publizieren, sondern das auch nur in den „Top-Journalen" zu tun, die besonders wählerisch bei der Annahme von Manuskripten sind und praktisch nie eine Arbeit veröffentlichen, die bekannte Resultate einfach wiederholt (obwohl genau das dringend erforderlich wäre). Ioannidis konnte zeigen, dass solche Rahmenbedingungen zu einer Flut falsch-positiver Ergebnisse führen müssen.

Systematisch geplante und durch öffentliche Stellen finanzierte Replikationsstudien haben bestätigt, dass wir im Mittel von nur 30 % wirklich verlässlicher Studien ausgehen müssen (in der neurologischen Querschnittsforschung liegt dieser Wert eher bei 15 %). Es muss aber betont werden, dass die hierfür ausschlaggebenden Gründe in den allermeisten Fällen nicht als wissenschaftliches Fehlverhalten einzuordnen sind (wie z. B. das Erfinden von Daten), sondern mit den genannten Schwierigkeiten und Fehlern in der Versuchsplanung und -durchführung zu tun haben.

Heute hat die akademische und teils auch schon die politische Welt einige dieser Probleme erkannt und Gegenmaßnahmen gesetzt, z. B. mit dem Verbot von Kettenverträgen bei jungen Forschern und einer besseren Aussicht auf unbefristete Stellen. Bei der Ausbildung des medizinischen und naturwissenschaftlichen Nachwuchses wird seit einigen Jahren vermehrt auf Methodenkompetenz und Einhaltung von *Good-scientific-practice*-Regeln geachtet. Kommissionen zu ihrer Überprüfung wurden eingerichtet und *Whistleblowern* Anonymität zugesichert, wenn sie über wissenschaftliches Fehlverhalten in ihrer Umgebung berichten wollen.

Wissenschaftsmagazine und Förderinstitutionen fordern in ihren Richtlinien und Ausschreibungen jetzt fundamentale Qualitätsstandards ein: Eine vor dem Beginn der Arbeit erstellte Power-Analyse ist heute unabdingbar. Verpflichtende Maßnahmen zur Reduktion von Bias, z. B. Randomisierung und Verblindung, sind in vielen Journalen zur Pflicht geworden. Die genaue Beschreibung der Methodik, die Darstellung aller gesammelten Daten und ihrer Analyse sowie eine transparente Fotodokumentation gehören heute zum guten Ton, d. h., etliche international anerkannte Journale verweigern die Publikation einer Arbeit, wenn diese Kriterien nicht sämtlich erfüllt sind. Manche Magazine verlangen sogar vor einer Veröffentlichung schon eine Wiederholung der Ergebnisse in einem unabhängigen Labor. Schließlich könnte auch ein p-Wert von 0,01 (statt 0,05) definiert werden, bevor die Resultate als „statistisch signifikant" deklariert werden dürfen. Das würde zumindest diejenigen Studien herausheben, die mit hoher Wahrscheinlichkeit reproduziert werden können.

Ein großes Problem in Zeiten knapper Kassen stellt sich aber insbesondere für kleinere Arbeitsgruppen mit begrenzten Ressourcen: Wer soll die durch größere Stichproben und mehr Kontrollen gesteigerten Projektkosten abfangen? Wer zahlt für die Replikationsversuche? Wer führt verlässlich die Verblindungen von Untersuchern durch? Wer sucht die dafür geeigneten Laboratorien aus? Soll das den Managements der jeweiligen Forschungseinrichtungen übertragen werden? Sollen das die Editoren bzw. Reviewer der Wissenschaftsjournale tun? Oder sollen die jeweiligen Fachgesellschaften mit eingebunden werden? Die Beantwortung dieser Fragen ist für die weitere Regenerationsforschung entscheidend und bedarf jedenfalls einer gemeinsamen Anstrengung aller Beteiligten, um das Vertrauen in die Lebenswissenschaften allgemein und in die klinisch angewandten Neurowissenschaften im Speziellen wiederherzustellen.

Trotz dieser Schwierigkeiten besteht meines Erachtens aber die berechtigte Hoffnung, dass spezifische axonale Regeneration des peripheren Nervensystems und eine deutliche Verbesserung der Symptomatik auch nach schwerer Rückenmarksverletzung realistische Ziele darstellen. Wenn axotomierte Neurone in einen regenerationsfähigen Modus zurückversetzt und Wachstumsbremsen gelöst werden, sollten sich durch die Verwendung von gentechnisch veränderten Stammzellen, modernen Biomaterialien und speziellen Pharmaka auch die dringend erforderlichen therapeutischen Erfolge einstellen. In diesem Sinne möchte ich Sie einladen, meine Website mit aktuellen Beiträgen zur Forschung und Therapie von Degeneration und Regeneration im Nervensystem zu besuchen (www.klimasbrainblog.com).

Weiterführende Literatur

Begley CG, Ioannidis JPA (2015) Reproducibility in science. Circ Res 116:116

Camerer CF, Dreber A, Holzmeister F et al (2018) Evaluating the replicability of social science experiments in Nature and Science between 2010 and 2015. Nat Hum Behav 2:637

Courtine G, Bunge MB, Fawcett JW et al (2007) Can experiments in nonhuman primates expedite the translation of treatments for spinal cord injury in humans? Nat Med 13:561–566

Dirnagl U (2019) Rethinking research reproducibility. EMBO J 38:e101117

Ioannidis JPA (2005) Why most published research findings are false. PLoS Med 2:e124

Keysers C, Gazzola V, Wagenmakers EJ (2020) Using Bayes factor hypothesis testing in neuroscience to establish evidence of absence. Nat Neurosci 23:788

Poldrack RA (2019) The costs of reproducibility. Neuron 101:11

Steward O, Popovich PG, Dietrich WD, Kleitman N (2012) Replication and reproducibility in spinal cord injury research. Exp Neurol 233:597

Voelkl B, Altman NS, Forsman A et al (2020) Reproducibility of animal research in light of biological variation. Nat Rev Neurosci 21:384

Glossar

Acetyltransferase (Acetylase) Enzym, welches einen Essigsäurerest (Acetylrest, CH-COOH) auf Proteine überträgt. Der Vorgang wird Acetylierung genannt (z. B. von Histon-Proteinen).

Afferenz (neuronale) Bezeichnet die Weiterleitung der von Rezeptoren aufgenommenen Information zum Zentralnervensystem (ZNS).

Aktionspotenzial Eine kurz anhaltende, markante Änderung des Membranpotenzials über der neuronalen oder axonalen Zellmembran.

Allodynie Gesteigerte Schmerzempfindlichkeit bei Reizen, die normalerweise keine Schmerzen verursachen (z. B. bei leichter Berührung).

Allotransplantat Transplantiertes Gewebe, das nicht vom Empfänger selbst stammt, sondern von einem genetisch nichtidentischen Spender derselben Art.

Analgesie Das Ausschalten von Schmerzen durch Unterbrechung der Erregungsweiterleitung oder durch medikamentöse Analgetika.

Angiogenese Bezeichnet die Entstehung neuer Blutgefäße aus vorbestehenden Blutgefäßen, z. B. im Rahmen der Nerven- und Rückenmarksregeneration.

Anterograde Degeneration Der auch als Wallersche Degeneration bezeichnete Verlust von abgetrennten Axonen mitsamt ihrer Markscheide und begleitende zellulären Veränderungen, die distal einer Nervenläsion auftreten.

Antisense-Oligonukleotide (ASO) Es handelt sich um künstlich hergestellte, kurzkettige Einzelstränge von Nukleinsäuren. Da sie in der Basenabfolge der mRNA entgegengesetzt sind (‚antisense'), können sie sich der mRNA komplementär anlagern bzw. hybridisieren. Sie blockieren die Translation, d. h. die Herstellung des von der mRNA kodierten Proteins.

Apoptose Bezeichnet den programmierten Zelltod, also die Aktivierung eines Selbstmord-Programms in Zellen. Im Unterschied zur Nekrose geht die Zelle ohne

L. P. Klimaschewski, *Die Regeneration von Nerven und Rückenmark*, https://doi.org/10.1007/978-3-662-66330-1

Schädigung des Nachbargewebes zugrunde. Eine Apoptose kann von außen induziert oder intrinsisch gestartet werden (z. B. durch DNA-Schädigung oder Zellstress).

Astrozyten s. Glia

Autonomes Nervensystem Das der willkürlichen Kontrolle entzogene Nervensystem, das sympathische, parasympathische, viszerosensible und enterische Anteile aufweist. Siehe auch Viszeromotorik/Viszerosensibilität

Autophagie Ein Prozess, der zelleigene Strukturen (fehlerhafte Proteine, Proteinaggregate, alte Organellen) abbaut und die Bestandteile wiederverwertet.

Avulsion Traumatischer Aus- bzw. Abriss eines Nerven oder Körperteils.

Axon Singulärer, oft auch längster Fortsatz einer Nervenzelle, zusammen mit der Markscheide als Neurit oder Nervenfaser bezeichnet. Seitliche Abzweigungen des Axons (Axon-Kollateralen) erlauben die Herstellung einer Verbindung mit anderen Nervenzellen. Im Bereich der Endigungen des terminalen Axons nimmt die sog. Präsynapse Kontakt mit einer Zielzelle auf und liegt der postsynaptischen Spezialisierung auf den Dendriten innervierter Nervenzellen genau gegenüber. Gestapelte Mikrotubuli geben dem Axon Festigkeit und erlauben den intraaxonalen Transport von intrazellulären Vesikeln (Endosomen) und Mitochondrien.

Axonotmesis Traumatischer Schaden eines peripheren Nerven mit Durchtrennung des Axons und Beschädigung der Myelinscheide. Die Kontinuität der Hüllstrukturen des Nerven (Endoneurium, Perineurium, Epineurium) ist erhalten.

Axotomie Verletzungsbedingte oder experimentelle Durchtrennung eines Axons, welche in dem betroffenen neuronalen Zellkörper ein Regenerationsprogramm startet.

Azetylcholin Einer der wichtigsten, von Otto Loewi (1921) am Froschherzen nachgewiesenen Überträgerstoffe des peripheren und zentralen Nervensystem. Es handelt sich um eine Ammoniumverbindung als Ester der Essigsäure und des Aminoalkohols Cholin.

Basalganglien Die auch als Nuclei basales bezeichneten Kerngebiete befinden sich unterhalb des Cortex cerebri und sind um die Ventrikel und das Zwischenhirn herum angeordnet. Die wesentlichen Anteile der Basalganglien entstehen aus dem Ganglienhügel im Endhirn.

BCI-Technologie Ermöglicht eine direkte Informationsübertragung zwischen dem Gehirn und einem technischen Schaltkreis. Durch Auslesen von Gedanken erlaubt die Technik eine sprach- und bewegungsunabhängige Prothesensteuerung.

Büngner-Band In Reihen zusammengelagerte, von einer Basallamina umgebene Schwann-Zellen, die als Leitstrukturen regenerierenden Axonen einen Wiedereintritt in den distalen Nervenstumpf erlauben.

Canalis centralis Der im Rückenmark mittig gelegene Zentralkanal, zumeist mit Liquor cerebrospinalis gefüllt.

Caspase Caspasen sind Cysteinproteasen, die Zielproteine neben der Aminosäure Aspartat schneiden (daher der Name). Es handelt sich um die wichtigsten bei der neuronalen Apoptose beteiligten Enzyme.

Cauda equina Pferdeschweifähnliche Ansammlung von Nervenwurzeln in dem mit Liquor cerebrospinalis gefüllten Subarachnoidalraum. Die zum PNS gezählten Faserbündel verlassen die Wirbelsäule auf verschiedenen Höhen seitlich durch Zwischenwirbellöcher und werden als Spinalnerven bezeichnet.

Cerebellum Das dem Hirnstamm dorsal aufliegende Kleinhirn, ein selbstständiger Teil unseres Gehirns. Es weist einen mittig gelegenen Wurm (Vermis) und zwei Hemisphären auf. Das Kleinhirn beteiligt sich an der Feinabstimmung und der Koordination von Bewegungsprogrammen, aber auch an kognitiven Prozessen. Im Marklager des Kleinhirns liegen jeweils vier Kleinhirnkerne.

Cerebrum Das Cerebrum ist das Großhirn, griechisch auch Prosencephalon genannt. Es bildet die beiden großen Hemisphären mit ihren Lappen, die vom Cortex überzogen sind. Darunter finden sich die aus dem Ganglienhügel hervorgegangenen Basalganglien. Die ersten beiden Hirnnerven, N. olfactorius und N. opticus, sind Ausstülpungen des Großhirns.

Chemokin Kleine Signalproteine, die der sog. Chemotaxis zugrundeliegen, d. h. Zellen durch einen Konzentrationsgradienten anlocken.

Chromatolyse Auflösung der Nissl-Schollen (Ansammlungen von rauem ER) in axotomierten Perikarya (Zellkörpern) und neuronalen Fortsätzen.

Conus medullaris Das sich verjüngende, kegelförmige kaudale Ende des Rückenmarks.

Cortex cerebri In der Rinde unseres Gehirns werden drei Cortex-Typen aufgrund histologischer Merkmale unterschieden: Paläocortex als entwicklungsgeschichtlich ältester Anteil (zweischichtig), Archicortex (dreischichtig) und der Neocortex, der 90 % der gesamten Hirnrinde einnimmt und sechsschichtig ist.

DNA Desoxyribonukleinsäure, die aus dem Zucker Desoxyribose, Phosphaten und vier verschiedenen Basen zusammengesetzt ist. Sie ist in einer Doppelhelix angeordnet und kann mittels des Enzyms reverse Transkriptase (RT) aus RNA synthetisiert werden (komplementäre cDNA).

Dendrit Der zelluäre Fortsatz einer Nervenzelle, der der Reizaufnahme dient. Ein Neuron besitzt neben dem Zellkörper (Soma oder Perikaryon) normalerweise zahlreiche Dendriten und ein einzelnes Axon (zusammen mit der Myelinscheide auch als Neurit oder Nervenfaser bezeichnet). Dendriten tragen oft Dornen *(spines)*, in deren Plasmamembran die Rezeptoren für die im Bereich der Synapse freigesetzten Neurotransmitter sitzen, auch als Postsynapse bezeichnet.

Dermatom Hautbereich, der von einem Rückenmarkssegment und dem dazugehörenden Spinalnerven sensibel versorgt wird.

Diaphragma Das Zwerchfell, eine kuppelförmige Muskel-Sehnen-Platte, die Brust- und Bauchhöhle voneinander trennt.

Diencephalon Zwischenhirn, das den Hirnstamm nach oben fortsetzt. Es bildet die Wand des dritten Ventrikels in der Tiefe unseres Gehirns. Der größte Kernkomplex ist der Thalamus (Sehhügel), der ‚Sekretär des Chefs‘, d. h., alle sensiblen und sensorischen Empfindungen – mit Ausnahme des Geruchssinns – werden im Thalamus umgeschaltet, um zum Neocortex (zum ‚Chef‘) zu gelangen.

Dynein Bezeichnung für eine Gruppe von Motorproteinen in eukaryotischen Zellen, die wesentlich am intrazellulären Transport von Molekülkomplexen, Vesikeln und Zellorganellen beteiligt und für den retrograden Axontransport zuständig sind.

Dysästhesie Unangenehme oder schmerzhafte Missempfindungen auf einen normalen Reiz hin (oft synonym mit „Parästhesie" verwendet).

Dysreflexie (autonome) Medizinischer Notfall durch eine Rückenmarksschädigung oberhalb von Th6, die eine Regulationsstörung des Blutdrucks unterhalb der Läsion verursacht. Schmerzreize, z. B. durch eine volle Harnblase oder vollen Darm, führen zu einer Blutgefäßverengung und Erhöhung des Blutdrucks, eine Gegenregulation im betroffenen Bereich ist aber aufgrund der Verletzung nicht mehr möglich.

Dystonie Neurologische Bewegungsstörung, die sich durch unwillkürliche Muskelkontraktionen bemerkbar macht (wiederholte Verdrehbewegungen und schmerzhafte Haltungen).

Efferenz Nervenfaser, die Informationen aus dem ZNS zu den Erfolgsorganen und Zielgeweben in der Peripherie übermittelt.

Ektodomäne Abschnitt (Domäne) eines Proteins in der Plasmamembran, der in den Extrazellulärraum ragt.

Elektromyografie (EMG) Ableitung elektrischer Aktivitäten aus der Muskulatur. Die mit EMG gemessenen Potenziale sind beim denervierten Muskel nach Nervenläsion verändert.

Elektroneurografie (ENG) Nach elektrischer Reizung des zu untersuchenden Nerven wird die Nervenleitgeschwindigkeit bestimmt und festgestellt, ob eine Reizleitungsstörung vorliegt.

Embryogenese Hierbei handelt es sich um die früheste Phase unserer Entwicklung, d. h. von der befruchteten Eizelle (Zygote) über verschiedene Zwischenstadien (Blastulation, Gastrulation, Neurulation) bis zur Bildung der Organanlagen (Organogenese).

Endoneurium Eine dünne Schicht aus lockerem Bindegewebe, welche einzelne Nervenfasern und zugehörige Schwann-Zellen innerhalb eines peripheren Nerven umgibt und sie dadurch voneinander trennt.

Endoplasmatisches Retikulum (ER) Hierbei handelt es sich um ein weit verzweigtes, von Plasmamembranen umgebenes Netzwerk aus Röhren und Hohlräumen. Die ER-Membran geht direkt in die Kernhülle des Zellkerns über. Teile des ER sind mit Ribosomen besetzt. An diesen werden Proteine hergestellt, die direkt in das Lumen des ER oder in die ER-Membran hinein synthetisiert werden und als raues ER oder Ergastoplasma bezeichnet werden (gegenüber dem Ribosom-freien glatten ER). Im und am ER finden neben der Translation auch die Proteinfaltung, eine Qualitätskontrolle neu gebildeter Proteine, Modifikationen von Proteinen sowie Proteintransport statt. Daneben dient das ER als intrazellulärer Kalzium-Speicher.

Endosomen Die auch als endosomale Vesikel bezeichneten Zellorganellen entstehen beispielsweise durch Endozytose. Es werden frühe von späten Endosomen unterschieden. Diverse Membranproteine gelangen über Endosomen in die Lysosomen und werden dort abgebaut bzw. über Recycling-Endosomen wieder zurück zur Zellmembran transportiert.

Endothel Dünne Schicht aus Endothelzellen, die das Innere von Blutgefäßen auskleidet.

Endozytose Durch Einstülpungen äußerer oder innerer Membranen werden Flüssigkeit, Moleküle und Partikel in das Innere der Zelle oder in Vesikel hinein aufgenommen. Die Endozytose ermöglicht auch den Weitertransport von Membranproteinen in die verschiedenen subzellulären Kompartimente.

Enterisches Nervensystem Ein Teil des unwillkürlichen Nervensystems innerhalb der Darmwand, das weitgehend unabhängig die Bewegung des Darms bei der Verdauung sowie die Sekretion und Durchblutung reguliert.

Ependym Zelluläre, gliale Auskleidung der inneren Flüssigkeitsräume des ZNS, die mit Liquor cerebrospinalis gefüllt sind.

Epineurium Die äußerste, bindegewebige Umhüllung eines Nerven für seinen lockeren Einbau in das umgebende Gewebe, begleitet von Blut- und Lymphgefäßen.

Epitop Ein kleiner Abschnitt eines Antigens, gegen den das Immunsystem Antikörper bildet.

Exoskelett Mechanisches Gerüst, das am Patienten angebracht wird und seine Bewegungen wie ein Stützkorsett unterstützt bzw. mittels Servomotoren erst ermöglicht.

Exosom Kleine, unter 150 nm große Vesikel, die von einer Zelle an die Umgebung mittels Exozytose abgegeben werden und Nukleinsäuren, Proteine, Lipide und miRNAs in wechselnder Zusammensetzung enthalten.

Exozytose Im Gegensatz zur Endozytose handelt es sich hierbei um einen Transport von Substanzen aus der Zelle heraus. Es verschmelzen Vesikel aus dem Zytoplasma mit der Zellmembran und geben die in ihnen gespeicherten Stoffe in den extrazellulären Raum hinaus ab.

Fasciculus Bündel von Nervenfasern (bemarkte und unbemarkte Axone), die im PNS von Perineurium umgeben sind.

Fibroblast Spezifische Zelle des Bindegewebes mesenchymaler Herkunft, die entscheidend beteiligt ist am Auf- und Abbau der Zwischenzellsubstanz, der extrazellulären Matrix.

Filopodium Schmale, fingerförmige Ausstülpung der Plasmamembran in eukaryotischen Zellen, die der Zellmigration dient und insbesondere in axonalen Wachstumskegeln als Sensor fungiert.

Funiculus Nervenstrang, also eine Bündelung von Nervenfasern im ZNS. Die dazugehörigen Neurone können im PNS liegen (wie im Fall der Hinterstränge des Rückenmarks).

GABA Als wichtigster hemmender Neurotransmitter wird γ-Aminobuttersäure (GABA) durch Decarboxylierung von Glutaminsäure in inhibitorischen Nervenzellen gebildet.

GAP GTPase aktivierendes Enzym, das GTP unter Abspaltung eines Phosphat-Restes zu GDP hydrolysiert. In der Regel wird dadurch das Zielprotein inaktiviert, da es nur in der GTP-gebundenen Form aktiv ist.

Galvanotaxis Eine durch elektrischen Strom orientierte, aktive Bewegung von Zellen und Nervenfasern.

Ganglion Eine von Bindegewebe umschlossene Ansammlung von Nervenzellkörpern im PNS (im ZNS Nuclei genannt).

GEF Guaninnukleotid-Austauschfaktoren (guanine exchange factors) sind Proteine, die Guanosindiphosphat (GDP) von kleinen G-Proteinen freisetzen. Dadurch ermöglichen sie die Bindung von Guanosintriphosphat (GTP) und die Aktivierung der G-Proteine.

Genexpression Bildung eines von einem Gen kodierten Genprodukts, d. h. der entsprechenden mRNA bzw. des dann in einem weiteren Schritt hergestellten Proteins.

Genomweite Assoziationsstudien (GWAS) Auf der Suche nach genetischen Krankheitsursachen werden DNA-Sequenzierungen durchgeführt. Damit können Allele (bestimmte Ausprägungen eines Gens) identifiziert werden, die gemeinsam mit einem bestimmten Phänotyp (Merkmal) auftreten. Insbesondere werden dafür genetische Marker (SNPs, single nucleotide polymorphisms) eingesetzt, um auffällige DNA-Abschnitte zu finden, die zumeist nicht in einer Protein-kodierenden Region lokalisiert sind, sondern in nichtkodierenden Regionen zwischen zwei Genen.

Glia Alle Zellen des Nervengewebes, die sich strukturell und funktionell von Nervenzellen (Neuronen) abgrenzen lassen, werden als Gliazellen bezeichnet. Dazu gehören insbesondere die Astrozyten (Sternzellen) und die Oligodendrozyten, die als Makroglia bezeichnet werden, sowie die immunkompetente Mikroglia, die Überwachungs- und Aufräumaufgaben wahrnimmt. Weiterhin werden Ependymzellen, die die Hirnkammern auskleiden, und die Liquor herstellenden Plexusepithelzellen zur Glia gerechnet. Glia wurde erstmals im 19. Jahrhundert von Rudolf Virchow (1821–1902) beschrieben und mit dem griechischen Begriff für Leim bezeichnet, der die Neurone zusammenhält. Für Virchow stand die Stütz- und Haltefunktion der Zellen im Vordergrund. Er konnte nicht wissen, dass die Glia auch wesentlich am Stoffaustausch und an Reparaturvorgängen beteiligt ist.

Glutamat Glutaminsäure ist eine Protein-bildende Aminosäure und der wichtigste erregende (exzitatorische) Neurotransmitter im zentralen Nervensystem.

Golgi-Apparat Damit wird der Ende des 19. Jahrhunderts nach dem italienischen Pathologen Camillo Golgi benannte Membranstapel bezeichnet, der an der Sekretbildung und anderen Aufgaben des Zellstoffwechsels beteiligt ist. Er liegt zumeist in der Nähe des Zellkerns und ist polarisiert: Eine Seite ist konvex und dem endoplasmatischen Retikulum (ER) zugewandt. Dieses erhält vom Golgi-Apparat (cis-Golgi) abgeschnürte Vesikel. Die konkave, dem ER abgewandte Seite wird als trans-Golgi-Netzwerk (TGN) bezeichnet. Von dort gelangen Golgi-Vesikel an die Plasmamembran und bedingen so die regulierte zelluläre Sekretion, indem ihr Inhalt exozytiert, d. h. von der Zelle nach außen abgegeben wird.

Gyrus cerebri Als Gyri werden die Hirnwindungen zwischen den Hirnfurchen (Sulci), also die Vorwölbungen der Großhirnrinde bezeichnet. Sie bilden ein typisches, bei jedem Menschen etwas anderes Oberflächenrelief und sind vom Cortex cerebri überzogen.

Hemisphäre Die jeweiligen Hirnhälften des Groß- und Kleinhirns, die weitgehend symmetrisch aufgebaut sind, werden als Hemisphären bezeichnet.

Hinterhorn Der dorsale Abschnitt der schmetterlingsförmigen grauen Substanz des Rückenmarks, der die Laminae I bis VI nach Rexed enthält.

Hinterwurzel Setzt sich aus rein afferenten Nervenfasern zusammen, die somatosensible und in geringerem Ausmaß auch viszerosensible Informationen in das ZNS leiten. Die dazugehörigen neuronalen Perikarya liegen in den Spinalganglien.

Hippocampus Der Hippocampus ist ein am Boden des Seitenventrikels im Temporallappen gelegener Hirnteil, der Ähnlichkeit mit einem Seepferdchen hat. Er bildet die zentrale Struktur des inneren limbischen Bogens und ist aus dreischichtigem Archicortex aufgebaut. Der Hippocampus spielt eine zentrale Rolle bei der Gedächtniskonsolidierung, d. h. bei der Überführung von Gedächtnisinhalten aus dem Kurzzeit- in das Langzeitgedächtnis.

Hirnstamm s. Truncus cerebri

Histone Basische Proteine, die im Zellkern die DNA „verpacken" und damit eine wichtige Funktion bei der Regulation der Genexpression und bei der DNA-Reparatur spielen. Sie besitzen auf ihrer Oberfläche zahlreiche basische Aminosäuren (Lysin und Arginin) mit positiv geladenen Seitenketten.

Hydrogel Ein porenbildendes Gel aus einem wasserunlöslichen Polymer, das Wasser aber binden kann.

Hyperalgesie Eine übermäßige Schmerzempfindlichkeit bzw. eine Schmerzreaktion gegenüber normalerweise nichtschmerzhaften Reizen.

Hypothermie Unterkühlung des Körpers nach längerer Einwirkung von Kälte oder therapeutisch zur Verlangsamung der sekundären Gewebeschädigung nach einem Rückenmarkstrauma.

Hypothalamus Der Hypothalamus ist das der Hypophyse übergeordnete Zentrum unseres vegetativen, autonom arbeitenden Nervensystems. Er steht in enger Verbindung mit limbischen Strukturen und steuert Atmung, Kreislauf, Körpertemperatur, Verdauung, Flüssigkeitshaushalt, Sexualfunktionen und das Körperwachstum während der Entwicklung.

Induzierte pluripotente Stammzelle s. Stammzelle

Integrine Dauerhaft in der Zellmembran verankerte Transmembranproteine, die als Zelladhäsionsmoleküle extrazellulare Matrixproteine, z. B. Kollagen, Laminin und Fibronektin, binden können.

Interleukine Botenstoffe (Zytokine), die von körpereigenen Abwehrzellen (Leukozyten und Makrophagen), aber auch von Fibroblasten gebildet und sezerniert werden. Sie dienen der Regulation des Immunsystems.

Katecholamine Die durch eine gemeinsame Aminogruppe charakterisierten Botenstoffe der Katecholamine umfassen Dopamin, Noradrenalin und Adrenalin. Sie werden aus der Aminosäure Tyrosin mit Hilfe des Enzyms Tyrosinhydroxylase gebildet, besitzen auch hormonale Funktionen und binden an G-Protein-gekoppelte Rezeptoren (Adrenozeptoren bzw. Dopamin-Rezeptoren).

Kernspintomografie Die Magnetresonanztomografie (MRT, MR oder MRI, *Magnetic Resonance Imaging*) dient der Erzeugung von Schnittbildern, die zur Darstellung der Struktur und Funktion von Körperorganen verwendet werden. Der Methodik liegen starke Magnetfelder zugrunde, mit denen Atomkerne (Wasserstoffkerne, Protonen) im Körper angeregt werden. Daraus resultiert ein elektrisches Signal, das durch die MRT detektiert wird.

Kinasen Enzyme, die einen Phosphatrest vom energiereichen molekularen Baustein ATP (Adenosintriphosphat) auf andere Substrate übertragen (phosphorylieren) und diese aktivieren können.

Kinesin Gruppe von Motorproteinen in eukaryotischen Zellen, die wie Myosin und Dynein entscheidend am intrazellulären Transport von Makromolekülen, Vesikeln und Zellorganellen beteiligt sind.

Kleinhirn s. Cerebellum

Koaptation Wiederherstellung eines Nerven durch die Naht zweier Nervenenden.

Kollagen Mit 30 % das häufigste Eiweiß im menschlichen Körper; Strukturprotein hauptsächlich des Bindegewebes, das Festigkeit verleiht.

Kommissur In der Medianebene (Mittellinie) kreuzende Nervenfasern, die Strukturen der rechten und linken Hälfte von Gehirn oder Rückenmark miteinander synaptisch verschalten.

Konditionierungseffekt In der peripheren Nervenregeneration verwendeter Begriff, der eine verstärkte axonale Regeneration nach einer wiederholten Nervenverletzung beschreibt.

Konduit Ein Röhrchen aus biologischem oder nicht abbaubarem Material, das zwischen zwei Nervenenden einen Tunnel bildet, in den hinein Gliazellen einwandern und Axone auswachsen können.

Lamellipodium Dünne Membranduplikatur, die parallel ausgerichtete Bündel aus Aktinfilamenten umschließt und insbesondere im Bereich des axonalen Wachstumskegels bei der Regeneration eine wichtige Rolle spielt.

Laminin Kollagenähnliches Glykoprotein, das einen wichtigen Bestandteil der extrazellulären Matrix (Basallamina) bildet und Bindungsstellen für Zelladhäsionsmoleküle (insbesondere Integrine) aufweist.

Limbisches System Das limbische System spielt bei der Emotionalität, Gedächtnisbildung, Antrieb und Motivation eine entscheidende Rolle. Seine Anteile bilden einen doppelten Ring um die Basalganglien und den Thalamus.

Liquor cerebrospinalis Die sich im Gehirn und im Rückenmark befindende Flüssigkeit wird Nervenwasser genannt. Der Liquor wird von speziell differenzierten Epithelzellen der Adergeflechte (Plexus choroidei) in den Ventrikeln gebildet. Er ist wasserklar, farblos und enthält etwas Eiweiß, Zucker und nur wenige Zellen (Lymphozyten). Abgeleitet wird der Liquor über die Arachnoidealzotten der Hirnhaut, die venösen Blutleiter (Sinus durae matris) und in den lymphatischen Raum jenseits der Austrittstellen von Hirn- und Spinalnerven.

Lymphozyt Untergruppe der Leukozyten, die Fremdstoffe und Infektionserreger abwehren. Sie werden in T-Zellen, die direkt fremdes Antigen erkennen, und B-Zellen, die Antikörper herstellen, unterschieden.

Lysosom Von einer Plasmamembran umschlossene Zellorganellen, die einen sauren pH (4–5) aufweisen. Ihre wesentliche Funktion besteht in der intrazellulären Verdauung von Material durch hydrolysierende Enzyme wie Proteasen, Nukleasen und Lipasen.

Makrophage Bewegliche, zur Phagozytose befähigte Zelle des Immunsystems, die sich aus den im Blut zirkulierenden Monozyten ableiten, in das Gewebe hinein migrieren und dort für mehrere Wochen bis Monate verbleiben. Positive Wirkungen der Makrophagen vom M2-Typ werden durch Interleukine (IL-4, IL-10) hervorgerufen, schädigende Makrophagen vom M1-Typ dominieren jedoch in der akuten und subakuten Phase nach einer Läsion.

Markscheide s. Myelin

MAP-Kinase Familie von Proteinkinasen (*mitogen-activated proteins*), die eine zentrale Rolle bei mehrstufigen Signaltransduktionswegen spielen und an der Embryogenese, der Zelldifferenzierung, dem Zellwachstum, der Regeneration und dem programmierten Zelltod beteiligt sind (Untergruppen sind z. B. ERK und JNK).

Matrix-Metalloproteinase Zur Familie der Zink-Endopeptidasen gehörende Enzyme, die nahezu alle Komponenten der extrazellulären Matrix spalten können.

Medulla oblongata (verlängertes Mark) Das Markhirn (Myelencephalon) ist der unterste Teil des Hirnstamms. Hier liegen lebenswichtige Zentren für die Regulation von Kreislauf und Atmung, die insbesondere vom Hypothalamus angesteuert werden.

Medulla spinalis (Rückenmark) Das Rückenmark ist der im Wirbelkanal gelegene Teil des zentralen Nervensystems (ZNS) und wird – wie das Gehirn – von meningealen Hüllen (Hirnhäute) umgeben. Es stellt über die Spinalnerven Verbindungen zum peripheren Nervensystem her. In der außen im Rückenmark gelegenen markhaltigen (weißen) Substanz finden sich auf- und absteigende Leitungsbahnen (Tractus, Axonbündel), im Inneren des Rückenmarks dagegen die in definierten Kernsäulen zusammengefassten Nervenzellen (graue Substanz) zur Weiterleitung motorischer und sensibler Impulse.

Membranpotenzial Elektrische Spannung, die aufgrund von Ladungsunterschieden in zwei Räumen entsteht, die durch eine nur für bestimmte Ionen durchlässige (semipermeable) Membran getrennt sind (Transmembranspannung).

Methyltransferase Enzyme, die eine Methylgruppe ($-CH_3$) auf andere Biomoleküle übertragen und beispielsweise bei der Regulation der DNA und damit bei der Genexpression eine wichtige Rolle spielen.

Mikroelektroden-Array (MEA) Geräte mit mehreren Plättchen oder Nadeln, die neuronale Signale aufnehmen oder abgeben. Sie können damit Nervenzellen mit elektronischen Schaltungen verbinden.

Mikroglia s. Glia

Mikrotubulus Ein röhrenförmiger, großer Proteinkomplex, der zusammen mit den Aktin-Filamenten und den Intermediärfilamenten das Zytoskelett aufbaut. Dieses stabilisiert Form und Struktur der Zelle und ist zusammen mit anderen Proteinen für intrazelluläre Transportvorgänge sowie aktive Bewegungen ganzer Zellen bzw. einzelner Zellteile oder ihrer Fortsätze notwendig.

Mittelhirn (Mesencephalon) Der Teil des Hirnstamms, der zwischen Brücke (Pons) und Zwischenhirn (Diencephalon) zu liegen kommt. Das Mittelhirn steuert die meisten Augenmuskeln und enthält mit der Substantia nigra und dem Nucleus ruber wesentliche Bestandteile des sog. extrapyramidalen Systems.

Mitochondrium Im Unterschied zu Lysosomen oder dem endoplasmatischen Retikulum (ER) sind Mitochondrien von einer doppelten Plasmamembran umschlossen und enthalten eigene Erbsubstanz (mitochondriale DNA). Sie kommen als kugel- oder röhrenförmige Organellen vor und stellen die zellulären Kraftwerke dar, indem sie über die Atmungskette das energiereiche Molekül Adenosintriphosphat (ATP) herstellen. Dieser Vorgang wird auch als oxidative Phosphorylierung bezeichnet. Mitochondrien vermehren sich durch Wachstum und Sprossung je nach Energiebedarf der Zelle.

Modalität Begriff der Sinnesphysiologie, der subjektive Empfindungen wie das Sehen, Hören, Riechen, Schmecken und (mechanisches) Fühlen umfasst. Weiterhin gelten auch die Empfindungen von Wärme und Kälte, der Schmerz und die Gelenkstellung (Lage im Raum, Propriozeption) als Sinnesmodalitäten.

Monozyt s. Makrophage

Motorischer Cortex Die auch als motorische Rinde bezeichneten Gyri stellen diejenigen Rindenbereiche im Frontallappen dar, von denen aus willkürliche Bewegungen und komplexe Bewegungsprogramme gestartet werden. Man unterscheidet von hinten nach vorn primär motorische, prämotorische und supplementär motorische Areale. Die Projektionsneurone in der Lamina V des motorischen Cortex haben teilweise sehr lange Axone (bis zum unteren Rückenmark) und sind daher aufgrund ihrer Größe besonders gut im Mikroskop sichtbar (Betz-Riesenpyramidenzellen).

Motorische Endplatte Der Kontakt zwischen somatomotorischer Nervenzelle und Muskelfaser, der aus der axonalen Endigung (Endknöpfchen) und einem strukturierten Membranabschnitt der Muskelzelle besteht, dazwischen befindet sich der synaptische Spalt von 10–50 nm Breite.

Muskelspindel Parallel zu den Fasern der Skelettmuskulatur angeordnete Dehnungsrezeptoren, die für die Messung der Muskellänge zuständig sind.

Myelin Das 1854 von Rudolf Virchow entdeckte Myelin wird im zentralen Nervensystem von Oligodendrozyten gebildet und umgibt die Axone der meisten Nervenzellen. Die spiralförmig verlaufende Myelinscheide beschleunigt die Erregungsleitung, indem die elektrischen Ladungen an der Membran (Aktionspotenziale) von einer schmalen, unbemarkten Stelle zwischen zwei Gliazellen zur nächsten Stelle „springen" (saltatorische Erregungsleitung). Da Myelin aus gestapelten Plasmamembranen besteht, weist es einen hohen Lipidgehalt auf (70 %). Aufgrund des Fettgehalts erscheint Myelin mit freiem Auge weiß (weiße Substanz im Gehirn).

Myosin Familie von Motorproteinen, die zusammen mit Aktin, dem Tropomyosin und dem Troponin die sog. kontraktile Einheit des Muskels bilden und damit chemische Energie in Bewegung und Kraft umsetzen. Sie kommen aber auch in anderen Zelltypen vor und sind wesentlich am intrazellulären Transport von Molekülen, Vesikeln und Zellorganellen längs von Aktinfilamenten beteiligt (im Gegensatz zu Kinesin und Dynein, die an Mikrotubuli binden).

Nanofaser s. Nanopartikel

Nanopartikel Verbünde (Kügelchen, Fasern) von einigen wenigen bis einigen tausend Atomen oder Molekülen in einer Größenordnung von 1 bis 100 Nanometern.

Neocortex s. Cortex cerebri

Nervus cutaneus Ein Hautnerv zur sensiblen Versorgung der Körperoberfläche.

Nervus facialis Gesichtsnerv bzw. siebter Hirnnerv (VII), der entwicklungsgeschichtlich dem zweiten Kiemenbogen zugeordnet ist und sensible, somatomotorische und parasympathische Nervenfasern enthält.

Nervus femoralis Nerv des Plexus lumbosacralis, der aus dem ersten bis vierten Lendensegment (L1–L4) des Rückenmarks entspringt und mit dem Musculus psoas major durch die Lacuna musculorum (Muskelpforte) zum Oberschenkel zieht (insbesondere zum M. quadriceps).

Nervus medianus Mittelarmnerv, der dem Plexus brachialis entspringt (C5–Th1) und hauptsächlich Beugemuskeln an Unterarm und Hand innerviert.

Nervus radialis Weiterer Nerv des Armnervengeflechts (Plexus brachialis) mit Ursprung im Fasciculus posterior, der die Streckmuskeln im Ellenbogen-, Hand- und Fingergelenk innerviert.

Nervus saphenus Sensibler Endast des Nervus femoralis aus dem Plexus lumbalis.

Nervus suralis Nerv zur sensiblen Versorgung der Haut am Unterschenkel und Fußrücken.

Nervus trigeminus Der fünfte von zwölf Hirnnerven, der mit seinen drei Ästen (Nervus ophthalmicus, Nervus maxillaris und Nervus mandibularis) große Teile der Muskulatur und der Haut des Kopfes versorgt.

Nervus ulnaris Motorischer und sensibler Nerv des Arms, der aus dem Fasciculus medialis des Plexus brachialis entspringt und Faseranteile aus C8 und Th1 enthält.

Nervus vagus Der zehnte Hirnnerv ist der größte, im Brust- und Bauchraum weit „umherschweifende" Nerv (lat. vagare = umherschweifen). Er gehört zum vegetativen Nervensystem (Parasympathikus) und reguliert mit efferenten (motorischen) und afferenten (sensiblen) Fasern fast alle Organ-Aktivitäten. Seine Ursprungsneurone liegen im Hirnstamm (Medulla oblongata, Nucleus dorsalis n. vagi) und unterhalb der Schädelbasis in Ganglien (Ganglion nodosum und Ganglion jugulare).

Neurapraxie Periphere Nervenläsion, die weder die Hüllstrukturen noch die Kontinuität des Axons verletzt, also eine vorübergehende Funktionsstörung, die durch Quetschung oder Dehnung verursacht wird.

Neurit Als Axon oder Neurit (bemarktes Axon) wird derjenige Fortsatz eines Neurons bezeichnet, der elektrische Nervenimpulse vom Zellkörper (Soma, Perikaryon) weg leitet.

Neurogenese Die Bildung von Nervenzellen aus teilungsfähigen Stammzellen wird als Neurogenese bezeichnet. Sie findet im Rahmen der Entwicklung bis in die frühe postnatale Phase hinein statt. Danach ist sie zumindest beim Menschen nur noch sehr reduziert nachweisbar.

Neurolyse Eine Operation zur Freilegung eines Nerven (Dekompression). Dabei werden Einengungen und Schmerzen beseitigt.

Neurom Eine gutartige Knotenbildung durch lokal verstärktes Axonwachstum, die nach einer Nervendurchtrennung an der Läsionsstelle entstehen kann.

Neuropathie Sammelbegriff für diverse Störungen peripherer Nerven, zumeist als Folge anderer Erkrankungen (z. B. Diabetes mellitus, Alkohol).

Neuropeptide Botenstoffe, die entweder endokrin (als Peptidhormone) oder parakrin (als Kotransmitter, Neuromodulatoren) freigesetzt werden. Von den über 100 verschiedenen Neuropeptiden werden einige nach einer Nervenläsion vermehrt gebildet und fördern die axonale Regeneration.

Neuroplastizität Funktionelle und strukturelle Veränderungen im ZNS, die aufgrund von adaptiven Lernprozessen oder nach Schädigungen (auch an entfernten Orten) auftreten. Sie gehen mit lokal begrenztem Auf- und Abbau von neuronalen Fortsätzen und Synapsen einher.

Neurotmesis Traumatische Schädigung eines peripheren Nerven, bei der neben dem Axon (Axonotmesis) auch die Myelinscheide und die bindegewebigen Begleitstrukturen (Perineurium, Epineurium) durchtrennt werden.

Neurotrophine Diese gehören zu den Signalstoffen im Nervensystem, die insbesondere während der Entwicklung eine Schlüsselrolle bei der Herstellung zielgerichteter Verbindungen zwischen Nervenzellen untereinander und mit ihren peripheren Effektoren spielen (Muskeln, Drüsen, Haut). Sie sind als kleine basische Proteine mit einer Molekülmasse von ca. 13 kilo-Dalton (kDa) maßgeblich am Erhalt von Neuronen und an dem Auswachsen ihrer Fortsätze (Dendriten, Axone) auch im erwachsenen Alter noch beteiligt.

Nissl-Substanz Nach dem Münchner Neurologen und Psychiater Franz Nissl benannte Ansammlungen von rauem endoplasmatischem Retikulum (rER) und
freien Ribosomen im Zellkörper und in den Dendritenstämmen (auch als
Nissl-Schollen bezeichnet). Sie werden durch basische Farbstoffe dargestellt.

Noradrenalin Ein biogenes Amin, das als Stresshormon und Neurotransmitter wirksam wird. Es führt als Vorstufe von Adrenalin zur Verengung von Blutgefäßen und
erhöht den Blutdruck. Im Gehirn wird es insbesondere vom Locus coeruleus
gebildet.

Oligodendrozyt s. Glia

Organoid Die in einer Zellkulturschale gebildeten, nur wenige Millimeter großen
Strukturen sind den aus Stammzellen gebildeten Organen des Körpers teilweise
sehr ähnlich. Unter wohldefinierten Kulturbedingungen können Organoide aus
embryonalen, induzierten oder pluripotenten Stammzellen gezüchtet werden. Sie
enthalten aber keine Blutgefäße und sind daher in ihrer biologischen Relevanz nur
eingeschränkt aussagekräftig.

Oxidativer Stress Damit wird eine Stoffwechsellage bezeichnet, die eine zu hohe Konzentration reaktiver Sauerstoffverbindungen (ROS, *reactive oxygen species*) mit sich
bringt. Es handelt sich also um ein Ungleichgewicht aus oxidierenden bzw. redu-
zierenden Molekülen. Sind die normalen Reparatur- und Entgiftungsfunktionen
einer Zelle überfordert, kommt es zu oxidativem Stress und damit zu einer Schädigung von Lipiden, Proteinen und DNA.

Paraplegie Eine vollständige Lähmung beider Beine.

Parasympathikus Der Teil des vegetativen Nervensystems, welcher an der unwillkürlichen Steuerung der meisten inneren Organe und des Blutkreislaufs beteiligt ist
und dem Aufbau körpereigener Reserven dient (trophotrope Wirkung, *rest or digest*). Demgegenüber ist der Sympathikus bei Belastung (Stress) aktiv und soll eine
Leistungssteigerung des Organismus bewirken (ergotrope Wirkung, *fight or flight*).
Das im Darmtrakt vorhandene enterische Nervensystem wird als dritte Säule des
vegetativen (autonomen) Nervensystems bezeichnet.

Parese Ein Teilausfall motorischer Funktionen (inkomplette oder unvollständige
Lähmung), der mit Kraftverlust einhergeht.

PCR Verfahren zur Vermehrung definierter Gen-Sequenzen innerhalb einer vorliegenden DNA (oder cDNA).

Perikaryon Zellkörper (Soma) eines Neurons im Gegensatz zu den Zellfortsätzen
(Dendriten und Axone).

Perineurium Straffes Bindegewebe mit einschichtigem Epithel (Neurothel), das
Nervenfasern bündelt (zu Faszikeln) und darüber hinaus eine Schrankenfunktion
(Blut-Nerv-Schranke) aufweist.

Perizyt Zelle, die der Außenwand von Blutkapillaren und Venolen anliegt und sich
von Bindegewebszellen ableitet. Als kontraktile Zelle beeinflusst der Perizyt die
Durchblutung.

Phagozytose Das zelluläre ‚Fressen' (griech. phagein) bezeichnet die aktive Aufnahme von Partikeln oder kleineren Zellen in eine Zelle, also eine spezielle Form der Endozytose.

Phantomschmerz Im Gehirn entstehende Schmerzempfindung in einer amputierten Gliedmaße, obwohl diese nicht mehr vorhanden ist (im Unterschied zu Stumpfschmerzen, denen eine lokale Ursache zugrunde liegt).

Phosphatase Enzym, das durch Wasseranlagerung (Hydrolyse) aus Phosphorsäureestern oder Polyphosphaten Phosphorsäure (Phosphat) abspaltet.

Phosphodiesterase (PDE) Enzym, welches die intrazellulären Botenstoffe (*second messenger*) cAMP und cGMP abbaut (hydrolisiert).

Placebo Aus dem Lateinischen („Ich werde gefallen") abgeleiteter Begriff für Arzneimittel, die keine aktiven pharmazeutischen Wirkstoffe enthalten. Sie bestehen nur aus Hilfsstoffen wie Milchzucker, Cellulose oder physiologischer Kochsalzlösung, entfalten aber eine psychologische Wirkung.

Plasmamembran Die auch als Zellmembran bezeichnete Begrenzung einer Zelle nach außen. Sie besteht im Wesentlichen aus zwei Reihen von Lipiden (Lipiddoppelschicht) und einer Vielzahl darin eingelagerter Membranproteine und Rezeptoren.

Plegie Eine vollständige Lähmung eines oder mehrerer Skelettmuskeln.

Plexus Ein Nervenplexus entsteht durch Aneinanderlagerung von Nervenfasern aus verschiedenen Rückenmarkssegmenten oder Ganglien zu netzförmigen Geflechten.

Poly-Innervation Innervation einer Zielstruktur (Muskel, Organ) durch mehrere Nervenzellen.

Positronen-Emissions-Tomografie (PET) Die PET ist ein bildgebendes Verfahren der Nuklearmedizin, das Schnittbilder unter Verwendung von schwach radioaktiv markierten Substanzen erzeugt. Es kann damit zur Darstellung biochemischer und physiologischer Funktionen am Lebenden im Rahmen der funktionellen Bildgebung genutzt werden. Die Methode wird in der Regel zusammen mit einer Computer- (CT) oder Kernspintomografie (MRT) als Hybridverfahren durchgeführt.

Progenitorzelle Vorläuferzellen, die aus multipotenten Stammzellen hervorgehen, werden als Progenitorzellen bezeichnet. Da sie schon auf ihre künftigen Funktionen in einem bestimmten Organ festgelegt sind, werden sie auch als determinierte Stammzellen bezeichnet.

Propriozeption Die Tiefensensibilität (als „sechster Sinn" bezeichnet) ist notwendig, um eine Empfindung von Lage, Haltung und Bewegungen des Körpers im Raum wahrzunehmen. Entsprechende Rezeptoren finden sich in Muskeln, Sehnen und Gelenken.

Proteasen Sammelbegriff für Enzyme, die Proteine oder Peptide zwischen einzelnen Aminosäuren durch Hydrolyse spalten.

Proteasom Bezeichnung für einen Proteinkomplex, der im Zytoplasma und im Zellkern vorkommt und für den kontrollierten Abbau von Proteinen von großer Bedeutung ist. Dafür werden die zu entsorgenden Proteine durch Ankoppelung eines kleinen Peptides, Ubiquitin, markiert, entfaltet und in das Proteasom eingeschleust. Dort zerschneiden katalytisch aktive Untereinheiten des Proteasoms (proteolytische „Scheren") das Protein in zahlreiche kürzere Peptide.

Proteoglykane Sehr große Moleküle (oft schwerer als 2 Mio. Dalton), welche zu 95 % aus Kohlenhydraten und zu 5 % aus Proteinen bestehen und sich wie Polysaccharide verhalten (z. B. *chondroitin sulfate proteoglycans*, CSPGs).

Proteinkinase s. Kinase

Pyramidenbahn s. Pyramidenzellen

Pyramidenzellen Bei diesen Zellen handelt es sich um die größten Neurone im ZNS. Sie haben lange Axone und oft auch längere, komplexere Dendriten. Im histologischen Schnitt imponiert der Zellkörper dreieckig (daher der Name). Sie kommen im Cortex cerebri, aber auch im Hippocampus und im Mandelkern vor. Im Neocortex sind sie insbesondere in der Lamina III und V lokalisiert. Hemmende synaptische Kontakte finden sich primär am Perikaryon, die erregenden Synapsen besonders an den dornenförmigen Fortsätzen der Dendriten, den *spines*. Die Axone der Pyramidenbahn, die den Cortex mit dem Rückenmark verbinden und ventral an der Medulla oblangata entlang verlaufen, können über einen Meter lang sein.

RNA Eine Ribonukleinsäure, die sich aus einer Kette von vielen Nukleotiden zusammensetzt. Es gibt neben der Boten-RNA (mRNA), die genetische Information aus dem Zellkern zu den Ribosomen trägt, ribosomale RNA (rRNA), die an der Strukturbildung der Ribosomen beteiligt ist, und die Transfer-RNA (tRNA), die in den Ribosomen den Einbau einzelner Aminosäuren in die wachsende Proteinkette vermittelt. Neben der *small interfering RNA* (siRNA) und der microRNA (miRNA) erfüllen die zirkuläre RNA (circRNA) und die *long non-coding RNA* (lncRNA) wichtige Funktionen bei der Regulation von diversen zellulären Prozessen.

RNA-Polymerase Enzym, das für den Aufbau des strangförmigen Polymers einer Ribonukleinsäure (RNA) aus ihren Grundbausteinen (Ribonukleotiden) verantwortlich ist.

Radikale s. oxidativer Stress

Ranvier-Schnürring Die auch als Ranvier-Knoten bezeichnete Unterbrechung der Myelinscheide entlang des Axons. An dieser Stelle werden Aktionspotenziale ausgelöst, sodass die Erregungsleitung entlang der Axone möglichst schnell erfolgen kann.

Remak-Bündel Ansammlung unmyelinisierter Axone (sog. C-Fasern) im PNS, die gemeinsam von einer Schwann-Zelle umgeben sind.

Reprogrammierung Wird somatischen Zellen spezifisches Genmaterial bzw. Transkriptionsfaktoren eingeschleust, können sie Eigenschaften von embryonalen Stammzellen annehmen. Eine Reprogrammierung ermöglicht es also, den Zellkern einer beliebigen Zelle des Körpers in ein frühes embryonales Entwicklungsstadium zurückzuführen.

Retrograde Degeneration Beschreibt die pathophysiologischen Vorgänge im proximalen Abschnitt eines Axons bzw. im neuronalen Perikaryon nach einer traumatischen Nervendurchtrennung (Axotomie).

Rezeptives Feld Dasjenige Areal von Sinnesrezeptoren, das die Information an ein einziges nachgeschaltetes Neuron weiterleitet.

Rezeptor-Tyrosin-Kinase (RTK) An der Entwicklung, dem Zellwachstum und der Regeneration beteiligte Transmembranproteine, deren intrazelluläre Domäne als Tyrosinkinase fungiert, d. h. die Phosphorylierung von Tyrosin-Resten an Proteinen ermöglicht.

RISC s. *small interfering RNA oligonucleotides*

Satellitenzellen Auch als Mantelzellen bezeichnete Gruppe von Gliazellen im PNS, die den Schwann-Zellen ähneln und periphere Neurone in Ganglien (hauptsächlich in Spinalganglien) kranzartig umgeben.

Schwann-Zelle Nach dem deutschen Begründer der Histologie, Theodor Schwann, benannte Zelle, die als Hüll- und Stützzelle ein Axon in seinem peripheren Verlauf umgibt und bei markhaltigen Fasern durch eine Myelinhülle elektrisch isoliert.

Small interfering RNA oligonucleotides (siRNA) RNAi (RNA-Interferenz) stellt einen zellulären Mechanismus dar, der doppelsträngige RNA (dsRNA) mit Hilfe des Enzyms Dicer in mehrere Fragmente von ca. 19–23 Nukleotiden Länge (siRNA) zerteilt, die dann in einen Enzymkomplex eingebaut werden (RISC, *RNA-induced silencing complex*). RISC bindet zusammen mit den siRNAs an DNA und kann sie so inaktivieren. Werden siRNAs exogen zugegeben, verbinden sie sich mit komplementären, einzelsträngigen RNAs und blockieren damit ihre normale Funktion.

Seitenhorn Der mittlere, äußere Abschnitt der grauen Substanz des thorakalen bzw. sakralen Rückenmarks.

Senolytikum Wirkstoff, welcher die Apoptose, den programmierten Zelltod, von gealterten (seneszenten) Zellen induzieren kann und damit potenziell Alterserscheinungen entgegenwirken kann.

Somatomotorik Bezeichnung von Nervenfasern bzw. Nerven, welche diejenigen Muskeln steuern, die für unsere willkürlich beeinflussbaren Bewegungsabläufe verantwortlich sind.

Somatosensibilität Bezeichnung von Nervenfasern bzw. Nerven, die bewusst werdende Reize aus den Sinnesorganen und der Muskulatur aufnehmen und an das ZNS weiterleiten.

Somatotopie Die Abbildung von Körperregionen auf bestimmte Nervenzellareale des Gehirns, sodass Nachbarschaftsbezüge erhalten bleiben. Dadurch entstehen zentrale Repräsentationen („Landkarten") der Körperoberfläche, die aber nicht flächengetreu sind, sondern Über- bzw. Unterrepräsentationen darstellen, die in der Regel von der Dichte der peripheren Rezeptoren bestimmt werden.

Sonografie Das umgangssprachlich auch Ultraschall genannte bildgebende Verfahren zur Untersuchung von organischem Gewebe (u. a. Schilddrüse, Leber, Nerven).

Spastik Tonuserhöhung der Muskulatur, die Arme und/oder Beine in typische, aber nicht funktionelle Haltungsmuster zwingt. Nach einer Querschnittsläsion geht eine zunächst schlaffe Lähmung zumeist in eine spastische Parese über.

Spinaler Schock Akuter Ausfall sämtlicher oder einzelner motorischer, sensibler und vegetativer Funktionen nach einer Verletzung des Rückenmarks unterhalb der Läsionshöhe.

Spinalganglion Auftreibung in der hinteren spinalen Wurzel, die aus der Ansammlung von somato- und viszerosensiblen Zellkörpern resultiert. Die Neurone leiten afferente Informationen von peripheren Rezeptoren an das ZNS weiter.

Spinalnerv Der Nervus spinalis bildet sich beidseits auf der Vorder- und Hinterwurzel eines Rückenmarksegments, verlässt die Wirbelsäule seitlich durch das entsprechende Zwischenwirbelloch und wird dem PNS zugerechnet.

Stammzelle Es handelt sich um Körperzellen, die sich noch in einem unreifen Stadium befinden, d. h. in verschiedene Zelltypen oder Gewebe ausdifferenzieren können. Embryonale Stammzellen entwickeln sich in jeden Gewebetyp, wohingegen adulte Stammzellen schon auf ein bestimmtes Gewebe festgelegt sind. Durch künstliche Reprogrammierung, d. h. von außen angeregter Expression spezieller Gene (Transkriptionsfaktoren), entstehen induzierte pluripotente Stammzellen (iPSZ). Durch Verwendung von iPS-Zellen werden in der biomedizinischen Forschung ethische Probleme vermieden, die durch Verwendung embryonaler Zellen aus abgetriebenen Föten auftreten.

Sympathikus s. Parasympathikus

Synapse Die Kontaktstellen, über die Neurone in Verbindung mit anderen Zellen stehen, werden als Synapsen bezeichnet. Dabei kann es sich um Muskelzellen, Drüsenzellen, Sinneszellen oder andere Nervenzellen handeln. An Synapsen wird die elektrische Erregung (Aktionspotenzial) über chemische Botenstoffe (Neurotransmitter) weitergegeben.

Tegmentum Dieser auch als Haube bezeichnete vordere Teil des Hirnstamms befindet sich vor der Ventrikelebene, begrenzt also den inneren Liquorraum nach vorn. Hier liegen zahlreiche Hirnnervenkerne, ein lockerer Verband von Nervenzellansammlungen, die Formatio reticularis, die Substantia nigra, der Locus coeruleus und weitere neuronale Nuclei.

Telencephalon s. Cerebrum

Teloglia Die am Ende eines motorischen Axons lokalisierten Gliazellen, die nichtmyelinisierenden Schwann-Zellen ähneln und wichtige Funktionen bei der Signalübertragung an der motorischen Endplatte übernehmen.

Tetraplegie Komplette Lähmung aller vier Extremitäten nach Schädigungen des Rückenmarks im Bereich der Halswirbelsäule (oberhalb C8).

Thalamus s. Diencephalon

Tractus corticospinalis (Pyramidenbahn) Primär motorisches Nervenfaserbündel, welches von verschiedenen Arealen der Rinde der Großhirnrinde ausgeht und überwiegend zum Rückenmark verläuft (ein kleiner Teil von Axonen endet in den Hinterstrangkernen und moduliert epikritische Impulse).

Tractus reticulospinalis Wichtige Bahn des sog. extrapyramidalen Systems, die im Vorderseitenstrang des Rückenmarks ungekreuzt verläuft und für den Rumpf und rumpfnahe Muskeln sowie bei der Aufrichtung des Körpers gegen die Schwerkraft von Bedeutung ist.

Transkription Die Herstellung von RNA anhand einer DNA-Vorlage wird in der Genetik als Transkription bezeichnet. Drei RNA-Hauptgruppen lassen sich dabei unterscheiden: die mRNA (messenger RNA) zur Proteinbiosynthese, die tRNA (transfer RNA) zum Ankoppeln von Aminosäuren an ein neu zu bildendes Eiweiß am Ribosom und die rRNA (ribosomale RNA) zum Aufbau der Ribosomen. Bei der Transkription werden die Nukleinsäure-Basen der DNA (z. B. die Folge T – A – C – G) in die Basen der RNA (in diesem Fall A – U – G – C) umgeschrieben. Statt Thymin wird also Uracil eingebaut und anstelle der Desoxyribose der DNA wird in der RNA Ribose verwendet.

Transkriptionsfaktor (TF) An definierte DNA-Abschnitte bindende nukleäre Proteine, die Menge und Zeitpunkt der Genexpression und damit die Transkriptionsrate bestimmen.

Translation Die Übersetzung der Basensequenz einer mRNA in die Aminosäuren-Sequenz eines Proteins wird als Translation bezeichnet und läuft an den Ribosomen ab. Die dort entstehende Polypeptidkette wird aus insgesamt 20 Aminosäuren aufgebaut, die von spezifischen tRNA-Molekülen im Zytoplasma gebunden und zum Ribosom transportiert werden.

Transmitter Neurotransmitter sind chemische Botenstoffe, welche für die Informationsübertragung zwischen den Neuronen im gesamten Körper zuständig sind. Nach Freisetzung von der präsynaptischen Seite durch Exozytose und Diffusion durch den synaptischen Spalt binden sie an Rezeptoren in der postsynaptischen Membran, worauf sich Ionenkanäle öffnen, die wiederum eine Membranpotenzialänderung hervorrufen.

Truncus cerebri Der Hirnstamm umfasst die unterhalb des Zwischenhirns (Diencephalon) lokalisierten Abschnitte des Gehirns bis zum Rückenmark. Das Kleinhirn wird normalerweise nicht dem Hirnstamm zugerechnet.

Truncus sympathicus Eine auch als Grenzstrang bezeichnete Kette von 22–23 autonomen Ganglien, die vom Hals bis zum Steißbein neben der Wirbelsäule verläuft (daher auch paravertebrale Ganglien genannt) und sympathische (viszeromotorische) Nervenzellen enthält.

Ubiquitin-Proteasom-System s. Proteasom

Ventriculi Die Hohlräume im Inneren des Gehirns (Hirnkammern) enthalten bis zu 150 ml Nervenwasser (Liquor), das durch mehrere Öffnungen aus dem Kammersystem in die Liquorräume außerhalb des Gehirns übertreten kann. Am Boden der Seitenventrikel, am Dach des dritten Ventrikels und im Bereich des vierten Ventrikels findet sich der hochvaskularisierte Plexus choroideus, über dessen spezielles Epithel der Liquor aus dem Serum gebildet und in die Ventrikel hinein abgegeben wird (ca. 500 ml pro Tag). Das Nervenwasser wird über Ausstülpungen der weichen Hirnhaut (Arachnoidealzotten), venöse Blutleiter (Sinus durae matris) und in den an Hirn- und Spinalnerven beginnenden lymphatischen Raum abgeleitet.

Viszeromotorik Bewegungen der unwillkürlichen (glatten) Muskulatur, die beispielsweise die Weite der Gefäße und Bronchien sowie die Darmaktivität reguliert.

Viszerosensibilität Zumeist unbewusste Körperempfindungen aus den Eingeweiden, die über die Kopfganglien zum Hirnstamm geleitet werden. Wenn sie über die Spinalganglien viszeroafferent zum Rückenmark gelangen, können sie aber auch bewusst wahrgenommen werden.

Vorderhorn Der ventrale Anteil der grauen Substanz des Rückenmarks, der die somatomotorischen Neurone für die Willkürmotorik enthält, die über die Vorderwurzel den Spinalnerven erreichen.

Vorderwurzel s. Vorderhorn

Wachstumsfaktor Die beispielsweise der Fibroblastenwachstumsfaktor (FGF)-Familie zugerechneten Proteine haben eine Signalfunktion, d. h., sie dienen der Weiterleitung von Informationen zwischen Zellen in einem Organ (ähnlich den Hormonen im Blut) und spielen daher besonders während der Entwicklung mehrzelliger Organismen eine entscheidende Rolle, aber auch bei der Aufrechterhaltung und Reparatur von ausgereiften Organen. Die Signalübermittlung erfolgt normalerweise über die Bindung des Wachstumsfaktors an einen spezifischen Rezeptor in der Zellmembran der Zielzelle. Dies kann auch diejenige Zelle sein, die den Faktor selbst hergestellt hat (autokrine Wirkung von Wachstumsfaktoren).

Wachstumskegel Die Spitze eines auswachsenden Axons (oder Dendriten), die Wachstumsrichtung und -geschwindigkeit des zukünftigen Nervenzellfortsatzes bestimmt. Der Vergleich mit einer Hand liegt nahe (lange, mobile, fingerartige Filopodien und flächige Lamellipodien). Zahlreiche Adhäsionsmoleküle und Rezeptoren für Wachstumsfaktoren bestimmen das Verhalten des Kegels in Abhängigkeit von den Molekülen in der Umgebung.

Wallersche Degeneration s. anterograde Degeneration

Zytokine Es handelt sich um kurze Peptide und Proteine, die das Wachstum und die Differenzierung von Zellen regulieren. Das können Wachstumsfaktoren, aber auch Mediatoren immunologischer Reaktionen sein (z. B. Interleukine oder der Tumornekrosefaktor, TNF-α).

Zytoskelett s. Mikrotubulus

Stichwortverzeichnis

© Der/die Herausgeber bzw. der/die Autor(en), exklusiv lizenziert an Springer-Verlag
GmbH, DE, ein Teil von Springer Nature 2023
L. P. Klimaschewski, *Die Regeneration von Nerven und Rückenmark*,
https://doi.org/10.1007/978-3-662-66330-1

Printed in the United States
by Baker & Taylor Publisher Services